L’Homme, d’hier à demain

Biologie, anthropologie

Acteurs de la Science

Fondée par Richard Moreau,
professeur honoraire à l'Université de Paris XII
Dirigée par Claude Brezinski et Roger Teyssou

La collection Acteurs de la Science est consacrée à des études sur les acteurs de l'épopée scientifique moderne ; à des inédits et à des réimpressions de mémoires scientifiques anciens ; à des textes consacrés en leur temps à de grands savants par leurs pairs ; à des évaluations sur les découvertes les plus marquantes et la pratique de la Science.

Dernières parutions

Marceau FELDEN, *De Darwin à Einstein, Deux aventuriers du savoir,* 2018.

Auguste MARIE, *La psychanalyse et les nouvelles méthodes d'investigation de l'inconscient*, 2018.

Roger TEYSSOU, *Jérôme Fracastor (1478-1553), De la nature des choses à la nature des germes,* 2017.

Alain GIRET, *Les températures et l'effet de serre. Essai sur l'histoire et l'avenir du climat,* 2017.

Edouard PÉLISSIER, *Ambroise Paré. Chirurgien des soldats et des rois (1510-1590)*, 2017.

Letizia JOUFFROY, *Bach et Händel, Deux musiciens illustres dans le noir, Les barbiers à l'aube de la chirurgie*, 2016.

Michel ROUFFET, *Mais comment en est-on arrivé là ? La terre de 4000 à 4,5 milliards d'années,* 2016.

Roger TEYSSOU, *Jean Wier. Des dieux, des démons, des sorcières,* 2016..

Sofiane BOUHDIBA, *Pavillon jaune, Histoire de la Quarantaine, de la Peste à Ebola,* 2016.

François DEMARD, Pierre MANDRILLON, *Dans l'œil du cyclotron*, 2016.

Gilles GROS, *Pierre Fauchard, ce génie de l'épistémologie en art dentaire*, 2016.

Robert LOCQUENEUX, *L'électricité au Siècle des lumières. Nollet, Franklin & les autres,* 2016.

Jean PERDIJON, *Les physiciens sont-ils des intellectuels ? Petit traité (illustré) de culture physique*, 2016.

Francis WEILL, *Folie du monde et vertige des religions : mémoires d'un vieux médecin,* 2016.

Jean Dominique BOURZAT, *Une dynastie de serruriers à la cour de Versailles. Les Gamain*, 2016.

François TRON, *Maladies auto-immunes. Quand notre système de défense nous trahit*, 2015.

Roger TEYSSOU, *Orfila. Le doyen magnifique et les grands procès criminels au XIXè siècle. El decano magnifico*, 2015.

Pierre de PUYTORAC

L'Homme, d'hier à demain

Biologie, anthropologie

L'Harmattan

Du même auteur

Biologie générale in BIOMED Biologie, PUF, 1987, 208 p.
De la biophilosophie à une éthique de la biologie, L'Harmattan, 1998
Panorama de la biologie d'hier à aujourd'hui, Ellipses, 1999, 272 p.
L'Homme co-auteur de l'évolution, Quae, 2014, 111 p.

En collaboration

Précis de Protistologie, P. de Puytorac, J. Grain, J. P. Mignot, Editions Boubée, 1987, 581 p.
Traité de zoologie, sous la direction de P.P. Grassé, Tome II, Fasc.1, *Infusoires Ciliés*. J. André, J. C. Busers, J. Dragesco, S. Dryl, J.C. Estève, E. Fauré-Frémiet, J. Génermont, J. Grain, G. de Haller, R. Hovasse, G. Méténier, P. de Puytorac, M. Tuffrau, E. Vivier, Masson, 1984, 812 p.
Traité de Zoologie, P.P. Grassé, sous la direction de P. de Puytorac, Tome II, fasc.2, *Infusoires Ciliés*, A. Batisse, A. Bonhomme-Florentin, G. Deroux, A. Fleury, W. Foissner, J. Grain, J. Lom, D. H. Lynn, P. de Puytorac, M. Tuffrau, Masson, 1994, 880 p.
L'Auvergne. Les milieux, la flore, la faune, P. de Puytorac, M. Tort, J. Peterlongon, R.J. Bouteville, J.C. Gigault, R. Vitte, J. Fain, Delachaux et Niestlé, 1997, 378 p.
La mort en 60 questions. La mort observée, expliquée, repoussée, P. de Puytorac et A. Artusse, L'Harmattan, 2016, 204 p.
La marchandisation actuelle du corps humain, P. de Puytorac et A. Artusse, L'Harmattan, 2016, 109 p.

5-7, rue de l'Ecole-Polytechnique, 75005 Paris

http://www.editions-harmattan.fr

ISBN : 978-2-343- 14384-2
EAN : 9782343143842

Avant-propos

Les rapides avancées du biologique, du numérique, de la robotique, des progrès dans l'interface homme-machine et dans les autres nouvelles technologies, introduisent de tels changements qu'ils déconstruisent totalement nos modes de production, nos modèles de consommation (qui se recentrent sur l'usage, en alternative à la propriété), notre comportement, nos façons de travailler, nos relations sociales, notre sens de la vie et nos façons de penser l'humain et d'entrevoir son avenir.

Une première partie (Qu'est ce que l'Homme ?) définit l'individu humain, l'espèce humaine et le genre humain. La présentation de l'individu humain permet de préciser les connaissances récentes sur les génomes humains (génomes nucléaire et mitochondrial, épigénome, génome microbiotique), sur les défenses immunologiques (immunité innée, immunité acquise, système HLA) et sur les nouvelles observations concernant le moi psychologique, psychanalytique et social (schéma corporel, image du corps, construction du «je» autonome, estime de soi).

La diversité des phénotypes dans une population et son évolution, les marqueurs génétiques des sous-ensembles d'espèces et les modes de spéciation font l'objet du chapitre sur l'individu social. Dans l'exposé des caractères de l'espèce *sapiens* et du genre *Homo,* l'arbre généalogique des espèces humaines est tracé suivant les dernières découvertes de fossiles, avec leurs migrations et l'évolution de leurs cultures, au cours des révolutions agricoles et industrielles successives.

Dans la deuxième partie (Les caractéristiques humaines), l'analyse de la diversité des individus humains dans une population et de la diversité des populations anciennes et actuelles d'êtres humains permet de constater quelles sont les caractéristiques permanentes du genre humain :

- l'homme penseur rationnel et passionné (raisonnement, corps et appareil psychique, conscience et responsabilité, raison et passion, circuits du plaisir et du désir, addictions) ;
- l'homme capable de sentiments (émotions, empathie, amour) ; l'exposé détaille la physiologie et la chimie de l'amour maternel et de l'amour entre adultes (différences sexuelles, maturation du cerveau, choix du partenaire, relation sexuelle et attachement), du développement psychique de l'enfant ;
- l'homme créateur d'outils (premiers outils, émergences d'une agriculture, d'une industrie, d'un capitalisme agricole, de l'écriture) ;
- l'homme migrateur (migrations terrestres, expéditions maritimes) ;
- l'homme être parlant* ;
- l'homme apprenti permanent ;
- l'homme avide de transcendance ;
- l'homme force géologique.

La troisième partie (De l'Homme réparé à l'homme augmenté) présente la maîtrise de la procréation (contraception, procréation médicale assistée, clonage) et de la manipulation des génomes (tests génétiques, thérapie génique), les progrès de la médecine régénérative (greffes, cellules souches, prothèses), le développement de l'intelligence artificielle et de la robotisation dans un nanomonde au marché globalisé.

L'observation des biotechnologies appliquées à l'homme et de ce qu'elles seront dans quelque trente ans, permet d'envisager ce que sera cet homme-machine dans une nouvelle période géologique (l'anthropocène) et si cet homme nouveau du nouveau monde aura conservé les caractéristiques de l'humain.

Première partie

Qu’est ce que l’Homme ?

L’Homme est une abstraction
Pour le naturaliste il n’existe que *des* hommes.

L'INDIVIDU HUMAIN

Chaque individu est une entité matérielle, psychique et sociale.

L'unicité biologique de chacun est inscrite dans ses différents génomes, ses réactions immunitaires et sa personnalité.

L'individu, pluralité de ses génomes

Chaque être humain a une carte génétique qui lui est propre, somme de plusieurs génomes (nucléaire, mitochondrial, épigénome, génome du microbiote).

Les génomes

I. L'ADN nucléaire

L'ADN nucléaire est la source principale de l'information génétique et de ses variants, transmise par les deux parents.

1. Gènes codants et séquences non codantes

Certains gènes codent des protéines enzymatiques ou de structure, d'autres des ARN (acides ribonucléiques) dits non codants qui ont des rôles multiples, notamment dans le contrôle de l'expression des gènes.

Les 10.000 milliards à 100.000 milliards de cellules du corps humain (sauf les 25.000 milliards de globules rouges) contiennent chacune un noyau porteur d'une information génétique. Elle est codée dans des molécules d'ADN (acide désoxyribonucléique constitué de deux chaînes antiparallèles 5'-3'/3'-5'de nucléotides, enroulées en une double hélice dextre) sous forme de 4 symboles exprimés par les 4 bases nucléotidiques (Adénine : A ; Thymine : T ; guanine : G ; cytosine : C) constitutives des nucléotides structurant la molécule. Les caractères d'un être vivant dépendent de l'expression de certains gènes ADN dont il est porteur, chaque gène étant une suite (séquence) de plusieurs nucléotides (179).

Il y a dans le noyau 3,2 milliards de bases nucléotidiques enrobées de protéines, formant un réseau de chromatine (164).

Le nombre entre parenthèses renvoie à la bibliographie.

5' enhancer CACCC CACC CCAAT TATA Utr **EX1** **EX 2** **EX3** ***EX4**Utr*

GT AG GT AG GT AG

Brin ADN ***TACCCGAGCTAGCCGCGT***

Transcription préARNm ***AUGGGCUCGAUCGGCGCA***

***ARNmUtr*EX1EX2 EX3EX4AAA** **UtrEX1EX3EX4 AAA** **UtrEX1EX3*stop* EX4AAAUtr**

Protéine 1 **Protéine 2** **Pas de protéine**

A

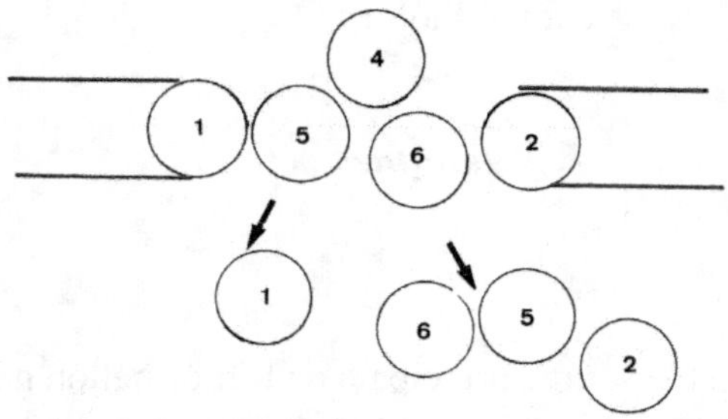

B

EX 10EX 11 EX12

EX10EX11raccourciEX12 Syndrome de Hutchinson-Gilford

EX3 EX4 EX5

EX3EX4 étendu de 9 nucléotidesEX5

Cardiomyopathie dilatée

C

35

Fig.1 A. Schéma de la structure d'un gène ici constitué de quatre exons EX1, EX2, EX3, EX4 et trois introns (commençant par GT et se terminant par AG).

En 5' du site d'initiation de la transcription (promoteur) se trouvent une suite généralement conservée dite «boite TATA» avec parfois en amont, une boite CCAAT précédée d'éléments spécifiques du promoteur (comme CACC), puis d'éléments spécifiques de tissus (enhancers).

L'épissage produit l'ARN messager mature : soit EX1, EX2, EX3, EX4 ou EX1, EX3 EX4, polyadénylés qui seront traduits en une protéine 1, 2, soit, si l'exon 4 contient un codon stop prématuré PTC (premature termination codon), EX1, EX3, EX4 dont le PTC entraîne la dégradation du transcrit par la voie du NMD (non-sens mediated mRNA decay), processus qui empêche la production de protéines tronquées, en faisant intervenir une exonucléase, une endonucléase, et en déacétylant l'ARNm.

1.B. L'épissage est assuré par plus de 200 protéines associées ou non à des petites ribonucléoprotéines snRNP (small nuclear ribonucleoprotein) U1, U2, U4/U6 , U5 qui interviennent de façon séquentielle en un cycle de deux réactions consécutives de trans-estérification. D'abord des séquences cibles de l'ARN (AT ou GT en 5', AC ou AG en 3') sont reconnues par les snRNP U1 et U2 formant un complexe A. Puis le recrutement de U4/U6, U5 forme un complexe B qui, à la suite de modifications structurales et conformationnelles, devient un complexe Bact au sein duquel a lieu la première étape de la réaction d'épissage et la formation du complexe C. La seconde étape de trans-estérification est alors réalisée, les exons mis bout à bout, l'intron dégradé, les snRNP recyclées.

1. C. Des mutations peuvent altérer le mécanisme de l'épissage. Des altérations différentes de l'épissage d'un même gène peuvent être associées à une même maladie ou à plusieurs maladies (exemple du gène de la lamine LMNA ; ainsi, pour le syndrome de Hutchinson-Gilford ou progeria, avec raccourcissement de l'intron 11, ou la cardiomyopathie dilatée, avec activation d'un site crytique dans l'intron 3).

Un gène d'eucaryote est formé d'un promoteur qui contrôle l'expression du gène, et de parties codantes (exons) et non codantes (introns).

Les exons et les introns d'un brin ADN sont transcrits, dans le sens 5' 3,' par une ARN polymérase, en un code complémentaire des séquences d'ADN (adénine pour thymine, uracyle pour adénine, cytosine pour guanine, guanine pour cytosine) donnant un ARN prémessager (préARNm) simple brin. Puis, au cours d'un processus dit épissage (65), les introns sont éliminés (par une machinerie complexe : le spliceosome, composé de 5 ribonucléoprotéines qui reconnaissent plusieurs signaux au niveau de la séquence des préARNm) et les exons sont raboutés pour former un ARN messager (ARNm), (fig.1).

L'activité d'épissage est influencée par diverses protéines (plus de 300) agissant sur différents sites : les protéines SR (riches en sérines et arginines) et les hnRNP (*heterogenous nuclear ribonucleoproteins).*

Ces protéines peuvent se lier à des séquences introniques ISE (*intronic splice enhancer*) ou extroniques ESE (*exonic splice enhancer*) activatrices ou inhibitrices (ISS, *intronic splice silencer* ; ESS : *exonic splice silencer*). L'activité de l'épissage dépend de l'équilibre entre activateurs et inhibiteurs (85).

Grâce à l'épissage plusieurs ARNm différents peuvent être produits à partir d'un même gène, exportés dans le cytoplasme et traduits, selon le code génétique, en une chaîne d'acides aminés (peptides).

Leur nature et leur ordre sont déterminés par la nature et l'ordre de succession des bases de l'ADN (9, 164). Par exemple, le même gène sur le chromosome 11, à partir du transcrit primaire, après épissage, code dans la thyroïde pour la calcitonine de 32 acides aminés, et dans le cerveau pour un peptide de 37 acides aminés, de fonction différente : le CGRP I (*calcitonine gene related peptide*). Un autre gène du même chromosome code pour un seul ARNm correspondant à un CGRP II isoforme (différence 3 acides aminés) de CGRP I. Par les différents modes d'épissage alternatif les 22.000 gènes humains codent des centaines de milliers d'isoformes protéiques. Nombre d'ARN messagers porteurs de plusieurs domaines, ont à la fois une fonction codante et une ou plusieurs fonctions régulatrices.

Ainsi, différentes isoformes de l'ARN SRA (activateur de récepteurs aux stéroïdes) fonctionnent comme ARN messagers et ARN régulateurs. Selon que SRA (*steroid receptor RNA activator)* s'associe à SRC (complexe activateur) ou à SMRT (*silencing mediator of retinoid and thyroid receptor*), il y a transcription ou répression des gènes induits par les stéroïdes.

Généralement les gènes sont séparés par des milliers de paires de bases, mais quelques uns peuvent être chevauchants, soit par insertion dans des introns d'autres gènes, soit par superposition. C'est le cas des gènes N-myc du chromosome 2 (codant pour un facteur de transcription exprimé dans les cellules des neuroblastomes et les petites cellules cancéreuses du poumon) et N-cym (codant pour une protéine nucléaire transcrite sur un brin opposé au gène myc (*=MYCNOS, MYCN opposite strand*), exprimé dans le cerveau foetal, le foie, le poumon, le rein). Les deux gènes sont constitués de trois exons. L'intrication est telle que l'exon I de N-cym est localisé au niveau de l'intron I de N- myc, l'exon II au niveau de l'exon IB de N-myc, l'exon III en 5' de N-myc. La superposition peut n'être qu'à une extrémité. Tel est le locus C-erbA-1 et ear-1. C-earb-A1 (*=THRA thyroide human receptor alpha)* code, selon l'épissage, pour deux récepteurs des hormones thyroïdiennes, ear-1 (= NRD1 *nuclear receptor subfamily 1 group D member 1*) pour un récepteur nucléaire.

Ear-1 est placé en orientation transcriptionnelle inverse de C-earb-A1 qu'il chevauche en 3', seul l'exon 10 de C-earb-A1, spécifique de l'isoforme TRa 2 (*thyroid hormone receptor a*) étant impliqué dans le chevauchement avec l'extrémité non codante de ear-1.

Selon l'état de condensation de la chromatine, les gènes sont exprimés (euchromatine) ou silencieux (hétérochromatine). Quand un gène s'exprime, il est d'abord décodé (transcription par une ARN-polymérase) en un code ARN (acide ribonucléique) complémentaire, puis traduit en un enchaînement d'acides aminés (polypeptide) au niveau d'un assemblage de molécules (nanorobots cellulaires, nommés ribosomes) dans le cytoplasme de la cellule. Ce sont des complexes ribonucléoprotéiques fonctionnant à l'aide d'un adaptateur (ARN de transfert).

Une séquence de nucléotides devient une séquence d'acides aminés formant les protéines caractéristiques des espèces et des individus, une suite de 3 nucléotides (codon) correspondant à un des 20 acides aminés de la matière vivante (code génétique).

Mais la majorité de l'information génétique n'est pas codante.

Les quelque 20.000 gènes codant des protéines, éparpillés dans des séquences non codantes (35), ne représentant que 2% du génome.

Plus de 100.000 gènes sont exprimés en ARN énigmatiques, non traduits en protéines. Cet ADN est transcrit en ARN non codant (ARNnc) comprenant de petits ARNnc et des ARNnc longs (plus de 200 à plus de 100.000 nucléotides), plus nombreux (d'après ENCODE, *ENCyclopedia Of DNA element*, 10.000 gènes chez l'Homme, produisant 15.000 transcrits). Les ARNnc contrôlent l'expression des gènes. Ainsi, l'ARNnc Xist contrôle l'inactivation de l'un des deux chromosomes X dans les cellules des femelles de Mammifères, l'ARNnc Hotair réprime l'expression des gènes de segmentation HOX dans la morphogenèse, etc.

En un point donné de l'ADN (locus) un gène peut exister sous plusieurs séquences un peu différentes, dites allèles (deux le plus souvent, l'un dit dominant, exprimant le caractère correspondant chez l'hétérozygote, l'autre dit répressif ne manifestant pas le caractère correspondant). Est hétérozygote l'individu présentant deux allèles différents en un locus donné d'une paire de chromosomes homologues (chromosomes de la même paire, hérités l'un de la mère, l'autre du père), homozygote celui y possédant des allèles identiques. Le taux moyen d'hétérozygotie H d'un individu est la fréquence moyenne des locus hétérozygotes chez un individu pris au hasard (nombre de locus hétérozygotes/nombre total de locus du génome). Chez l'homme 6,7% des locus géniques d'un individu sont hétérozygotes (1 locus sur 15). Le taux d'allélisme (A) est le nombre moyen d'allèles par locus génique.

2. Diversité des génomes nucléaires

La méiose et la fécondation entretiennent
la très grande diversité des génomes nucléaires.

Au moment de la division des cellules (mitose) chaque molécule d'ADN enrobée de son enveloppe protéique apparaît sous la forme d'un filament longitudinal : le chromosome.

La duplication de la molécule d'ADN en deux molécules filles donne deux chromatides du même chromosome, ayant les mêmes séquences nucléotidiques entre elles et avec la molécule mère.

Chaque chromosome présente une constriction : le centromère (caractérisé par le variant CENH3 de la protéine histone H3), associé au kinétochore.

C'est un complexe multiprotéique qui est le point d'ancrage des microtubules du fuseau de division au centromère (fig. 2). La chromatine autour du centromère (hétérochromatine constitutive) est caractérisée par plusieurs groupes méthyle (CH3) fixés sur les acides aminés lysine en position 9 de l'histone H3 et 20 de l'histone H4.

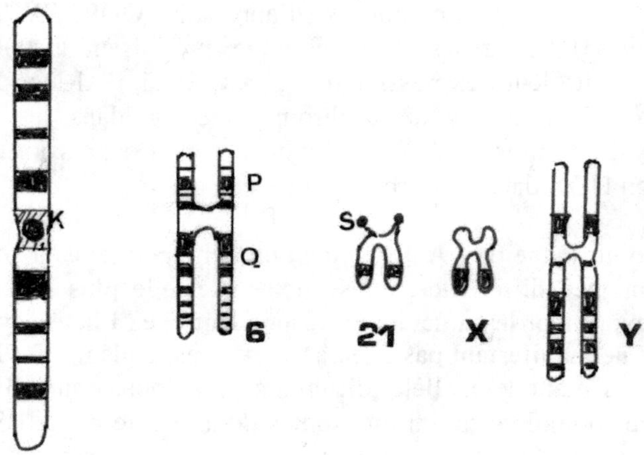

Fig.2. Schémas d'un chromosome métacentrique avec le centromère (disque noir) au centre, entouré du kinétochore K, et des chromosomes humains des paires 6 (métacentrique, avec bras court P et bras long Q), 21 (acrocentrique avec satellites S), X et Y.

Le centromère est un complexe multiprotéique (chromatine centromérique avec ADN satellite, constitué de motifs répétés) qui lie les chromatides sur les microtubules du fuseau et dont la protéine CenH3 permet l'assemblage du kinétochore assurant les déplacements des chromatides.

Des colorations font apparaître des bandes sur les chromosomes, l'étirement des chromosomes multipliant le nombre de bandes détectables.

L'hybridation in situ permet la détection d'une même séquence d'ADN d'une espèce à une autre, et l'utilisation de sondes marquées par des fluorochromes assure une peinture de différentes couleurs des chromosomes (FISH multiplex).

Par les mécanismes, d'une part, de la formation des cellules sexuelles (gamètes) par méiose, dans la lignée germinale et, d'autre part, de la fécondation au hasard des gamètes pour donner l'œuf fécondé (zygote), la probabilité que deux individus aient la même formule génétique est quasi nulle. Ce n'est le cas que pour de vrais jumeaux, parce qu'ils sont issus de la division en deux parties égales d'un même embryon, à un stade précoce du développement.

La méiose (fig. 3) est une suite de deux divisions chromosomiques successives d'une cellule diploïde : 2n (= 46 chromosomes chez l'homme), précédées d'une seule phase de réplication de l'ADN. La première division (hétérotypique ou réductionnelle) sépare les chromosomes homologues, réduit de moitié le nombre des chromosomes dans chacune des deux cellules filles, devenues ainsi haploïdes : n (= 23 chromosomes humains).

En même temps, quand les chromosomes homologues (de la même paire) se disposent en une tétrade de 4 chromatides (étape dite synapsis de la division), il se produit des échanges de gènes (crossing-over) entre chromatides de chromosomes appariés. Ils se font soit au même locus (même emplacement), soit au niveau de locus différents (crossing-over inégal). Dans ce dernier cas, un chromosome hérite de deux formes d'un même gène (duplication en tandem), tandis que l'autre n'en a plus aucun (fig. 6). Dans tous les cas de crossing-over il se réalise un brassage des gènes nucléaires en une nouvelle répartition (en moyenne 30-40 échanges survenant au cours d'une méiose).

La seconde division (équationnelle) des deux cellules sépare les chromatides sœurs, donnant en fin de méiose quatre cellules haploïdes qui sont les gamètes.

Supposons qu'une cellule comporte 3 chromosomes ABC hérités du père et 3 chromosomes qui leurs sont homologues abc hérités de la mère. A la fin de la première division de la méiose il y aura huit combinaisons chromosomiques différentes possibles de gamètes : ABC, ABc ; AbC, Abc ; abc, aBC ; aBc, abC. Le nombre de combinaisons possibles est de 2 puissance n, n étant le nombre haploïde de l'espèce.

Supposons que sur une chromatide il y ait les gènes M et Q sur deux locus différents et que sur la chromatide appariée il y ait les allèles m et q ; suite à un crossing-over, la chromatide qui portait M, Q portera M, q et son homologue devient m, Q. Normalement, chaque paire de chromosomes homologues est le siège d'au moins un enjambement pendant la division. Si on suppose chez l'Homme l'existence de 10.000 locus, il peut se produire 10 puissance 200 types de gamètes différents. Supposons que sur une chromatide il y ait les gènes M et Q sur deux locus différents et que sur la chromatide appariée il y ait les allèles m et q ; suite à un crossing-over, la chromatide qui portait M, Q portera M, q et son homologue devient m, Q. Normalement, chaque paire de chromosomes homologues est le siège d'au moins un enjambement pendant la division. Si on suppose chez l'Homme l'existence de 10.000 locus, il peut se produire 10 puissance 200 types de gamètes différents.

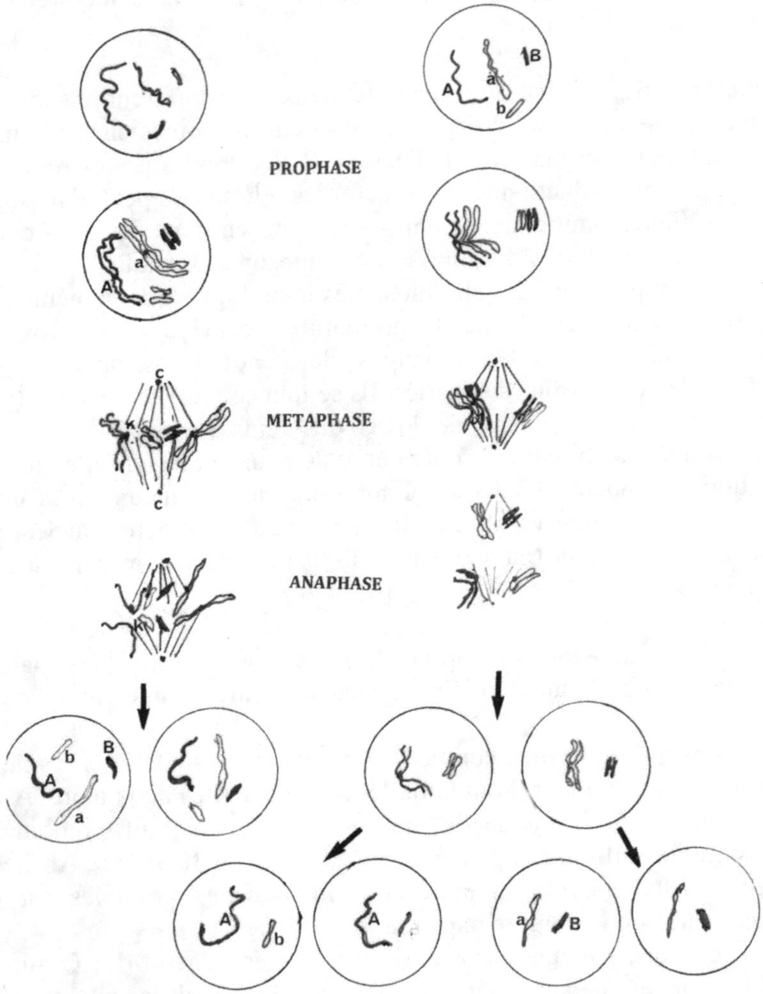

Fig. 3. Schéma de mitose (à gauche) et de méiose (à droite) d'une cellule à 2 paires de chromosomes : une paire de longs, (l'un d'origine paternelle : A, l'autre d'origine maternelle : a) et une paire de courts (B, b).

Au début de la division (prophase) les chromosomes apparaissent dans le noyau et chacun se dédouble en deux chromatides sœurs. Puis, la membrane nucléaire disparaît et s'édifie un fuseau mitotique de microtubules à partir de deux centrioles (C).

A la métaphase, le fuseau est constitué de fibres bipolaires qui s'étendent des pôles vers l'équateur et de fibres chromosomiques qui s'attachent aux kinétochores (k) des chromatides.

L'ensemble des chromosomes s'aligne à l'équateur du fuseau en une plaque équatoriale. Dans la mitose, les centromères se divisent, libérant les chromatides (devenant chromosomes) tirées vers pôles opposés du fuseau (anaphase).

Les noyaux fils se reconstituent (télophase), contenant chacun, comme la cellule mère, une paire de chromosomes longs et une paire de courts. Après la division nucléaire (caryocinèse), le cytoplasme se divise (cytodiérèse) pour donner deux nouvelles cellules.

Dans la méiose, dès la prophase de la première division, les chromosomes dupliqués s'apparient avec leurs homologues pour former des tétrades (stade synapis avec enjambements possibles entre chromosomes homologues) qui se déplacent vers le plan équatorial. A l'anaphase, les centromères n'étant pas divisés, les deux chromatides sœurs de chaque chromosome se déplacent ; l'ensemble va vers un pôle du fuseau, pendant que le groupe homologue va au pôle opposé. La division I a réduit de moitié le nombre des chromosomes. A la division II les centromères se divisent à l'anaphase II, libérant les chromosomes. Les noyaux fils ont deux fois moins de chromosomes que le noyau initial, avec 4 combinaisons possibles (Ab, aB ici représentées, mais aussi AB, ab).

La gamétogenèse fait intervenir la méiose et une différenciation cellulaire pour produire soit quatre spermatozoïdes, soit un ovule avec trois globules polaires, (en raison d'une cytodiérèse asymétrque).

Les transferts de gènes entre chromatides sont plus probables entre des gènes situés à distance sur le même chromosome, ce qui a permis une première localisation chromosomique des gènes (cartographie des gènes). es gènes d'un même chromosome qui se transmettent ensemble forment un aplotype.

La méiose permet donc des recombinaisons génétiques par échange de nes entre les chromosomes et par un réassortiment des chromosomes. suite, la fécondation au hasard réunit dans une même cellule une moitié chromosomes paternels apportés par le spermatozoïde à la moitié des omosomes de l'ovule, en une nouvelle recombinaison reconstituant un ome nouveau sur lequel va s'exercer la sélection.

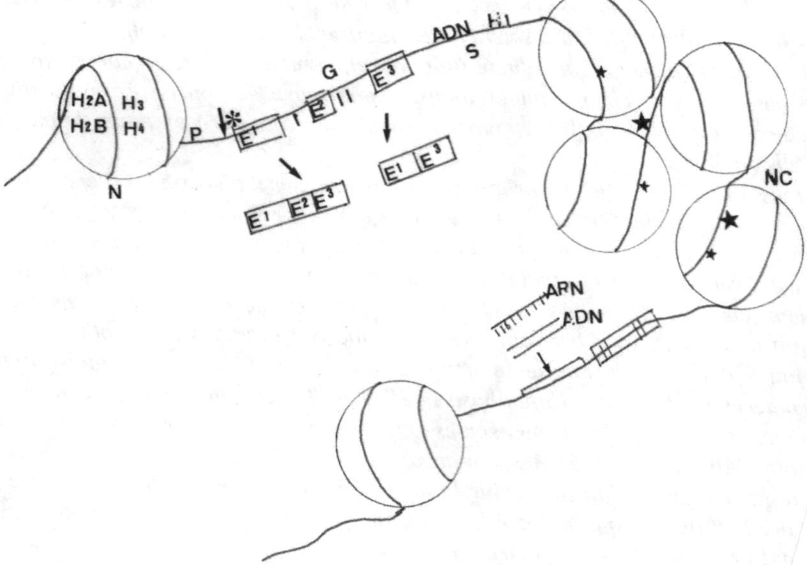

Fig. 4. Schéma d'un nucléosome N (octomère d'histones 2H2A, 2H2B, 2H
auquel s'enroulent 147 paires de bases ADN), d'un premier ADN internucl
de 15 à 100 paires de bases, avec l'histone H1, avec présence d'un gène act
de séquences répétées S, d'un compactage de nucléosomes (NC)
groupements méthyls (grandes étoiles) et acyls (petites étoiles), d'un sec
internucléosomal.

*Sont mentionnés pour le gène G, le promoteur P, le signal d'initiati
trois exons, deux introns et l'ARN polymérase (rosace) qui pourra d
l'épissage, soit l'ARN messager E1, E2, E3 (exclusion des introns), soi
E3 (exclusion des introns et de l'exon 2), chacun à l'origine d
différente, lors de la traduction par les ribosomes dans le c
représentée l'insertion d'un transposon ARN par action de la tanscri
copiant en ADN, puis action d'une intégrase, l'insérant à côté d'un*

Les battements du flagelle des spermatozoïdes ne servent
les conduire jusqu'à l'ovocyte, ils servent aussi à déclenche
le contact. Sans un battement oscillatoire rapide (2 battem
qui fait osciller pendant 2 minutes la tête du spermatozo
contre l'ovocyte, la fécondation est bloquée.

Lorsque la tête du spermatozoïde parvient à une p
dans le cytoplasme de l'ovocyte, la masse du pronucleu
avec le pronucleus femelle se produit.

Entre deux humains pris au hasard il n'y a qu
génétique et pourtant elle explique l'extraordinaire
l'Homme.

L'indice de polymorphisme de Nei (P.I) est le polymorphisme pour un gène en fonction des fréquences de chaque allèle. P.I = 0 s'il n'y a qu'un seul allèle par gène. Plus le nombre d'allèles est grand plus P.I est grand.

Dans des manifestations pathologiques variées dont des cancers, il peut se produire, au cours d'un évènement catastrophique, de multiples cassures double brin d'une région chromosomique (chromothripsis) entraînant une pulvérisation en fragments dont la plupart se recollent de manière aléatoire (chromosome dérivé), les autres formant des mini-chromosomes circulaires surnuméraires. Dans les chromothripsis constitutionnels la réorganisation complexe qui s'opère après la fragmentation peut permettre à la cellule de conserver un statut équilibré de son génome, d'où des remaniements hérités dans des pathologies congénitales complexes (155).

3. Les transposons

Les deux tiers du génome nucléaire sont des éléments génétiques mobiles (éléments transposables ou gènes sauteurs) dont des rétrovirus endogènes.

Les éléments transposables de classe I, rétrotransposons, (42% du génome humain) se transposent *via* un ARN et un mécanisme de « copié-collé », ceux de classe II, transposons, (3% du génome humain) *via* un ADN et un mécanisme de « coupé-collé ».

Les rétrovirus endogènes (ERV, *endogenous retrovirus*) sont des virus à ARN rétrotranscrits en ADN par une transcriptase inverse, puis intégrés par une intégrase, dans l'ADN chromosomique des cellules de la lignée germinale (fig. 4).

Ce sont des séquences d'anciens virus exogènes qui ont colonisé le génome et ont été transmises verticalement au cours des générations (69). Les plus anciens HERV (*human endogenous retrovirus*) seraient des familles HERV-S/L apparues il y a 150 millions d'années et des HERV-F/H apparues il y a 75 millions d'années, intégrées avant la séparation des singes et des lémuriens.

La famille HER-K (rétrovirus endogènes non fixés) est la plus récemment intégrée (moins de 6 millions d'années).

80% des rétrotransposons ont à leurs extrémités de longues répétitions terminales (LTR) encadrant les séquences gag (antigène de groupe : matrice, capside, nucléocaspide), pol (gène codant pour les enzymes rétrovirales : transcriptase inverse et intégrase), Env (qui code la protéine d'enveloppe) du virus (fig. 5). La plupart des copies des HERV sont défectives, progressivement altérées par l'accumulation de mutations STOP, de larges délétions ou des insertions hétérologues.

D'où l'existence de nombreuses séquences LTR « solitaires » (140).

Ainsi, le génome humain contient 50 copies de la famille HERV9 et entre 3000 et 4000 LTR apparentées à HERV9. Les rétrotransposons présentant des délétions internes, notamment au niveau gag et pol, sont dits MaLR (*mammalian apparent LTR retrotransposon).*

< Rétrovirus endogène **LTR** *Gag* *Pol* *Env* **LTR** AAAA

Elément Line 1 **5'UTR ORF1 ORF2 3'UTR** AA

Fig. 5. Structures génomiques d'un rétrovirus et d'un élément Line1. LTR : séquences répétées, gag : antigène de groupe (matrice, capside, nucléocapside), pol : (gène codant pour transcriptase réverse, RNase H, intégrase), Env : enveloppe. UTR : régions non codantes, ORF : ordre de lecture ouvert.

La mobilité des ERV a participé à l'évolution des espèces. C'est le cas chez l'homme d'une copie HERV-W fixée sur le chromosome 7 : ses gènes gag et pol sont inactivés, mais le gène env (locus ERVWE-1) présente des mutations par rapport aux autres copies HERV-W env.

Ce locus permet l'expression d'une protéine (syncytine-1) impliquée dans l'implantation embryonnaire et dans la formation du syncytiotrophoblaste placentaire. La syncytine 1 est régulée par la suppressine qui est une protéine d'enveloppe ayant pour origine le gène HERV-F intégré dans le chromosome 21.

Des rétrovirus endogènes dont des séquences codantes sont épigénétiquement réprimées dans les conditions physiologiques, peuvent être réactivés par des facteurs environnementaux, comme des agents infectieux tels les herpès virus (HSV-1 *herpes simplex virus 1* ; 4BV virus d'Epstein Barr ; HCMV, cytomégalovirus humain ; HHV-6 et HHV-8, herpes-viridae humains 6 et 8). La transcription des séquences HERV est donc possible dans certains tissus, quand ces séquences sont déréprimées (133). Cette production anormale de protéines codées par de telles séquences est alors associée à des maladies complexes : auto-immunes, comme la SEP, sclérose en plaques (lésions inflammatoires démyélinisantes, avec dégénérescence neuronale) impliquant des séquences HERV-W codant pour une protéine d'enveloppe (MSRV-Env) à l'origine des troubles de la SEP par activation de type superantigène des lymphocytes T. Cette activation est elle-même conditionnée par une stimulation de l'immunité innée, impliquant le récepteur TLR4 (*toll-like receptor 4*) avec des effets pro-inflammatoires. Un anticorps monoclonal (GNbAC1) neutralisant l'activité de MSRV-Env est en phase IIb d'essai clinique.

De même, l'activation de rétrovirus HERV-K (140) participerait à la pathologie de la sclérose latérale amyotrophique (maladie de Charcot, multifactorielle), maladie dégénérative, associée à des accumulations d'une forme pathologique de protéine cellulaire *Tar DNA binding protein 43* (TDP-43). La réactivation d'un rétrovirus HERV-W pourrait être à l'origine de la schizophrénie (SCZ) et du trouble bipolaire (TB), maladies psychiatriques résultant de l'interaction de facteurs génétiques et environnementaux (69). Dans la SCZ, une copie de HERV-K est insérée dans le gène PRODH (*proline deshydrogénase*) codant pour une déshydrogénase mitochondriale essentielle pour la synthèse de différents neuromédiateurs. Une LTR de HERV-W est située dans les régions régulatrices du gène GABBR1 (*gamma aminobutyric acid B receptor subunit1)* codant pour le récepteur GABA de type B1 impliqué dans le développement de la SCZ.

S'ouvrent ainsi de nouvelles pistes thérapeutiques ciblées, (utilisation efficace de l' IFN-bêta dans l'inhibition de l'expression du rétrovirus ou de l'anticorps GNbAC1 dirigé contre la protéine d'enveloppe du HERV-W), avec utilisation de biomarqueurs diagnostiques .

8% des séquences du génome humain sont des rétrotransposons à LTR contre 3% pour les séquences codant l'ensemble des protéines humaines.

Alors que les rétrovirus endogènes fixés sont des insertions chromosomiques stables dans l'ensemble de la population, les rétrotransposons endogènes non fixés de la famille HERV-K sont des copies récemment intégrées dont la présence et le nombre sont variables d'un individu à un autre. Dans son génome, chaque individu contient des insertions rétrovirales endogènes, inégalement distribuées dans la population.

Quant aux rétroéléments sans LTR, ce sont a) les séquences LINE (*long interspersed elements)* codant pour les protéines ORF1p (*open reading frame protein* 1), protéines de liaison à l'ARN et ORF2p (*open reading frame protein* 2) à activité de transcriptase inverse et endonucléasique (fig. 5), b) les séquences SINE (*short interspersed elements*) dont la plupart sont des éléments Alu (d'après l'enzyme de restriction Alu1 qui est une endonucléase), ne codant pas de protéines, c) les SVA (*SINE-VNTR-Alus*) qui sont des SINE avec un nombre variable de répétitions en tandem, une région analogue à HERK, une séquence Alu. Il y a près d'1 million de copies de séquences Alu dans le génome humain, surtout dans les bandes R des chromosomes.

Les Line 1, fréquentes dans le cerveau, sont d'abord transcrites en un brin d'ARN qui passe du noyau dans le cytoplasme où il est traduit en protéines qui s'assemblent avec lui, pour retourner dans le noyau, mais à un nouvel emplacement.

Une endonucléase coupe l'ADN en des sites spécifiques et utilise l'ARN comme modèle pour faire une copie du double brin d'ADN du rétrotransposon qui s'insère à l'endroit de la coupure.

Les insertions de transposons, dans une région codante, ont le plus souvent pour conséquence l'inactivation du gène, dans une région régulatrice, des modifications de l'expression génétique, dans un intron, des perturbations de l'épissage. Les transposons entraînent des réarrangements de l'information génétique, des inhibitions ou activations de gènes voisins, des aberrations chromosomiques ou ils favorisent des recombinaisons entre régions homologues, qui peuvent être la cause de différentes maladies génétiques.

Ainsi, l'acholinestérasémie (apnée prolongée après injection de cholinestérase) est due à l'insertion d'une séquence Alu qui inactive le gène de la cholinestérase (AGHE ; au locus 7q22.1) et la neurofibromatose de type I (neurofibromes) à l'insertion d'Alu dans un intron du gène NF1 (*neurofibromin1* ; au locus 17q11.2) qui conduit à la délétion d'un exon au cours de l'épissage.

Il y a 15 séquences Alu le long du gène LDLR du récepteur des LDL (*low density lipoproteins*) comprenant 18 exons sur le bras court du chromosome 19 (locus 19p13.2). Elles facilitent la recombinaison inégale due à un défaut d'alignement des séquences, ce qui conduit à des délétions et des duplications qui sont la cause de l'hypercholestérolémie.

L'insertion de LINE1 dans le gène codant pour le facteur VII (situé sur le chromosome X) de coagulation du sang est cause d'hémophilie.

Les éléments L1 se déplaceraient davantage dans certaines régions du cerveau (7743 insertions de L1 ont été identifiées dans l'hippocampe, siège d'une neurogénèse, et le noyau caudé, alors que le SINE n'y a jamais été observé) que dans d'autres tissus. Une mutation du gène MeCP2 (*méthyl CpG-binding protein 2)* au locus Xq28, entraîne la multiplication des insertions L1 dans les neurones et elle est à l'origine du syndrome de Rett, maladie du développement cérébral ne touchant que les filles (150).

L'intégration de copies d'éléments transposables erv9 et HERV-DRB 7 dans la région II du gène MHC (complexe majeur d'histocompatibilité) a participé, avec les 127 copies de Alu et les 134 copies d'éléments LINE 1, à l'évolution de ce gène durant l'évolution des Primates. L'activité des gènes RAG1 et RAG2 (*recombination activating gene*), au locus 11p12, essentielle pour les recombinaisons V(D)J dans le système immunitaire, a pour origine l'activité transposase d'un élément mobile.

Un rétrotransposon, en principe dépourvu de séquences activatrices, peut être activé en fonction des propriétés de la région où il s'insère. Le gène pgK1, au locus Xq21-1, code pour la phosphoglycérate kinase dans la glycolyse. Ayant 10 introns, il est exprimé dans les cellules somatiques. Il a donné par rétrotransposition sur un autosome, la copie pgK2 dont des introns sont délétés, mais avec phase codante conservée.

Elle n'est exprimée que dans les spermatocytes, y codant alors pour une protéine nécessaire à la survie des gamètes. De même, la sous-unité E1a de la pyruvate déshydrogénase est codée par un gène de 10 introns du chromosome X. Une rétrocopie identique à 80%, sur le chromosome 4, n'est exprimée que dans les testicules, alors que le gène ancestral l'est dans tous les tissus.

Des transferts horizontaux de séquences rétrovirales endogènes sont possibles (par exemple, il y a 10 millions d'années, d'un ancêtre des babouins à un ancêtre du chat).

Les gamma-rétrovirus sont utilisés comme rétrovecteurs en thérapie génique. Ils s'intègrent préférentiellement dans les promoteurs et les enhancers, le site d'insertion mobilisant les protéines BRD2 (*bromo domain containing protein 2*), BRD3, BRD4 (5).

4. Mutations géniques et chromosomiques

Des mutations géniques et chromosomiques sont aussi la cause
de la variabilité biologique (polymorphisme) des individus
qui peut aussi résulter de différences de certains gènes dans le nombre
de séquences répétées.

Au cours des divisions cellulaires, des erreurs se produisent lors de la mécanique de duplication des gènes, ce qui modifie leurs séquences. Ces mutations géniques, portent sur les chromosomes non sexuels (autosomes), comme dans l'alcaptonurie (maladie caractérisée par des urines noirâtres et des atteintes musculo-squelettiques, due aux mutations du gène HGD, *homogentisate 1,2 dioxydase*, du chromosome 3, locus 3q13.33, codant pour l'enzyme acide homogentisique oxydase HGO transformant l'acide homogentisique en en acide maléilacétoacétique), ou sur les chromosomes sexuels (comme dans la myopathie de Duchenne, due le plus souvent à des délétions du gène DMD (*muscular dystrophy duchenne*) du chromosome X (locus Xp21-2-p21-1) et touchant 1/3500 garçons.

Les mutations diffèrent selon les individus (fig. 6). Les plus simples sont la substitution d'un nucléotide par un autre (mutation ponctuelle).

Si elle survient dans une région d'ADN codant, elle change le triplet d'un codon en celui d'un acide aminé différent, ce qui peut aboutir à une protéine de structure différente, dysfonctionnelle.

Mais il peut y avoir aussi a) addition de nucléotides (insertion), ce qui altère le cadre de lecture, ou b) suppression de nucléotides (délétion, comme dans la mucoviscidose).

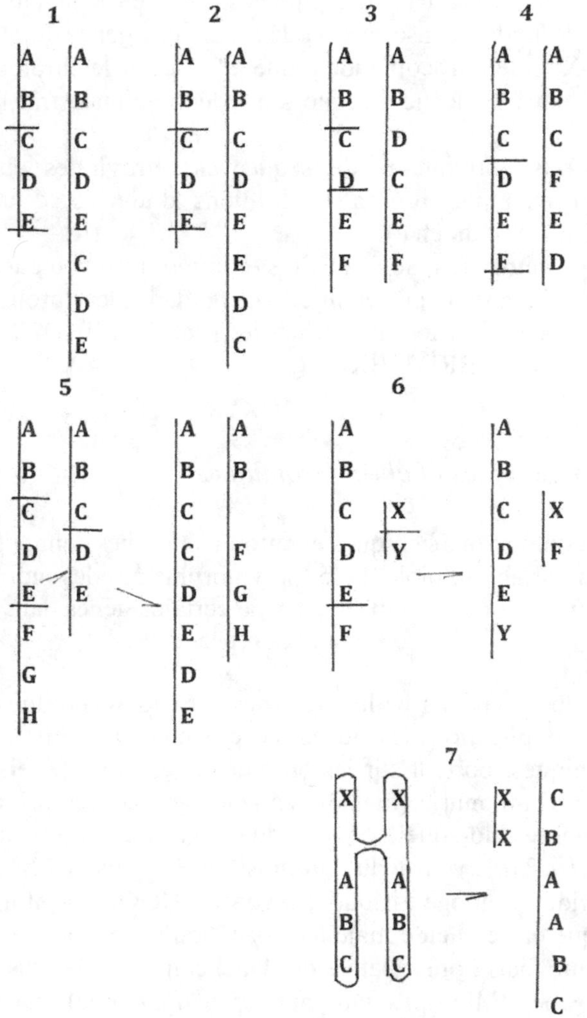

Fig. 6. Schémas de mutations chromosomiques

1. Duplication directe (en tandem). Le chromosome, à gauche, portant les gènes ABCD, devient (à droite) par duplication ABCDECDE. Duplication inversée (en miroir) : ABCDE devient ABCDEEDC. 3. Inversion (deux cassures dans un même chromosome) péricentrique. Le chromosome ABC (centromère) DEF donne ABDCEF. 4. Inversion paracentrique **:** *ABCDEF donne ABCFED***.** *5. Les insertions proviennent d'au moins trois cassures concernant au moins deux chromosomes. 6. Translocation entre deux chromosomes. 7. Isochromosomes provenant d'une division centromérique anormale donnant soit une duplication du bras court (XX) avec délétion du bras long, soit une duplication du bras long (CBAABC) avec délétion du bras court.*

Là, la mutation (au locus 17q21.31), la plus fréquente, porte sur la suppression de l'acide aminé phénylalanine en position 508 dans la protéine CFTR (*cystic fibrosis transmembrane conductance regulator*) de 1480 acides aminés, réglant la perméabilité membranaire aux ions chlorures).

La plupart des maladies métaboliques sont monogéniques. Par exemple, six types principaux de maladies du métabolisme du glycogène (glycogénoses) dérivent d'un déficit génétique d'une des enzymes contrôlant sa synthèse ou sa dégradation : a) glycogénose type I : maladie de Gierke, due à l'absence de glucose-6-phosphatase dans le foie, le rein, la muqueuse intestinale, (d'où hypoglycémie après la naissance) en raison de mutations du gène G6PC (*glucose-6-phosphate catalytic subunit*) ; glycogénose type Ib selon la banque OMIM *On line Mendelian inheritance in man*, 232220, type 1c, 232240 au locus 11q23, type 1a, OMIM 232200 sur le chromosome 17 au locus 17q21-31 ; b) glycogénose type II : maladie de Pompe, accumulation de glycogène en surcharge dans les lysosomes, due à des mutations du gène GAA (*glucosid alpha acide*) du chromosome 17, locus 25.3, codant pour l'alpha-glucosidase acide ; c) type III : maladie de Forbes, due à l'absence d'amylo-1-6 glucosidase, (d'où polymérisation incomplète du glucose) en raison de mutations du gène AGL (*amylo-alpha1-6 glucosidase, 4 alpha glucanotransférase*) au locus 1p21.21 ; d) type IV : maladie d'Andersen due à l'absence de phosphorylase dans le foie, (d'où non synthèse de glycogène) due aux mutations du gène GBE (*1,4-alphaglucan branching enzyme 1*) du chromosome 3 (locus p12.2) ; e) type V : maladie de McArdle, due à l'absence de phosphorylase musculaire, (d'où surcharge du muscle en glycogène) en raison des mutations du gène PYGM (*glycogen phosphorylase*) du chromosome 11(q13.1) ; f) type VI : maladie de Hers due à une diminution de la phosphorylase hépatique, (d'ou surcharge du foie en glycogène) due aux mutations du gène PYGL *(glycogen phosphate liver*) au locus 14 q22.

La conversion génique est l'échange d'information entre deux gènes non alléliques, sans perte d'information, ni de modification de la structure globale des gènes, et sans cassure des brins d'ADN lors de la réplication, contrairement au crossing-over inégal.

Par exemple, elle peut être responsable de l'hyperplasie congénitale des surrénales (HCS). Au locus du complexe majeur d'histocompatibilité (CMH) du chromosome 6, deux gènes homologues (CPYP21P et CYP21, *cytochrome 21*), ne différant que par 90 paires de bases, constitués de 10 exons et 9 introns, situés en tandem sur le même brin d'ADN, codent pour la 21–hydroxylase dont le déficit est cause de la HCS (diminution de synthèse du cortisol et de l'aldostérone).

Suite à une délétion de 8 paires de bases dans l'exon 3, une insertion de T dans l'exon 7, une substitution de C en T dans l'exon 8, CYP21P est un pseudogène inactif, CYP21 est le gène actif. Par conversion génique il peut être remplacé par CYP21P, ce qui donne deux gènes inactifs sur le même brin, cause de la maladie. De nombreuses mutations ponctuelles de CYP21 donnent le même résultat (140 bis).

15 à 35 % des mutations en cause dans une maladie génétique (notamment d'une maladie rare) affectent l'épissage (65). 228 mutations affectent l'épissage du gène CFTR (*cystic fibrous transmembrane conductance regulator*) de la mucoviscidose, soit 11,36% des 2007 mutations du gène à l'origine de la maladie. De même, l'amyotrophie spinale (dégénérescence des motoneurones) est due à des mutations du gène SMN1 (*survival motor neuron* 1), avec notamment l'exclusion de l'exon 7, d'où la formation d'une protéine non fonctionnelle. Ce gène présente une autre copie SMN2,ce différant par un variant de l'exon 7, qui altère la séquence régulatrice de l'épissage, entrainant un saut de l'exon 7. La dystrophie myotonique de type1 est due à une anomalie de l'épissage des exons 2, 6 et 10 du gène MAPT (*microtubule associated protein tau),* suite à une inactivation des facteurs MBNL (*muscle blind like family number*) 1, 2 et CELF2 (*CUGBP Elav-like family number).*

Les altérations de l'épissage sont fréquentes dans les cancers. Un même gène peut être associé à plusieurs maladies selon les mutations qu'il porte. Ainsi, des mutations du gène LMNA (*lamin A/C*) au locus 1q22, peuvent être la cause de 14 laminopathies différentes (cardiomyopathies, neuropathies, lipodystrophies, etc.), (fig. 1).

Pour lutter contre ces mutations sont utilisés soit des petites molécules soit des oligonucléotides anti-sens (85).

Certains gènes sont en séquences répétées. Un motif satellite est un motif répétitif d'une courte séquence d'ADN. Un microsatellite est une zone hypervariable constituée d'un motif de séquence long de 10 à 100 paires de bases, répété de 20 à 50 fois en un point d'un chromosome, le nombre de répétitions variant selon les individus. Les macrosatellites sont des zones constituées d'un motif de séquence court (par exemple deux bases), répété plusieurs dizaines de fois. Les snips (*single-nucleotide polymorphism)* sont des variations ne portant que sur une seule base. Elles sont la source la plus abondante de polymorphisme.

Il existe des « variants rares » qui ne sont présents que chez moins d'un individu sur 200. Près de 4 sur 10 ne se trouvent que dans une seule population. Des mutations portant sur le nombre de séquences répétées peuvent changer le phénotype (résultat visible de l'expression des gènes). Ainsi, le gène FMR1 (*fragil X mental retardation* 1) contient en aval de sa partie codante un nombre de triplet CCG allant de 6 à 60. Les hommes affectés du syndrome de l'X fragile (arriération mentale modérée à sévère, avec parfois volumineux testicules et grandes oreilles), touchant 1 garçon pour 2000 et 0,4 fille sur 2000, en ont plus de 200.

La chorée de Huntington (pathologie neurologique dégénérative, caractérisée par des mouvements anormaux et la perte progressive des fonctions supérieures ; 7000 malades en France avec 12.000 porteurs de gène responsable) est due à une expansion de répétitions du triplet CAG dans un gène HD (*Hutington disease*) = IT15, du bras court du chromosome 4, codant pour une huntingtine de fonction inconnue ; elle pourrait stimuler le transport intracellulaire de vésicules contenant le facteur neurotrophique BDNF (*brain-derived neurotrophic fctor).* Chez les personnes saines le triplet est répété entre 9 et 35 fois. Au-delà le sujet développe la maladie. Or, le gène HD, déjà présent chez les amibes (organismes unicellulaires), dupliqué chez les Echinodermes et l'Amphioxus, interviendrait dans le développement et l'évolution du système nerveux des Vertébrés.

La répétition des séquences chez les Vertébrés (3 chez le Poisson-zèbre, 7 chez la souris, 15 chez les bovins) favoriserait l'évolution du tube neural et améliorerait la cognition jusqu'au seuil fatal de 36.

De même l'ataxie de Friedreich se manifeste chez ceux qui ont hérité des deux parents (mutation récessive) une mutation du gène X25 du chromosome 9 (9q21-11) dont une séquence GAA est répétée de 100 à 200 fois, au lieu de moins de 40 normalement.

Le gène X25 code pour une protéine (frataxine de rôle inconnu) localisée dans les mitochondries.

S'ajoutent de possibles anomalies des chromosomes concernant leur nombre ou leur structure. L'aneuploïdie est le résultat d'une non-disjonction (défaut de séparation) des chromosomes pendant la division cellulaire : en pratique, il en résulte dans une paire soit la présence d'un chromosome supplémentaire : 2n+1 (trisomie, comme dans la trisomie 21 du mongolisme), soit l'absence d'un chromosome : 2n-1 (monosomie, comme dans le syndrome de Turner : 45+X, stérilité du sujet féminin avec atteinte de la fonction ovarienne, ménopause précoce, anomalies somatiques). La non-disjonction peut intervenir au cours de la première ou de la deuxième division de la méiose ou après la fécondation (non-disjonction mitotique), ce qui entraîne, dans ce cas, la coexistence dans le même individu de deux populations cellulaires différentes par leur contenu chromosomique (état mosaïque).

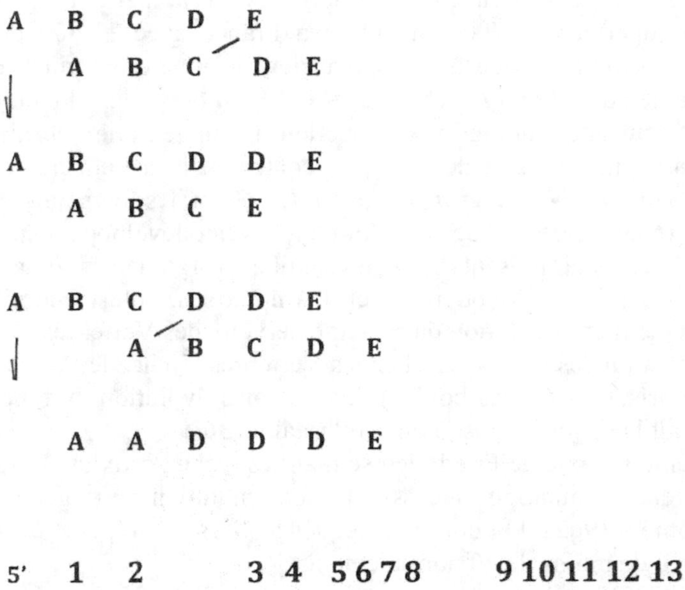

Fig.7. Schéma montrant qu'une suite d'enjambements inégaux peut aboutir à la réalisation d'une série de gènes dupliqués

(DDD... : erreur dans le dernier schéma : suppression du premier A de la dernière ligne de lettres et dans la position de la coupure : non pas entre D-A mais entre C-E, pour donner ABCE et ABCDDDE).

Ligne du bas : Brassage des exons présents dans des gènes différents. Exemple : gène de l'activateur tissulaire du plasminogène : l'exon 3 code pour un peptide à ponts disulfures qui maintient une configuration caractéristique de la fibronectine et retrouvée dans la facteur IX de coagulation. L'exon 4 est homologue d'une séquence du gène codant pour le facteur de croissance EGF1. Les exons 5, 6, 7, 8 sont homologues de ceux de gènes de facteurs de coagulation. Les exons 9, 10, 11, 12, 13 sont homologues de ceux de protéases à sérine, type trypsine.

Les anomalies de structure (fig. 6) portent sur a) la suppression (délétion), b) la duplication d'une portion du chromosome (avec même orientation : duplication en tandem ou après inversion à 180° du fragment d'origine : duplication en miroir), ou c) l'inversion d'un fragment après deux cassures suivies d'un recollement intéressant le centromère (région des chromatides par laquelle les chromatides sont reliées ensemble) : inversion péricentique, ou portant sur l'un des bras du chromosome : inversion paracentique.

Un isochromosome est un chromosome formé de deux bras longs ou de deux bras courts d 'un même chromosome.

Un chromosome en anneau résulte d'une cassure à chaque extrémité d'un chromosome suivie d'un recollement après perte des extrémités distales.

L'anomalie peut porter sur plusieurs chromosomes : a) translocation, c'est-à-dire échange de matériel entre deux chromosomes, comme dans la translocation entre les chromosomes 9 et 22 de la leucémie myéloïde chronique, raccourcissant le chromosome 22 dit chromosome Philadelphie, ou b) fusion centrique, c'est-à-dire soudure d'un chromosome sur un autre. Le syndrome de Bloom (nanisme, sensibilité au rayonnement solaire, diminution des défenses immunitaires) est une maladie rare (1/40.000 nouveaux-nés), marquée par une instabilité chromosomique très élevée (cassures, recombinaisons), avec altération du gène BLM sur le chromosome 15 au locus q26.1. La mutation BLMASH (délétion de 6 paires de bases, insertion de 7 paires de bases au nucléotide en position 2281 du BLMcDNA) est la plus fréquente, notamment chez les juifs ashkénases (ASH).

Les anomalies chromosomiques sont la cause d'avortements spontanés (environ 50%) ou d'anomalies congénitales (par exemple, la polypose colique familiale, due à une mutation d'un gène du chromosome 5).

De même qu'il peut y avoir duplication d'un chromosome (aneuploïdie) ou du nombre total de chromosomes (polyploïdie : 3n=69 chromosomes humains, cause de 15% des anomalies chromosomiques responsables d'avortements au premier trimestre), il peut y avoir duplication partielle ou totale de gènes. Cette duplication est suivie d'une divergence des séquences des copies de ce gène en raison des mutations (délétions, additions, substitutions...) que subissent ces copies. La formation de deux copies entraîne la présence de deux sources redondantes de la même fonction. Dans la plupart des cas une des copies accumule alors des mutations qui la rendent non fonctionnelle (pseudo-gènes).

Dans de nombreux cancers de tissus solides, des altérations génétiques portent sur des dizaines de milliers de mutations géniques et des dizaines de modifications chromosomiques, avec une hétérogénéité génétique interne des tumeurs. Le gène suppresseur de tumeurs p53 (locus 17p13.1), codant pour une phosphoprotéine nucléaire activatrice transcriptionnelle de gènes spécifiques (dont le gène mdm2, *mouse double murine 2,* régulateur de p53), est altéré dans plus de 50% des cancers humains. L'inactivation de la protéine p53 par le changement d'un seul acide aminé contribue au phénotype néoplasique.

Dans une même zone de tumeur les cellules sont génétiquement hétérogènes, ce qui est un obstacle aux thérapies ciblées, les voies de signalisation étant activées différemment.

II. L'ADN mitochondrial

L'ADN mitochondrial n'est transmis que par la mère.

Le zygote détruit par autophagie les mitochondries introduites par le spermatozoïde lors de la fécondation. Parmi les facteurs responsables de cette dégradation intervient le gène cps-6 qui code pour une endonucléase. Lorsqu'il est inactivé, l'ADN mt (mitochondrial) paternel persiste jusqu'à des stades avancés de l'embryogénèse.

Ne subsistent donc dans l'œuf fécondé que les mitochondries maternelles. Les mitochondries sont des organites fournissant la cellule en énergie sous la forme de production d'acide triphosphorique (ATP), et elles sont porteuses de toute la machinerie permettant la synthèse de quelques protéines (ADN, ARN de transfert, ARN ribosomien). L'ADN mitochondrial humain est un ADN circulaire de 37 gènes codant pour 13 protéines membranaires mitochondriales, et des acides ribonucléiques (22 ARNt, 2 ARNr). 1700 gènes nucléaires codent pour le protéome mitochondrial, dont 200 sont impliqués dans l'apparition de maladies mitochondriales, lorsqu'ils sont mutés. 270 mutations pathogènes altèrent directement l'ADN mt.

Une hérédité mitochondriale maternelle (matrocline) s'ajoute donc à l'hérédité nucléaire. Cette hérédité, n'obéissant pas aux mêmes règles de transmission que l'hérédité nucléaire (hérédité mendélienne), est responsable par mutations, de plusieurs maladies portant sur des troubles de la chaîne respiratoire, affectant divers organes (œil, cœur, muscles....) et de maladies neuro-dégénératives. La neuropathie optique de Leber ou Lhon, (*Leber's hereditary optic neuropathy*), désordre le plus courant, se traduit par une perte de vision. Elle est due à une perte des cellules ganglionnaires de la rétine et de leurs axones, et elle touche une personne sur 50.000.

Dans une même cellule l'ADN mt peut être sous la forme sauvage et sous la forme mutée. Du taux de cette hétéroplasmie dépend la gravité de la maladie. Une des stratégies thérapeutiques pour diminuer le taux d'hétéroplasmie est de stimuler la réplication du génome mitochondrial sain (par une alimentation très pauvre en glucides et riche en lipides : diète cétogène) ou d'inhiber celle du génome muté (187).

III. L'épigénome

Des marqueurs épigénétiques, pouvant inhiber l'expression de gènes sans modifier leur séquence, forment un épigénome.

La régulation génique ne résulte pas seulement des interactions des facteurs de transcription et des composants du complexe d'initiation de la transcription, selon le modèle de l'opéron lactose de F. Jacob et J. Monod (100). En absence de lactose, un gène régulateur est transcrit puis traduit en une protéine qui se lie à l'ADN pour bloquer la fixation de l'ADN-polymérase et arrêter la transcription des gènes de la galactosidase, de la perméase et de la transacétylase.

Mais les impacts environnementaux peuvent affecter chez des individus l'expression de certains gènes, sans modifier leur séquence. Cette épigenèse se réalise par divers procédés : 1) addition par des enzymes (méthyltransférases) d'un groupement chimique méthyl (CH3) en 5' d'une cytosine d'un dinucléotide CG (cytosine, guanine) dans une séquence d'ADN d'un promoteur (éléments de séquence déterminant le site d'initiation de la transcription) ; 2) modification post-traductionnelle (acétylation, phosphorylation, méthylation), par différentes enzymes, des histones de la chromatine nucléaire, lui permettant de passer de l'état actif (facilitant les interactions de l'ADN et des facteurs de transcription) à l'état réprimé, 3) intervention d'ARN (acides ribonucléiques) non codants, 4) remodelage du nucléosome (structure de base de la chromatine, formée d'un assemblage d'octomère d'histones autour duquel s'enroule un ADN de 150 nucléotides, fig. 5).

Des micro-ARN, simples brins non codants de 21 à 25 nucléotides, contrôlent l'expression génique soit par la dégradation des ARN messagers codés par les gènes, soit par l'inhibition directe de leur traduction ou par leur adénylation (164 bis).

Le séquençage à haut débit et différentes techniques, dites de capture de la conformation des chromosomes (3C), permettent de caractériser l'ensemble de ces modifications pour chaque type cellulaire, d'établir sa cartographie épigénétique. Contrairement à la séquence génétique unique et stable dans toutes les cellules, les profils épigénétiques varient d'un type cellulaire à l'autre et même selon les rythmes circadiens, puisque le facteur de transcription CLOCK (*clock circadian regulator*) possède une activité acétyltransférase d'histone.

L'expression d'un gène méthylé est inhibée, si bien que le même gène avec la même séquence, mais non méthylé, ne donne pas le même caractère et cette divergence se maintient telle quelle au cours de plusieurs générations. C'est le phénomène d'empreinte parentale (un gène soumis à l'empreinte parentale est haploïde puisqu'un seul gène s'exprime) concernant 100 à 150 gènes. Selon qu'un même gène est hérité du père ou de la mère, il peut être exprimé ou pas. La dose mono-allélique des gènes à empreinte parentale est déterminante pour les échanges entre mère et foetus et, après la naissance, pour le développement du cerveau et des fonctions métaboliques.

Ainsi, dans la région 11p15 du chromosome 11, certains gènes sont exprimés à partir de l'allèle paternel, par exemple, IGF2 *(insulin-like growth factor*), KCNQ1OT, (*KCNQ1 overlapping transcript1)* ; d'autres sont exprimés à partir de l'allèle maternel (par exemple, H19, KCNQ1, CDKN1C *cyclin dependent kinase inhibitor 1C*). La région 11p15 est divisée en deux régions ICR1, ICR2 qui contrôlent l'expression des gènes.

Le gène H19 est exprimé uniquement par l'allèle maternel, le gène IGF2 par l'allèle paternel, suite à la méthylation de la région ICR1 maternelle. Inversement, sur le chromosome paternel, quand ICR1 est méthylé, IGF2 est transcrit, mais pas H19. De même, dans la région ICR2 la méthylation du chromosome maternel interdit la transcription du gène KCNQ10T1 qui est exprimé sur le chromosome paternel (103).

Le syndrome de Wiedemann-Beckwith (croissance excessive des organes, anomalies du développement) peut être dû à des mutations du gène CDKN1c (qui code pour un inhibiteur du cycle cellulaire) ou à l'expression de l'allèle maternel IGF2 et l'inhibition de H19. Inversement, la perte de méthylation de ICR1, entrainant l'extinction de IGF2 et la surexpression de H19, est la cause du syndrome de Silver-Russell (retard de croissance intra-utérin, asymétrie corporelle..).

L'hypométhylation du gène COMT (*catecol-O-méthyltransférase)* au locus 22q11 (codant pour deux isoformes d'une enzyme qui dégrade les catécholamines), comme l'hyperméthylation du gène RELN *(reeline*) codant pour une protéine qui a un rôle majeur dans la régulation des migrations des neurones du cerveau, sont corrélées à la schizophrénie (34 ter).

L'inactivation de l'un des deux chromosomes X de la femelle des Mammifères commence par la production chez l'embryon d'un ARN (Xist) qui induit des méthylations des histones du chromosome X.

Dans le syndrome de Turner les filles n'ont qu'un seul chromosome provenant soit du père soit de la mère. Selon cette origine elles ont des comportements différents.

Le phénomène d'empreinte est apparu il y a 180 millions d'années lors de la séparation des marsupiaux et des mammifères placentaires.

Dans les deux pronoyaux du zygote (pronucléus mâle et pronucléus femelle) l'ADN compacté est inactif. Une réorganisation des ADN autour des histones est nécessaire pour que débute une première activité génétique.

Elle implique des séquences génétiques mobiles dites Alu. Les deux ADN (paternel et maternel) se retrouvent dans un même noyau au stade embryonnaire de deux cellules. Au deuxième jour du développement 32 gènes sont activés, 129 au troisième (stade de 4-8 cellules).

Au cours de la spermatogenèse il y a remplacement des histones des nucléosomes par de petites protéines chromosomiques très basiques (SNBP, *sperm nuclear basic proteins*) dont les protamines et un variant de H2A : H2A.L2, accélérant la transformation des nucléosomes.

Normalement, il y a une reprogrammation complexe de la structure des noyaux des gamètes, mettant en jeu des modifications chimiques des histones et une déméthylation-reméthylation, au moment de la fécondation, après la fécondation dans la lignée germinale, lors de la migration des cellules primordiales germinales vers les crêtes génitales, puis dans la réorganisation du cerveau au moment de sa maturation et de la puberté.

La compaction de la chromatine du spermatozoïde, liée au remplacement d'une grande partie des histones par des protamines, pourrait constituer une autre phase de reprogrammation (107).

Au cours de la fécondation le spermatozoïde apporte le génome haploïde et il libère dans l'ovocyte 4000 ARN non codants. Dans l'embryon précoce les mécanismes épigénétiques comprennent la méthylation, l'hydroxyméthylation et les modifications post-traductionnelles des histones, pouvant inclure le remplacement de variants par d'autres. Dans les cellules souches embryonnaires (ES), des facteurs de transcription dont OCT4 (*octamer-binding transcription factor 4*), SOX (*sex determining region Y box2*) et NANOG (*homeobox protein NANOG)* régulent la maintenance de la pluripotence de ces cellules et, introduits dans une cellule somatique différenciée, ils entraînent des modifications épigénétiques (reprogrammation) qui changent le phénotype de la cellule. Les gènes de développement sont marqués répressivement par H3K27me3 (triméthylation de la lysine 27 de l'histone H3) et activement par H3K4me3 (triméthylation de la lysine 4 de l'histone H3). Selon qu'ils perdent l'une ou l'autre des 2 marques au cours du remodelage de la chromatine, ces gènes sont prêts à s'exprimer ou à demeurer silencieux. La protéine EZH2 (*enhancer of zeste homologue 2*), porte l'activité catalytique du complexe PRC2 (*polycomb repressive complexe 2*) qui joue un rôle majeur dans la répression transcriptionnelle, responsable de la méthylation H3K27me (115).

L'information, transférée aux régions de l'ADN (gènes, séquences répétées...) portant les marqueurs épigénétiques, échappe à ces phases de reprogrammation. Cet échappement à l'effacement de certaines séquences peut permettre la transmission transgénérationnelle de caractères acquis pour des raisons d'adaptation (107) et se maintenir même quand les conditions ayant permis cette adaptation ont disparu.

Des caractères phénotypiques ne répondant pas à l'hérédité mendélienne classique peuvent ainsi être hérités par la voie paternelle seule, maternelle seule ou les deux. On doit donc prendre aussi en considération l'existence, outre le génome, d'un épigénome constitué de l'ensemble des marqueurs épigénétiques disposés sur l'ADN et sur les protéines histones qui l'accompagnent.

Plusieurs recherches épidémiologiques depuis 1980 montrent que l'alimentation maternelle, pendant la grossesse et même avant, joue un rôle dans l'apparition, à l'âge adulte, du diabète de type 2 (manifesté par un taux élevé de glucose dans le sang, par résistance à l'action de l'insuline).

Les études sur « la cohorte de la famine » (population d'Amsterdam soumise pendant l'hiver 1944 à la restriction alimentaire par l'occupant allemand) révèle que les femmes qui souffrent de diabète de type 2 ont des modifications épigénétiques sur leurs chromosomes.

Cela confirme le lien entre régime maternel, phénotype et épigénétique. De même, il y a aussi un lien entre suralimentation maternelle et insulino-résistance. Or, aujourd'hui dans les pays développés ce n'est plus la famine qui prévaut, mais l'abondance de nourriture. Les obèses sont porteurs de marques épigénétiques sur des gènes essentiels dans la régulation de l'appétit. Chez les sujets ayant subi une chirurgie bariatrique (chirurgie modifiant l'absorption des aliments) leur faisant perdre des kilogrammes, ces mêmes marques sont remodelées.

D'une étude de plusieurs centaines d'hommes en Suède sur trois générations, il est ressorti que l'alimentation des grands–pères a des effets sur leurs petits-enfants qui ont 4 fois plus de risques de mourir d'un diabète que la population générale, si leurs grands-parents ont connu la famine pendant leur période prépubère.

Des empreintes gustatives et olfactives en période pré- ou périnatale peuvent persister chez l'adulte. L'odeur de camomille associée aux premières tétées induit encore à 21 mois une préférence pour les objets portant cette odeur et l'alimentation avec des laits vanillés favorise une préférence pour la vanille, encore détectable à 28 ans. Un régime maternel hyperlipidique induit une hypométhylation de certains gènes du système de la récompense, corrélée à une préférence pour des aliments hyperénergétiques chez les descendants adultes. Dans l'hypertension artérielle chez l'adulte le rôle du génotype ne semble pas dépasser 25%, les 75% restants dépendant des relations entre génotype et environnement, donc de mécanismes épigénétiques.

Les petits-enfants qui ont un parent et un grand-parent déprimés ont un risque trois fois plus élevé que les autres d'être atteints de ce trouble. D'après le psychiatre J. Bowlby, les enfants qui ont été trop ou peu aimés dans leurs premières années, développent un attachement insécure qui en fait des craintifs (crainte d'être abandonnés, d'échouer...), alors que les enfants abreuvés de soins acquièrent un attachement sécure leur servant toute leur vie pour prendre des risques (30). Le stress précoce met en jeu des régulations épigénétiques du promoteur du gène codant le récepteur des glucocorticoïdes (Nr3c, (*nuclear receptor subfamily 3, group C, member 1*) dans l'hippocampe, cela avec une diminution de l'acétylation des histones, et d'autres gènes (tels ceux codant pour le BDNF, *brain derived neurotrophic factor*, le CRH, *corticotropin releasing hormone*..). Il en résulte des altérations comportementales et endocrines.

Une augmentation de la méthylation du promoteur du gène Nr3c1 a été observée dans l'hippocampe des suicidés ayant subi des maltraitances dans l'enfance (166).

D'une étude sur 1472 étudiants de 200 pays il ressort que, si la génétique a un rôle important à l'échelle de la taille d'un individu, la plupart des peuples évoluent de la même façon pour ce caractère, grâce à l'amélioration en termes de nutrition, d'hygiène et des soins (73).

Soumis à empreinte parentale transitoire, le gène Zdbf2 (*zinc finger DBF-type containing 2*) du chromosome 2 n'est exprimé qu'à partir de l'allèle paternel, majoritairement dans le cerveau et l'axe hypothalamo-hypophysaire. Dans l'embryon préimplantatoire Zdbf2 est transcrit sous une forme alternative plus longue : Liz (*long isoform of Zdbf2)* dont le promoteur est régulé par empreinte maternelle transitoire (83 bis).

L'expression éphémère de Liz chez la souris étant nécessaire pour programmer le potentiel de croissance post-natal, (l'absence de Liz chez l'embryon provoquant le nanisme), on peut penser que des perturbations génétiques ou épigénétiques du locus Zdbf2 chez l'homme pourraient avoir un impact sur la détermination de la taille.

En un siècle (1896-1996) la population mondiale a gagné plusieurs centimètres (20 cm pour les sud-coréennes dont la taille moyenne est 1, 62m). Durant le XXème siècle, avec la hausse du niveau de vie, la taille du français moyen est passée de 1,66 à 1,79 m.

Des souris conditionnées à la peur, en associant l'odeur de l'acétophénone à un choc électrique, transmettent à leur progéniture et à la génération suivante la crainte de cette odeur. Le gène codant pour le récepteur olfactif activé par l'acétophénone (Olfr 151, *olfactory receptor 151*) est déméthylé dans la lignée germinale à la suite du conditionnement à la peur.

Le sport a un impact sur les profils de méthylation du tissu adipeux. Chez 26 hommes sédentaires, 6 mois d'activité physique régulière ont modifié la méthylation de 7663 gènes dont 39 de prédisposition au diabète de type 2 (parmi lesquels CDKN2A/B, FTO, *fat masse and obesity associated protein*, TCF7L2, *transcription factor 7-like 2*).

Une étude sur la durée de vie d'enfants pupilles de la nation montre que cette durée est de une année de moins que celle *d'alter ego* non pupilles, (écart maximal de 2 ans pour ceux ayant perdu leur père avant de naître), ce qui suggère que le stress psychologique subi par la mère et transmis à l'enfant serait suffisamment fort pour agir sur la mortalité.

Les états nutritionnel, métabolique et hormonal des parents avant la conception, puis de la mère pendant la gestation et l'allaitement ont des influences épigénétiques sur le comportement alimentaire du futur enfant. Le

DOHad (*developmental origins of health and disease*), concept de l'origine développementale de la santé et des maladies, ouvre une vision nouvelle en sciences médicales, humaines et sociales, éthiques et juridiques (108).

Les monocytes et les macrophages sont des phagocytes du système immunitaire inné qui reconnaissent des molécules à la surface des pathogènes, avant de les éliminer. Dans certaines infections, ce système peut répondre plus fortement à une seconde infection, ce qui suggère une forme de mémoire innée (dite immunité innée éduquée), grâce à une reprogrammation fonctionnelle épigénétique. D'une comparaison des épigénomes des monocytes circulants ou différenciés en macrophages, il ressort que la différenciation induit l'activation d'un répertoire spécifique d'enhancers (séquences régulatrices stimulant la transcription) et que la réponse épigénétique la plus massive est induite par traitement au bêta-glucose qui active spécifiquement 3869 enhancers. Le projet européen Blueprint vise à définir les cartes épigénétiques et les profils de transcription d'un grande variété de cellules du sang.

Une dose unique de cocaïne modifie les facteurs épigénétiques de gènes du noyau accumbens, un acteur du circuit de la récompense.

En l'absence de drogue, les groupes méthyles dominent, maintenant la chromatine compactée, alors qu'en présence de cocaïne les groupes acétyles dominent et la chromatine se relâche, augmentant l'expression de nombreux gènes, certains de façon persistante.

Ainsi, chaque individu détient un épigénome propre, dépendant des marques épigénétiques appliquées sous l'influence de l'environnement, du sexe, de l'âge, des conditions physiopathologiques. Contrairement à la séquence génétique stable et unique dans toutes les cellules, les profils épigénétiques varient d'une cellule à l'autre dans un même tissu et les épimutations sont potentiellement réversibles.

L'étiquetage épigénétique, contrôlant l'expression génétique, pourrait rendre compte de l'état de santé et être utilisé comme arme supplémentaire en cancérologie, car dans les cellules tumorales il y a méthylation de régions riches en dinucléotides CG (îlots CpG), ce qui rend inactive la chromatine, c'est-à-dire la non-expression de gènes.

L'épigénome peut être responsable de cancers (par activation d'oncogènes ou inhibition de gènes suppresseurs de tumeurs), de maladies multifactorielles et neurodégénératives. Ainsi, le syndrome de Beckwith-Wiedemann, très rare (une vingtaine de cas étudiés) caractérisé par des malformations congénitales, une grosse langue et une viscéromégalie, est dû à l'empreinte parentale du gène IGF2 (*insulin-like growth factor*) dans la région 11p15.5 (du chromosome 11). Dans le syndrome ICF (immuno-déficience combinée, instabilité de l'hétérochomatine paracentromérique, dysmorphie faciale) sont en cause des mutations d'un gène codant pour la

DNA méthyl-transférase 3B du chromosome 20 et à des hypométhylations de sites des chromosomes 1, 9 et 16.

Le syndrome de Prader-Willi est un trouble du développement lié à un défaut d'expression de gènes de la région chromosomique 15q11-q12 soumise à une empreinte parentale maternelle (allèle méthylé, tandis que l'allèle non méthylé d'origine paternelle est absent). Des maladies peuvent donc résulter de mutations des gènes codant pour la mise en place des marqueurs épigénétiques : ADN méthyl-transférases et acétyldésacétylases des histones.

Puisque des maladies ont pour cause des anomalies des marqueurs épigénétiques, on peut tenter d'y remédier par des médicaments qui éliminent ces marqueurs. La Haute Autorité de santé a approuvé l'essai de deux médicaments (épimédicaments) : le dacogen (décitabine, s'incorporant surtout à l'ADN et inhibant sélectivement les méthyltransférases) et le vidaza (azacitidine, se fixant surtout sur l'ARN et hypométhylant) contre certaines leucémies (proliférations incontrôlées dans les organes hématopoïétiques des cellules précurseurs des globules blancs).

A court terme la plasticité phénotypique produit des variations transmissibles et, si l'environnement se stabilise sur une certaine valeur, la sélection tend à fixer la nouvelle variation (canalisation). La canalisation est le maintien d'une organisation dans le temps et dans l'espace, en dépit des variations du milieu. A long terme la plasticité phénotypique constitue un caractère en tant que tel, susceptible d'être sélectionné s'il est bénéfique, permettant aux individus de s'adapter aux conditions de l'environnement. Inversement, la canalisation est la faculté de capacité de résistance. Chez les individus canalisés, lorsque l'intensité du changement environnemental dépasse un seuil ou si les changements se répètent, la canalisation peut être rompue et les gènes favorisant les plus adaptés sont sélectionnés.

Pour R. Dawkins, « *les modifications importantes issues de l'évolution peuvent avoir commencé par des changements d'habitudes comportementales, voire des changements non génétiques et appris qui n'ont été suivis que plus tard par une évolution génétique* » (45ter).

IV. Le génome microbiotique

Les gènes des microbes commensaux (métagénome) constituant le microbiome interviennent aussi dans la physiologie de l'organisme et participent à la singularité de chacun.

Chaque individu humain est porteur d'un ensemble de microorganismes (le microbiote formé de bactéries, champignons et virus) cohabitant avec lui, surtout dans le tube digestif (notamment dans la partie postérieure de l'intestin grêle avec 10 puissance 8 bactéries par gr de matière), mais aussi dans la bouche (320 espèces de bactéries commensales), les bronches, la cavité vaginale, et sur la peau.

Le microbiote faisant de l'homme un métahumain, est l'aboutissement de milliers d'années de coévolution entre les microbes et l'humanité.

Chez le nouveau-né, stérile dans l'utérus, la colonisation intestinale commence, lors du passage à travers la filière génitale de la mère, par implantation de bactéries anaérobies facultatives favorisant l'implantation secondaire d'anaérobies stricts. Les micro-organismes du lait et de la peau du sein influencent et sélectionnent les bactéries qui s'installent ensuite chez l'enfant. Chez les bébés d'un mois nourris au sein, 28% des bactéries retrouvées dans les selles sont identiques à celles identifiées dans le lait et l'aréole du sein. L'allaitement maternel favorise la prédominance des bifidobactéries, puis des *Clostridium coccoides*, *Leptum* et *Bacteroides*.

La présence de *Villonella* et de *Rothia* est associée à une moindre incidence de l'asthme. La flore diversifiée se stabilise vers l'âge de 2 ans.

Acquis au cours de la vie, le microbiote est unique, propre à chacun, comme l'ont montré, avec la pratique du ribotypage (analyse séquentielle des gènes codant l'ARN 16s ribosomique), les nouveaux outils de la métagénomique quantitative (étude globale des germes d'une population sans les détailler par individu) et de la bioinformatique (21).

Le premier catalogue (2010) de notre « autre génome » composé de 3,3 millions de gènes non-redondants, identifiés à partir de selles de 124 européens, a été complété (2014) jusqu'à 10 millions par des gènes présents dans des selles de 1267 individus issus d'Europe, d'Amérique et de Chine.

En raison de la diversité microbienne, on pourrait envisager de classer les individus en fonction de leur microbiote, comme on le fait avec les groupes sanguins.

De nombreuses études comparent les microbiotes intestinaux de populations ayant adapté ou non un mode d'alimentation occidentalisé (forte consommation de produits d'origine animale et riches en sucres et gras, faible consommation d'aliments à base de plantes). Il y a un appauvrissement de la diversité microbienne dans les populations occidentalisées, avec diminution de la production d'acides gras à chaîne courte (acétate, butyrate...) qui inhibent la croissance d'entérobactéries pathogènes.

Les 2/3 des espèces intestinales dominantes lui sont totalement spécifiques. Il existe quatre grands groupes de bactéries dominantes : les firmicutes, les bactéroidetes, les Proteobacteria, les Actinobacteria.

Dans l'intestin un premier gradient de densité bactérienne est observé entre l'estomac et le côlon, un second entre la lumière intestinale et la couche de mucus.

Le microbiote intestinal facilite la digestion des fibres alimentaires, synthétise des métabolites comme les vitamines B et K, dégrade les agents carcinogènes comme les nitrosamines, intervient dans le bon fonctionnement du foie, joue un rôle protecteur vis-à-vis de l'invasion des pathogènes.

Il régule le développement du système immunitaire muqueux et la maturation du système immunitaire. Il est impliqué dans la stimulation du renouvellement de l'épithélium intestinal par les cellules souches.

Le système nerveux intestinal (entérique), composé de 300 à 600 millions de neurones dans les réseaux sous-muqueux et myentérique, informe (par le nerf vague) l'hypothalamus, centre de contrôle du comportement alimentaire, de la quantité et qualité des aliments absorbés. L'intestin sécrète des hormones (sécrétines, GIP : *gastric inhibitory peptide* et GLP-1 : *glucagon-like peptide one*) qui amplifient le message vagal. Le microbiote intestinal régule la libération de GLP-1 qui, lors de l'absorption de glucose, stimule le nerf vague et, *via* le cerveau, favorise la sécrétion d'insuline pancréatique, hormone qui, enregistrant l'augmentation de la glycémie, enclenche le rassasiement. Chez les patients obèses ou diabétiques, où ce réflexe nutritionnel est altéré, la flore diffère de celle des personnes sans excès de poids.

Certaines pathologies neurodéveloppementales (autisme, troubles de l'humeur, troubles anxieux...) seraient liées à des déséquilibres du microbiote.

Des enzymes du microbiote interviennent dans la régulation de la population microbienne. Ainsi, le *Bacillus subtilis* intestinal synthétise une enzyme YydG capable de transformer un acide aminé de forme L (les seuls présents dans les cellules) en acide aminé D (par déplacement d'un atome d'hydrogène) qui inhibe la croissance de cette bactérie. Une enzyme Hyp permet aux bactéries de vivre dans l'intestin en métabolisant les hydroxyprolines des protéines humaines.

Le microbiome pulmonaire est aussi un écosystème spécifique pour chaque individu, par l'abondance et la diversité des microorganismes. Ses modifications seraient corrélées à l'évolution clinique des patients.

Ainsi, dans la mucoviscidose une perte de la diversité bactérienne et fongique peut être associée à une diminution de la fonction respiratoire. La colonisation bactérienne est un facteur important de la progression de la broncho-pneumopathie chronique et de l'asthme.

Dans la compréhension de la physiologie humaine il faut donc maintenant identifier aussi les gènes microbiens impliqués dans les interactions avec les cellules de l'hôte (notamment avec les cellules épithéliales intestinales). Comme il y a autant de microorganismes que de cellules dans chaque être humain, ce dernier peut être tenu pour un système symbiotique ou symbionte (66) constitué au cours de la vie par le type d'alimentation et les conditions environnementales. Son équilibre fragile, instable, peut connaître des dysfonctionnements (dysbiose), sources de troubles métaboliques et de diverses maladies inflammatoires et auto-immunes.

Nous sommes loin de les identifier et de les comprendre encore à défaut d'approches expérimentales autorisant des interprétations sans ambiguïté, d'autant que les premières données semblent indiquer que chaque traitement implique des populations bactériennes différentes.

Les maladies inflammatoires chroniques de l'intestin (MCI) impliquent une réponse immunitaire intestinale dérégulée vis-à-vis du microbiote intestinal, chez des hôtes génétiquement prédisposés (169 gènes de susceptibilité aux MCI ont été identifiés dont le gène CARD 9 : *caspase recruitment domain-containing protein 9,* qui a un rôle important dans la réponse immunitaire innée).

Des récepteurs de l'immunité innée (dont les TLR : *toll-like receptors* ou les NLRNOD : *nucleotide oligomerization domain-like receptors*), exprimés par les cellules intestinales, reconnaissent des composants microbiens et leur liaison avec eux entraîne une cascade de signalisations intracellulaires aboutissant à une réponse de type inflammatoire.

Il paraît y avoir un rôle incontestable du microbiote intestinal dans l'immunité tumorale naturelle, mais aussi en réponse aux thérapies anti-cancéreuses (80). Les bactéries *Barnesiella intestinihominis* et *Enterococcus hirae* restaurent l'efficacité antitumorale du cyclophosphamide (CTX) que l'antibiothérapie a abolie. Des « oncomicrobiotiques » (bactéries immunogènes de pré- et de probiotiques) pourraient être utilisés comme adjuvants chez des patients en état de dysbiose.

Des maladies digestives pourraient avoir pour cause des perturbations du microbiote intestinal. Ainsi, des chercheurs de l'Université Johns Hopkins ont révélé l'intervention de la bactérie *Aggregatibacter actinomycetemcomitans* dans le déclanchement et le maintien de la polyarthrite rhumatoïde (inflammation auto-immune des articulations), soignée par des anticorps anti-TNF alpha. Certains patients ont aussi une inflammation chronique entre les gencives (parodontite) pour laquelle la bactérie *Porphyromona gingivalis* a été incriminée. D'où l'importance d'une hygiène bucco-dentaire dans le contrôle de la polyarthrite.

Le microbiome pulmonaire joue un rôle dans le maintien d'un système respiratoire optimal (des champignons *Candida* et des levures *Malassezia* sont associés à une dégradation de la fonction respiratoire).

Un autre génome, le microbiome (génome global du microbiote, 100 fois plus grand que le génome humain), dont l'étude n'est qu'à son début (malgré quelque 20.000 publications, surtout sur le microbiote intestinal) est donc à caractériser.

Le potentiel du microbiote est déjà utilisé en clinique (transplantation de fécal, 118) pour le traitement des infections récurrentes à *Clostridium difficile* (première cause de diarrhée liée aux soins) avec un taux d'efficacité de 81 à 90%.

Les patients atteints de mélanome, qui hébergent une majorité de bactéries de type *Faecalibacterium,* ont une meilleure réponse au traitement par l'ipilimumab (qui active le système immunitaire) que ceux dont le microbiote est riche en bactéries *Bacteroides.*

Des greffes fécales sont envisagées pour traiter des angiomes caverneux (dilatations anormales des vaisseaux sanguins) causés par des mutations génétiques.

En examinant les métagénomes d'individus en bonne santé, les chercheurs du projet européen MetaHIT (*human intestinal tract*) ont constaté qu'ils se répartissaient en 3 arrangements écologiques, dits entérotypes, dépendant des habitudes alimentaires : 2 de ces derniers seraient respectivement dominés par le genre bactérien *Bacteroidetes* (avec un microbiome pauvre en gènes : moins de 300.000, la moyenne des gènes observés pour un microbiote humain variant de 200.000 à 800.000) et *Trevatella,* le troisième par les genres *Ruminococcus, Methanobrevibacter, Subdoligranulum.* Trois souches majoritaires *d'Eubacterium rectale* sont présentes : 2 spécifiques des populations occidentales, une spécifique de la population chinoise.

Plusieurs programmes (HPWP : *hundred Person Wellness Project aux* USA, Metagenopolis en Europe..) visent à collecter des données individuelles sur le microbiote de milliers de volontaires pour tenter de développer une médecine préventive et personnalisée.

En outre, chaque humain relâche dans l'air ambiant des millions de bactéries et il est possible de distinguer les individus par simple analyse des combinaisons bactériennes dans l'air qui les entoure.

L'INDIVIDU, SOI IMMUNOLOGIQUE

Chaque être humain dispose des propres défenses de son intégrité.

L'immunité innée

A la naissance le nouveau-né, quittant un milieu stérile, passe dans un environnement riche en microbes qui permet la maturation de son système immunitaire et le développement d'une mémoire immunitaire spécifique. L'immunité innée est une réponse rapide des cellules quand l'intégrité de l'organisme est menacée.

Pour combattre les infections bactériennes, le nouveau-né, outre la protection conférée par le système immunitaire maternel (transmission transplacentaire d'immunoglobulines et allaitement) dépend principalement d'un système immunitaire inné, immature.

Pendant la grossesse, le placenta produit des hormones stéroïdiennes, de l'adénosine et des prostaglandines qui passent dans la circulation fœtale et influencent le système immunitaire du fœtus et du nouveau-né. Il favorise la tolérance aux antigènes maternels et aux micro-organismes. Mais, libéré en réponse à un stress ou un stimulus microbien, le MIF (facteur d'inhibition de migration des macrophages), exprimé par tous les types cellulaires, est une cytokine favorisant la production de médiateurs inflammatoires et le développement de la réponse immunitaire. Les concentrations circulantes de MIF sont 10 fois plus élevées à la naissance et pendant la 1ère semaine qu'à l'âge adulte (83).

Certains des 1500 gènes de l'immunité innée sont hérités du génome de Néandertaliens (par exemple, les gènes de la famille des OAS : *oligoadenylate synthétase,* codant pour une protéine qui active la dégradation de l'ADN viral).

L'autophagie est un mécanisme de dégradation intracellulaire initié par la formation d'une structure multi-membranaire (phagophore qui englobe les constituants à dégrader -molécules ou organites- dans une vésicule : l'autophagosome) où se déversent les lysosomes. L'autophagie se déroule en trois étapes assurées par plus de 30 protéines spécifiques :

1. le recrutement de la membrane grâce au complexe ATG9 (*autophagy related gene 9A*) qui permet d'initier la formation du phagophore, avec le concours des complexes ULK1 (*unc-51-like-kinase 1*) et Beclin 1 (*phosphoinositide3-kinase-class III beclin1*).

2. l'élongation grâce aux complexes ATG5-ATG12/ATG16L1 et LC3 (*microtubule-associated protein-light chain 3*) permettant de former une vésicule close à double membrane (l'autophagosome).

3. la maturation grâce à l'action des protéines HOP (*homotypic fusion and protein sorting*), PLEKHM (*pleckstrin homolgy domain containing protein family member 1*) et du cytosquelette (actine), permettant la fusion de l'autophagosome avec les lysosomes en une vésicule dite autolysosome contenant les hydrolases acides.

L'autophagie joue un rôle majeur dans l'immunité (activation, survie et polarisation des lymphocytes T, présentation antigénique par les lymphocytes B (9 bis) et dans l'évolution des cancers, revêtant des propriétés pro- ou anti-tumotrales selon le type de cancer, le stade de développement et les mutations associées à la maladie. Plusieurs types de cancers présentent des délétions de BECN1, gène codant pour une protéine clé de l'autophagie : Beclin-1 (104).

La dégradation de microbes pathogènes invasifs (xénophagie) passe par les étapes de détection et de capture de ces derniers dans les autophagosomes. Parmi les divers mécanismes de détection, l'un repose sur la présence d'ubiquitine à la surface des microorganismes, qui permet la fixation de protéines récepteurs d'autophagie (p62, optineurine, NDP52 : *nuclear domain 10 protein 52*, T6BP : *TRAF6–binding protein*).

Des mécanismes de ciblage indépendants de l'ubiquitine existent aussi, tel que celui faisant intervenir les protéines NOD (*nucleotide-binding oligomerization domain-containing protein*) qui détectent le peptidoglycane de la paroi des bactéries et recrutent la machinerie d'autophagie *via* la proteine ATG16L1 produite par la famille de gènes (*autophagy related gene*) impliquée dans l'autophagie.

Chaque type cellulaire exprime un répertoire différent de récepteurs pouvant détecter les motifs microbiens. Les cellules dendritiques expriment des récepteurs innés reconnaissant les motifs moléculaires communs à de nombreux microbes et des motifs du soi.

La première ligne défense du système immunitaire inné qui donne des réponses rapides, non spécifiques, est donc la reconnaissance par des récepteurs PRR (*pattern recognition receptor).* Ils sont a) membranaires : type Toll, TLR *(toll-like receptors*) se fixant sur des ligands microbiens tels le lipopolyssacharide et le *C-type lectin* (CLR) spécifiques des motifs glycaniques ou b) cytoplasmiques : type NOD (*nucleotide oligomerization domain*), NLR (*nod-like receptor*) ou *RIG-like hélicase*, (RLR) spécifiques de motifs moléculaires d'agents envahissants. Les PAMP (*pathogen associated molecular patterns*), molécules du non-soi communes aux microorganismes, et les DAMP (*damage–associated molecular pattern)* reconnaissent les motifs moléculaires d'origine endogène.

Ils interagissent avec des récepteurs du soi (PRR). Parmi ces PRR, RAGE (*receptor for advanced glycation end-products)* est un récepteur membranaire reconnaissant les DAMP.

Dans le répertoire des ligands de RAGE ont été caractérisés la protéine HMG1 (*high mobility group box 1)*, des protéines S100, des peptides amyloïdes bêta. Leur reconnaissance par RAGE enclenche des cascades de signalisations intracellulaires dont le résultat est l'activation de facteurs de transcription et la surexpression de gènes codant pour des cytokines inflammatoires.

Les cytokines (interleukine = IFN, *tumor necrosis factor* = TNF, facteurs chimiotactiques = chemokines, etc.) sont des médiateurs de la communication cellulaire agissant soit au niveau local (sur le lieu de leur synthèse : autocrines, ou à proximité : paracrines), soit à distance, (endocrines) par le sang.

Les protéines dimériques (chaînes alpha et bêta) S100, surexprimées en contexte cancéreux, interagissent avec leur récepteur pour déclencher des voies de signalisation activant divers facteurs de transcription. Ce sont NF-kB : *nuclear factor kappa B ;* STAT 3 : *signal transducer and activator of transription3* ; AP1 : *activator protein 1),* conduisant à la production de molécules pro-tumorigènes.

Les TLR 2, 4, 5, 9 reconnaissent bactéries et champignons et les TLR 3, 7, 8 reconnaissent principalement les virus.

Ils enclenchent des voies de signalisation par des protéines adaptatrices (MyD 88 : *myeloid differenciation primary response gene 88 ;* TRIF : *toll interleukin receptor domain containing adadptativ inducing ; IFN bêta....*) qui déclenchent des synthèses de protéines (39).

Les inflammosomes (98) sont des assemblages d'unités protéiques, formés d'un récepteur, d'un adaptateur et de la protéine caspase 1, qui activent la production des cytokines pro-inflammatoires (IL1bêta et IL18). L'autophagie régule l'activation du facteur de transcription NF-Kb responsable de la synthèse de plusieurs cytokines inflammatoires (121). Des bactéries peuvent bloquer différentes étapes du mécanisme de l'autophagie pour éviter leur dégradation. Des virus ont aussi développé des stratégies d'échappement à l'autophagie, qui peuvent même favoriser la réplication d'agents pathogènes. Ainsi, le virus de la varicelle et du zona VZV (*varicella-zoster virus*) utilise l'autophagie pour la maturation de certaines de ses protéines d'enveloppe. L'ensemble des maladies dégénératives se caractérise par l'accumulation dans le tissu cérébral de protéines anormalement repliées. D'où une implication possible de l'autophagie dans le développement de ces maladies.

Ainsi, dans la maladie de Parkinson la protéine présynaptique alpha-synucléine en quantité élevée bloque la fusion des lysosomes avec l'autophagosome, provoquant un dysfonctionnement de l'autophagie (29).

Dérivant d'un progéniteur lymphoïde commun, les cellules lymphoïdes innées ILC (*innate lymphoid cells*) sont des effecteurs tissulaires qui se distinguent des lymphocytes B et T par l'absence de récepteur à l'antigène. Elles sont classées en trois catégories : les ILC de type 1, dont les cellules iNKT *(invariant natural killer)* exprimant le facteur de transcription T-bet *(T-box expressed in T cells*) et sécrétant de l'IFN (interféron) gamma, les ILC de type 2, exprimant le facteur de transcription GATA-3 (*GATA binding protein 3)* et sécrétant les interleukines 5 (IL-5) et 13 (IL-13) et les ILC de type 3, exprimant le facteur de transcription ROR gamma t (*ROR-related orphan receptor gamma t*) et sécrétant l'IL17 et/ou l'IL22. Elles contribuent à la mise en place d'une réponse immunitaire rapide à la suite des agressions d'origine virale, bactérienne, parasitaire ou cancéreuse (41). Les cellules présentatrices d'antigènes présentent les antigènes lipidiques bactériens aux cellules iNKT (*invariant natural killer T cell*) par l'intermédiaire de la molécule CD id apparentée au CMH I.

Les cellules NK forment chez l'Homme deux sous-populations : l'une exprimant fortement CD56 est peu toxique, productrice d'IFN gamma, de GM-CSF (*granulocyte-macrophage colony-stimulating factor*) et de TNF (*tumor necrosis factor*), l'autre exprimant faiblement CD56, d'activité cytolytique plus marquée (39).

L'autophagie maintient l'homéostasie cellulaire et module les réponses inflammatoires. Son dysfonctionnement est donc associé à de nombreuses maladies inflammatoires dont la maladie de Crohn chez des sujets mutants des gènes ATG16L1, IRGM (*immunity-related GTPase M*), PTPN2 (*protein tyriosone phosphatase non receptor type 2*), LRRK2 (*line repeat kinase 2*) et ULK1 (*unc-51-like autophagy activating kinase1)* ou NDP52 (54).

Le complément, dont le foie est le principal producteur, est un ensemble de sous-unités protéiques qui, activé, forme le complexe d'attaque membranaire MAC (*membrane attack complex*) perforant la membrane des cellules cibles dont il provoque la lyse.

L'immunité acquise

Chaque être humain a la capacité de protéger son individualité
de toute pénétration d'une entité biologique étrangère,
par une réponse cellulaire ou humorale.

I. Les cellules immunocompétentes

Les cellules immunocompétentes sont des cellules phagocytaires
et des lymphocytes B et T qui se distinguent par leurs récepteurs de surface
dont, respectivement, le BCR (*B cell receptor*) et le TCR (*T cell receptor*)
et par leurs activités.

Chaque être humain acquiert après la naissance la capacité de répondre à l'introduction d'un agent infectieux ou d'une protéine étrangère (antigène) par a) la production de cellules qui reconnaissent spécifiquement cet antigène et peuvent réagir à son contact (réponse cellulaire par les lymphocytes T) ou par b) la synthèse de protéines (anticorps dits immunoglobulines, par les lymphocytes B) qui se lient à l'antigène (réponse humorale) pour le neutraliser.

Pendant leur ontogénèse les lymphocytes T et B expriment à leur surface, selon une chronologie précise, des molécules dites CD (*cluster of differenciation*) qui sont des récepteurs ayant pour ligands des facteurs de croissance, des facteurs de différenciation, des protéines de la matrice extracellulaire, des protéines de surface d'autres cellules (13).

L'immunité est la capacité de reconnaître sa propre individualité et de la protéger de toute pénétration d'une entité biologique étrangère (thèse de *l'horror autotoxicus* d'Ehrlich, 1902).

C'est « *la défense contre le non-soi dans le respect du soi* » (J. Dausset, 1990), (45).

Les cellules de la réponse immunitaire adaptative sont les lymphocytes B (B pour bourse de Fabricius des Oiseaux) et T (T pour thymus). A ces cellules s'ajoutent les cellules de la réponse innée : macrophages, cellules dendritiques et polynucléaires phagocytaires, cellules NK (*natural killer),* mastocytes, cellules NKT productrices de substances stimulantes (cytokines).

Il y a trois sous-populations de cellules dendritiques : les cellules dendritiques plasmacytoïdes expriment BDCA2 (*blood dendritic cell antigen 2*) et elles ont l'unique capacité de produire une grande quantité d'interféron de type I, en réponse à une infection virale ; les deux autres sous–

populations sont distinguées par l'expression soit de BDCA1, soit de BDCA3, la première orientant les réponses immunitaires vers les types lymphocytes auxiliaires Th-2 ou Th 17, la seconde induisant le type Th1.

Elles dérivent d'un progéniteur commun : le MDP (*monocyte and dendritic cell progenitor*) qui est aussi celui des monocytes.

Les macrophages de type M1 interviennent dans la destruction d'agents microbiens et dans la production de facteurs pro-inflammatoires (TNF-alpha, interleukine IL-1bêta), ceux de type M2 sont impliqués dans la réparation tissulaire, la production de facteurs anti-inflammatoires et la lutte contre les parasites. L'activité antibactérienne des macrophages (comme celle des polynucléaires neutrophiles) s'effectue par phagocytose. Ce processus est accompagné d'une forte production de formes réactives de l'oxygène par la NADPH oxydase 2 (NOX2) et inhibé par la protéine SCRIB (*scribbled planar cell polarity protein*), ce qui conduit à la destruction du pathogène.

A la naissance, la principale fonction des T auxiliaires à CD4 est de produire des cytokines (IL2, IL3, IL4 et interféron gamma) qui favorisent la production d'immunoglobulines par les lymphocytes B, assurent la différenciation des TCD8 cytotoxiques et contrôlent l'activation des macrophages et des cellules NK.

Les thymocytes de la corticale du thymus expriment précocement CD2 dont le ligand est CD58 (= LFA 3) présent sur toutes les cellules spécialisées (en particulier les corticales et dendritiques thymiques) dans la présentation à l'antigène (CPAg) aux T. Les T naïfs sont porteurs des CD45RA+CD45R0+ CCR7+CD62L.

Après la naissance, dans les organes lymphoïdes périphériques les T stimulés par les antigènes passent du stade préimmun au stade immun, avec différenciation des T effecteurs, porteurs de CD45RA, CD4, CD8 et des cellules mémoires CD45R0.

II. Les lymphocytes T

Les lymphocytes T (LT) ne peuvent reconnaître que les produits de dégradation (peptides) des antigènes, associés à des molécules de CMH portées par les cellules de présentation à l'antigène. La production continue de LT dépend d'une migration constante de précurseurs dérivant de la moelle osseuse, dans le thymus où ils prolifèrent et subissent deux processus de sélection.

Les lymphocytes T proviennent de précurseurs formés dans le foie fœtal, puis dans la moelle osseuse.

Ces cellules souches migrent par voie sanguine dans le thymus où leur maturation est orchestrée par l'environnement.

Il est constitué de cellules épithéliales thymiques corticales et médullaires, de cellules dendritiques, de macrophages et de lymphocytes B. Dans la zone corticale du thymus (fig. 8) ces lymphocytes sont au stade dit « double négatif » (sans cluster de différenciation, ni TCR).

Suite à un signal donné par l'expression notch, ils vont évoluer en prélymphocytes T porteurs d'un récepteur membranaire TCR (*T cell receptor).* C'est un hétérodimère formé de 2 polypeptides différents, comportant une région variable V, une région de jonction J et une région constante C + une partie transmembranaire + une partie intracytoplasmique (fig. 9). Chaque cellule ne porte qu'un type de TCR, reconnaissant les fragments peptidiques (résultant de la dégradation de l'antigène) présentés par la cellule de présentation de l'antigène (CPAg).

Des recombinaisons de l'ADN produisent une très grande diversité des TCR, ce qui permet aux lymphocytes de reconnaître de très nombreux antigènes.

Les macrophages (cellules phagocytaires), internalisent l'antigène dans un compartiment intracellulaire, où il subit une protéolyse productrice de peptides qui s'associent avec des molécules de classe II du CMH. Un mécanisme de présentation de l'antigène connu sous le nom de processus LAP (*LC3-associated phagocytosis*), est le suivant (fig.12). L'antigène peut être internalisé dans un phagosome.

Le recrutement des protéines MAP1LC3 (*microtubule-associated protein light chain 3*) permet la dégradation de l'antigène.

Les molécules du complexe HLA II synthétisées au niveau du réticulum endoplasmique (RE), forment un complexe avec la chaîne invariante Li, transporté dans le phagosome où la cathepsine dégrade Li. La réaction du complexe CMH II avec le peptide antigénique (qui a passé dans la lumière du RE grâce à des TAP1/TAP2 : *transporter associated protein*) s'opère à l'aide de la molécule HLA-DM (*human leucocyte antigen DM*) agissant en catalyseur.

Les molécules du CMH II chargées sont transportées vers la membrane plasmique pour y présenter le peptide aux TCR des lymphocytes T. Pour les molécules HLA-1, les chaînes alpha sont stabilisées dans le RE par des protéines chaperones (calnexine et calréticuline), associées au peptide, avant de migrer à la surface pour être reconnues par un TCR d'un LT CD8.

Une PSP72/74 (*progressive supramolecular pulsy*) participe au transport et à la présentation de ce complexe à la surface de la cellule captant l'antigène.

La reconnaissance de l'antigène porté par la CPAg avec les lymphocytes T met en jeu de multiples interactions moléculaires. L'interaction CD-CMH est renforcée par les interactions d'autres molécules d'adhésion.

Les premiers TCR exprimés (TCR1), jouant un rôle entre immunité innée et immunité acquise, sont constitués d'une chaîne gamma et d'une chaîne delta, avec les segments V, J, C. Les suivants (TRC2) sont formés d'une chaîne alpha et d'une chaîne bêta, avec les segments V, J, C et un segment D.

Les TCR1 sont accompagnés à leur surface d'autres molécules CD qui sont CD3 (chaînes delta, gamma + 2 epsilon du chromosome11 + 2 zêta du chromosome 1) pour TCR1 (fig. 9), CD3 et CD4 (protéine monomérique) ou CD8 (protéine hétérodimérique : alpha, bêta) pour les TCR2. Les CD3 sont des molécules de transduction des signaux qui aboutissent à des facteurs de transcription entraînant l'expression des gènes d'interleukine, qui activent les lymphocytes B.

L'interaction entre lymphocyte TCD4 et lymphocyte B est la première étape qui aboutit au plasmocyte sécréteur d'anticorps spécifiques de l'antigène.

Les TCR sont les produits des gènes des chromosomes 14 et 7 dont le réarrangement au cours de la maturation lymphocytaire permet la réalisation d'un grand nombre de combinaisons possibles (car il y a plusieurs gènes V, J, D) et la clonalité (chaque lymphocyte n'exprime qu'un seul type de TCR).

Pour les chaînes alpha et gamma il y a juxtaposition de V avec J, puis de VJ avec C, pour les chaînes bêta et delta de JD avec V puis de JDV avec C. Dans 20% des lymphocytes un réarrangement des gènes gamma et delta produit des lymphocytes LT qui expriment TCR1 + CD3. Dans 20% un réarrangement produit alpha et bêta qui donne des cellules NK qui expriment TCR2+CD3. 60% des réarrangements alpha et bêta donnent des LT qui expriment TCR2+CD3+CD4+ CD8.

Des déficits immunitaires héréditaires peuvent résulter de défauts d'expression de TCR/CD3, dus à des mutations de chacune des chaînes du complexe, par exemple, une délétion de l'exon 7 du gène CD3 epsilon (locus 11q23.3 : OMIM 186830) de 9 exons ou à des mutations, soit du codon d'initiation du gène CD3 gamma (OMIM 186740), soit de son site d'épissage.

Les TCD2 et TCD18 se lient respectivement à CD58 et ICAM1 et ICAM2 des CPAg.

III. La tolérance du soi

Le thymus a un double rôle : dans le développement des lymphocytes T et dans la programmation de leur tolérance aux principes neuro-endocriniens. La tolérance du soi est le résultat d'une inactivation ou d'une élimination des cellules prélymphocytes T autoréactives pendant la vie fœtale.

Le thymus humain est composé de plusieurs lobes, constitué chacun d'une partie centrale de cellules médullaire (mTEC) et d'une partie périphérique de cellules corticales (cTEC).

Elles portent toutes la molécule d'adhésion CD 326 (*EpCAM, epithelial cell adhesion molecule*). Les cTEC permettent l'évolution des précurseurs lymphocytes T *via* l'expression du ligand de notch1 (*delta like 4*, DL4) et de l'interleukine IL-7 (82). Elles permettent aussi la sélection des LT exprimant CD4 et CD8, grâce à l'expression de peptides du soi présentés par les molécules du CMH de classes I et II.

L'expression des antigènes spécifiques de tissus (TSA) dans les mTCE est régulée par un facteur de transcription AIRE (*autoimmune regulator*), le gène codant cette protéine étant sur le chromosome 21. Il y a régulation de l'expression de AIRE par les hormones sexuelles.

A la puberté, les œstrogènes induisent chez la femme une augmentation du nombre de sites de méthylation au niveau du promoteur, réprimant ainsi son expression, alors que la dihydrotestostérone induit une forte expression thymique de AIRE (61).

L'ocytocine (hormone hypophysaire) aurait deux types de comportement dans le thymus. Sous le contrôle de la transcription de AIRE dans le noyau des TEC, un précurseur neuroendocrine X donnerait deux types de signaux.

Le premier type peut être la source d'un ligand en tant que signal cryptique ciblé à la surface des TEC (communication cryptocrine, signifiant absence d'une sécrétion détectable de l'hormone), qui peut se lier à un récepteur neuro-endocrine spécifique, exprimé par les lymphocytes T entrant en contact avec les TEC. Il en résulte une mobilisation de seconds messagers (inositol triphosphate, IP3) dans les thymocytes, avec activation de protéines d'adhérence focale, comme p125FAK (*focal adhesion kinase).* Cette signalisation est un signal positif dans le développement des LT (lymphocytes T). L'ocytocine favoriserait, par là, le contact entre TEC et thymocytes. Dans le même temps, le même précurseur X donnerait naissance à un antigène (Ag) du soi.

Il est présenté par les protéines du CMH exprimées par les TEC. Pendant la vie fœtale cette présentation permet l'élimination (sélection négative) des LT exprimant un récepteur TCR spécifique de la combinaison CMH/Ag du soi X, ce qui établirait la tolérance immunitaire vis-à-vis des fonctions neurohypophysaires.

Après la naissance cette présentation aboutit à la génération des Treg (thymocytes régulateurs) spécifiques du même complexe (82).

Ce modèle s'applique aux autres membres des familles neuroendocrines, exprimés par les TEC (neurokinine A, neuropeptide Y, facteur de croissance apparenté à l'insuline de type 2 : IGF2, *insulin growth factor*).

Au contact des cellules épithéliales du thymus porteuses des molécules du CMH (complexe majeur d'histocompatibilité) seuls survivent les prélymphocytes reconnaissant une faible affinité pour ce CMH (sélection positive).

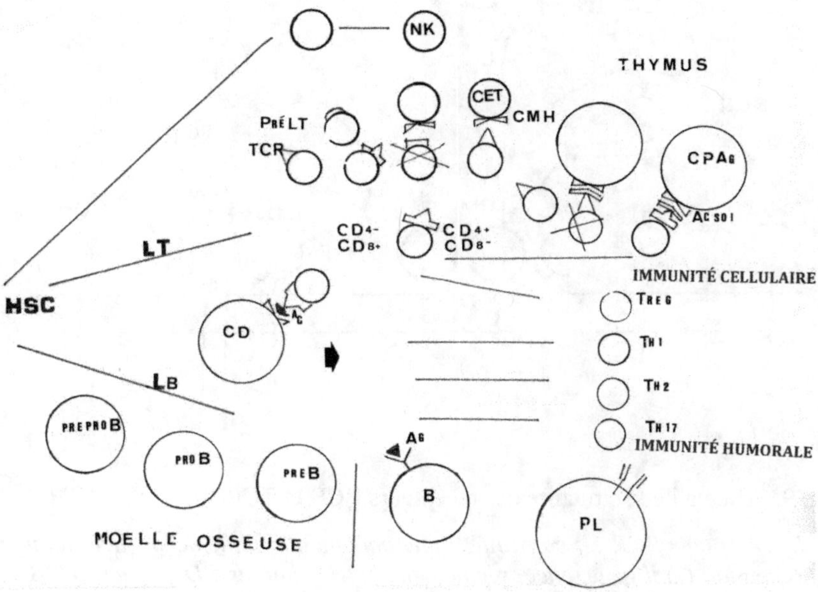

Fig. 8. Schéma de l'évolution des lymphocytes.

Les cellules hématopoïétiques HSC (hematopoïetic stem cells) sont à l'origine des cellules NK (natural killer), des lymphocytes LT et des lymphocytes LB. Dans le thymus, les prélymphocytes T (préLT) porteurs d'un récepteur TCR, subissent une première sélection au contact des cellules épithéliales thymiques (CET) qui portent à leur surface le complexe majeur d'histocompatibilité (CMH). Seuls survivent les prélymphocytes dont le récepteur reconnaît un CMH de l'organisme. Une seconde sélection a lieu quand des cellules spécialisées (CPAg) présentent avec le CMH un antigène du soi (Ag soi). Seuls survivent les prélymphocytes qui ne reconnaissent pas le complexe CMH-soi. Demeurent les CD4 (qui se lient à CMH1) et les CD8 (qui se lient à CMH2). Les CD4 naïfs sont activés dans les organes lymphoïdes secondaires après contact avec une cellule dendritique (CD) leur présentant un antigène inconnu (Ag).

Selon le cas, les lymphocytes T CD4 se différencient en lymphocytes TH1 qui luttent contre les pathogènes intracellulaires en activant les macrophages, ou TH2 qui interviennent contre les parasites extracellulaires en activant des lymphocytes B producteurs d'anticorps, ou en TH17 qui stimulent les cellules neutrophiles destructrices de bactéries et champignons extracellulaires.

Des CD4 donnent des lymphocytes régulateurs (TrEG) qui modèrent la réponse immunitaire (inhibant par exemple, des lymphocytes TH effecteurs).

Après les stades préprolymphocytes B, puis proB et préB, les lymphocytes B évoluent en plasmocytes (PL) producteurs des immunoglobulines.

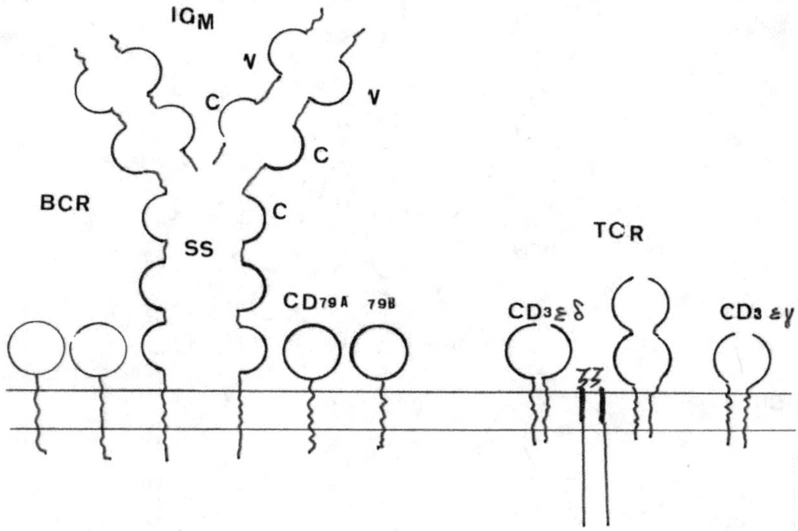

Fig. 9. Schéma de la structure des récepteurs BCR et TCR.

Le récepteur BCR est constitué d'une immunoglobuline de surface (ici une IgM) qui reconnaît l'antigène, encadrée de deux hétérodimères CD79A et CD79B.

L'immunoglobuline est constituée de deux chaînes lourdes de 400 acides aminés, reliées par un pont disulfure SS et de deux chaînes légères d'environ 200 acides aminés. Chaque chaîne a une région variable V et une région constante C. Les chaînes lourdes ont une partie transmembranaire et une partie de quelques acides aminés cytoplasmiques. La portion cytoplasmique des CD79 porte le motif d'activation ITAM (immunoreceptor tyrosine activating motif).

Le TCR est composé des chaînes alpha, bêta (ou gamma, delta s'il s'agit de LT gamma-delta) associées à trois modules de signalisation : CD3 epsilon/delta, CD3 epsilon, gamma, l'homodimère zêta.

Dans la medulla du thymus les mTEC permettent une seconde sélection (négative) maintenant les prélymphocytes qui ne reconnaissent pas le complexe CMH-antigène du soi. Les LT possédant un TCR qui reconnaît les complexes CMH/peptides du soi sont éliminés. S'il y a interaction des

TCR avec les auto-antigènes associés aux molécules du CMH il y a mort (apoptose) des thymocytes.

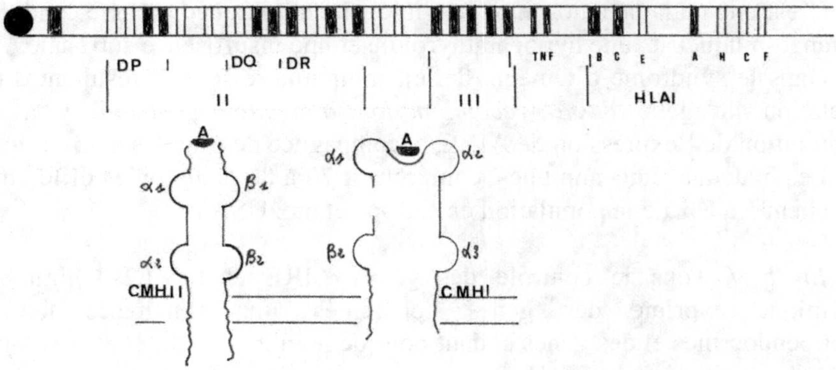

Fig.10 Schémas de l'organisation génomique des gènes du CMH et de la structure des glycoprotéines CMHI et CMH II.

Les gènes sont situés sur le bras court du chromosome 6 (disque noir : centromère).

Les gènes classe I (HLA I) : HLA-A, HLA-B, HLA-C sont proches de l'extrémité, les gènes de la classe II : HLA II sont aux locus DP, DQ, DR. Au locus DR il existe deux gènes, l'un codant la chaîne alpha (DR A) l'autre la chaîne bêta (DRB). Deux chaînes (alpha1, alpha2) sont codées par DRA1, DRA2, deux autres (bêta1, bêta2) par DRB1, DR B2. Pour HLA DQ, HLADP existe aussi 4 gènes : DQA1, DQA2, DQB1, DQB2 et DPA1, DPA2, DPB1, DPB2. Les gènes de la classe III codent pour des molécules impliquées dans la réponse immune innée, comme le complément.

La molécule HLA I est constituée d'une chaîne lourde alpha repliée en trois domaines extracellulaires, liée à une bêta-microglobuline codée par un gène du chromosome 5. Les domaines alpha 1 et alpha 2 forment le sillon de liaison où se loge le peptide antigénique A.

Les différents allèles HLA correspondent aux acides aminés différents de la poche de fixation peptidique, siège du polymorphisme des CMH. Il y a environ 350 allèles pour HLA-A, 600 pour HLA-B, 200 pour HLA-C. La molécule HLA II est constituée de deux chaînes alpha et bêta codées par le même locus.

Il existe environ 400 allèles pour HLA-DR, 100 pour HLA-DQ, 1000 pour HLA-DP.

Certains antigènes représentatifs de tissus périphériques (TSA : *tissue-specific antigen*) sont des peptides exclusivement exprimés dans des tissus spécifiques. L'expression d'une majorité des TSA dans les cellules épithéliales thymiques médullaires est régulée par le facteur de transcription AIRE, mais aussi par un facteur FEZF2 (*FEZ family zinc finger 2).* Il contrôlerait l'expression intrathymique de certains TSA, non régulée par

AIRE. Des mutations du gène de AIRE (*autoimmune regulator* ; locus 21q22.3) sont à l'origine de la polyendocrinopathie auto-immune de type 1 (syndrome APECED *: autoimmune polyendocronipathy-candidiasis-ectodermal dystrophy*).

C'est une maladie auto-immune cliniquement marquée par une candidose cutanéo-muqueuse, une hypoparathyroïdie et une insuffisance surrénale.

Dans le syndrome d'Omenn, déficit immunitaire sévère, résultant d'une mutation du gène RAG (*recombination activating gene),* il y a une diminution de l'expression de AIRE, accompagnée de troubles auto-immuns.

Les maladies auto-immunes, comprenant 70 à 80 pathologies différentes, touchent 5 à 8% de la population en Europe et aux USA.

En bref, sous le contrôle des gènes AIRE et FEZF2 l'épithélium thymique exprime des gènes apparentés aux principales familles neuroendocrines et des gènes codant pour de nombreux antigènes tissulaires. La présentation par le CMH thymique des antigènes du soi neuroendocrine conduit à l'élimination des LT spécifiques de ces antigènes (sélection négative).

Dans des conditions pathologiques (dépendant de facteurs environnementaux) la diminution de l'expression et de la présentation intrathymique des antigènes du soi neuroendocrine aboutit à la libération dans le sang de clones T effecteurs interdits (Teff) dirigés contre ces antigènes, en même temps qu'à la diminution de production des Tregs (T régulateurs).

Si TCR se lie à CMH1 à la surface des cellules dendritiques exprimant le facteur de transcription AIRE, il y a maintien de la seule expression de CD8, si c'est avec CMH2, de la seule expression de CD4.

Devenus matures, les lymphocytes T migrent vers les organes lymphoïdes (ganglions lymphatiques, rate, MLT : *mucosa associated lymphoid tissues,* tels les amygdales ou les plaques de Peyer intestinales) où ils sont activés par contact avec une cellule dendritique présentatrice d'antigène inconnu. Sous l'effet de substances dites cytokines, les TCD4 se différencient en plusieurs sous-populations de lymphocytes : les LTh (*helper*) effecteurs (Th1, Th2, Th17, Th9, Th 22, Thf : *follicular helper cell*), acteurs de la réponse immune et les LTh régulateurs (Treg naturels : ntreg, Treg induits : iTreg) et treg régulateurs : Tfr) qui contrôlent cette réponse.

La différenciation des LTCD4 en LTh se déroule en plusieurs étapes : 1) dans la zone T, interaction du TCR du LTCD4 avec un peptide de la surface de la cellule dendritique, associé au CMHII, combinée à l'interaction de molécules de stimulation ; 2) à la bordure de la zone T et de la zone B, différenciation par le lymphocyte précurseur de Tfh (pré-Tfh) d'un récepteur CXCR5 (*chemokine C-X-C motif receptor 5*) qui lie la chimiokine CXCL13 (*C-X-C motif, ligand13*) produite par les cellules dendritiques folliculaires localisées au niveau de la zone B des organes lymphoïdes secondaires ; 3) interaction des pré-Tfh avec des lymphocytes B (LB) pré-activés ; 4) retour des LB accompagnés des Tfh, dans la zone B pour y former des centres germinatifs.

S'y effectuent la maturation des LB (hypermutation somatique et commutation de classe isotypique) et leur différenciation en LB mémoires ou en plasmablastes.

Ils rejoindront la moelle osseuse pour s'y différencier en plasmocytes à longue durée de vie, producteurs d'anticorps (167 bis). Les Tfr (LT folliculaires régulateurs) permettent le contrôle de la production d'anticorps et le retour à un état de repos, quand l'antigène a été éliminé. Ils se différencient des Treg naturels par l'expression de NFAT2 (*nuclear factor of activated T-cells).*

L'activation des gènes spécifiques d'un type de Th dépend du recrutement de facteurs de transcription sur les séquences régulatrices de ces gènes. Lors de la différenciation des Th, l'activation et la répression transcriptionnelle des gène de cytokines sont concomitantes avec l'instauration de marques.

Lors de la différenciation de Th1, la marque permissive H3K4me3 (*histone 3 trimethylated lysine 4)* est enrichie sur les séquences activatrices de la transcription du gène IFN gamma, tandis que la marque répressive H3K27me3 *(histone 3 trimethylated lysine 27*) est enrichie sur les séquences activatrices de la transcription des gènes codant IL-4 et IL-17 (de cytokines de Th2). Les Th1 produisent donc de l'IFN, mais pas d'IL-4 et IL-17. IL-4 favorise la différenciation des Th2, IL-12 des Th1, IL-6 des Th7, IL-2 des Tregs. En outre, des facteurs de transcription entraînant une différenciation spécifique ont été identifiés : T-bet (*T-box1*) pour Th1, GATA3 (*GATA binding protein 3*) pour Th2, RORgt (*rar related orphan receptor gamma t)* pour Th17. Th1 et Th2 sont stables, mais les Tregs (facteur de différenciation : TGF-bêta ; facteur de transcription : FoxP3, *forkhead box P3*) où sont présentes en même temps sur les promoteurs les marques répressives et permissives, peuvent être reprogrammés en divers sous-types de Th.

Lors de la différenciation de Th, la marque H3K9me3 (me : méthyle, 3 : nombre de groupes chimiques, K : lysine en position 9 dans la protéine) est enrichie sur les séquences activatrices de la transcription du gène de l'IFN gamma. En outre, elle interagit avec la protéine HP1 (*hétérochromatin protein 1*) de la chromatine qui recrute l'enzyme histone méthylase SUV39H1 (*suppressor of variegation 3-9 homolog 1).* Elle favorise la propagation de cette marque sur les histones voisines (tandis que la marque répressive H3K27me3 est enrichie sur les séquences activatrices de la transcription des gènes codant IL-4 et IL-17 (de cytokines de Th2).

Ce renforcement maintient la marque répressive H3K9me3, c'est-à-dire la stabilité du lymphocytes Th1 (199).

Les lymphocytes Th1, activés par des bactéries infectieuses ou des virus, activent des macrophages destructeurs des pathogènes et des cellules infectées, favorisent la production d'anticorps par les lymphocytes B, produisent de l'interféron gamma qui renforce la capacité des cellules phagocytaires à tuer les bactéries.

Les lymphocytes Th2 activent des lymphocytes B producteurs d'immunoglobulines de type E, contre les protéines étrangères extracellulaires et fabriquent l'interleukine 4.

Les lymphocytes Th17 simulent des cellules neutrophiles destructrices de bactéries et sécrètent surtout l'IL- 17.

L'interféron gamma des Th1 bloque la fabrication des lymphocytes Th2 et, inversement, l'interleukine 4 des Th2 inhibe la production des lymphocytes Th1.

En outre, les lymphocytes régulateurs contrôlent l'intensité et la durée des réactions Th1 et Th2, soit par un contact direct, soit par libération d'immunosuppresseurs (interleukine 10 ou TGF-bêta).

La migration des LT vers les foyers infectieux est contrôlée par des médiateurs de la communication cellulaire (sélectines, intégrines, chimiokines) sécrétés dans les sites inflammatoires. Des T régulateurs peuvent inhiber les effecteurs Th1, Th2, Th17.

Les lymphocytes TCD4 reconnaissant le CMH II donnent les T auxiliaires qui activent les macrophages qui phagocytent et lysent les microbes. Les lymphocytes TCD8 reconnaissant le CMH I-2 donnent les T cytotoxiques.

Ils lysent les cellules cibles par synthèse de molécules cytotoxiques.

Telle est la perforine PFP (*pore forming protein*) synthétisée sous l'effet de IL-2 ou la TNF bêta, provoquant la fragmentation de l'ADN par activation d'endonucléases, précédant la lyse.

Les granules cytotoxiques ont aussi des sérines-protéases, les granzymes, qui activent diverses voies de signalisation aboutissant à l'apoptose (mort programmée) de la cellule cible. Ils contiennent aussi une protéine, la granulysine, qui altère la perméabilité des membranes des parasites.

La reconnaissance se fait donc entre TCD8-CMH I-antigène ou TCD4-CMH II-antigène, et le type d'association oriente la réaction vers une réponse cellulaire ou une réponse anticorps.

Le thymus n'exprimant pas tous les antigènes du soi, des clones de lymphocytes T auto-réactifs échappent à la sélection et passent dans la circulation périphérique.

Leur prolifération est inhibée par différents processus (suppression induite par les T régulateurs qui expriment le facteur de transcription FoxP3 : *forkhead box P3*, régulation des signaux de co-stimumation, etc.).

Les lymphocytes TCD8 peuvent acquérir un phénotype de cellules mémoires lors de leur différenciation intrathymique, sous l'effet de cytokines et de l'expression d'un facteur de transcription de la famille T-box : *Eomesodermin* (Eomes).

Une coopération entre cellules immunocompétentes est assurée par des molécules signaux : les cytokines.

Ce sont des médiateurs entre système immunitaire, système nerveux central, système neuro-endocrinien

IV. Les lymphocytes B

Les lymphocytes B reconnaissent directement la forme native des antigènes (les épitopes) et produisent les immunoglobulines (anticorps) dans le sang. Il y a chez l'homme des sous-populations de LB : les B immatures (avec CD19, CD20, CD24, CD38), les B matures naïfs qui n'ont pas subi de maturation dans le centre germinatif du ganglion lymphatique (avec CD19, CD20, CD24, CD38) et les B mémoires qui ont subi la maturation dans le ganglion (avec CD19, CD20, CD27).

Le récepteur membranaire des cellules B (BCR) confère à chaque B une spécificité antigénique unique.

Selon le type d'antigène il y a une réponse T-dépendante ou T-indépendante, aboutissant toutes les deux à une différenciation des B activés en plasmocytes. Ils sécrètent des anticorps contre l'antigène activateur.

Le BCR est constitué d'une immunoglobuline de surface (deux alpha et deux bêta) avec une partie transmembranaire et une partie cytoplasmique. Il est associé à deux hétérodimères CD79a (Iga) et CD79 b (Igb) dont la partie cytoplasmique porte les motifs peptidiques de signalisation ITAM (*immuno receptor tyrosin activation motif*), (fig. 9). Ces molécules sont responsables de la transduction du signal, après le contact avec l'antigène.

Dans la voie T-indépendante, les antigènes sont de nature non protéique, sans présentation avec des molécules du CMH, et les B se transforment directement en plasmocytes producteurs d'IGM, à courte durée de vie, sous l'effet de cytokines.

Dans la voie T-dépendante, les B naïfs, après reconnaissance de l'antigène, le présentent associé au CMH, aux T auxiliaires. Après immunisation avec un antigène entrainant une réponse LT dépendante, une collaboration T-B se noue. Elle permet la formation, dans les follicules des organes lymphoïdes secondaires, de structures dites centre germinatifs. Ces centres sont les sites d'une hypermutation somatique (portant sur les régions variables et renforçant l'affinité pour l'antigène) dans les gènes codant pour les immunoglobulines et d'une commutation isotypique.

C'est un réarrangement des VJD avec un autre C, sous la dépendance d'une enzyme AID (*activation induced cytidine deaminase).*

Dans le thymus moins de 1% des thymocytes sont des lymphocytes B, surtout présents à la jonction cortico-médullaire, mais la lymphopoïèse des B dans le thymus reste minimale. Les LB présents dans le thymus aux stades foetaux, postnatals et adultes expriment les mêmes marqueurs typiques de la lignée B (CD10, CD20) et des immunoglobulines de surface et ils possèdent des caractères de cellules présentatrices d'antigène.

Ils expriment un plus grand nombre d'auto-antigènes tissus-spécifiques (TRA) que leurs homologues périphériques. Ils pourraient réguler la genèse des lymphocytes régulateurs.

La même lignée lymphoïde de la moelle osseuse est à l'origine des cellules tueuses NK (*natural killer*) et, par expression du gène PAX 5 (*paired box 5* ; locus 9p13.2) et des antigènes membranaires CD, des préprolymphocytes B (avec CD34, CD19, cCD79) qui deviennent des prolymphocytes B (avec CD34, CD19, CD10, cCD79).

Par activation du gène RAG (*recombination activating 1* ; locus 11p12) les pro-B deviennent des pré-B (avec CD19, CD20, CD21, mu, delta, cCD79) qui vont quitter la moelle pour donner des lymphocytes B folliculaires dans la rate et les ganglions lymphatiques, y évoluant en B matures (14). Avant leur départ vers la périphérie, les cellules B au stade transitionnel subissent au niveau de la rate, un processus sélectif (élimination de cellules dont le BCR a une forte affinité pour le soi) qui diminue le nombre de clones auto-réactifs (tolérance centrale), puis dans les centres germinatifs. Y sont sélectionnées les cellules dont le récepteur a une forte affinité pour les épitopes présentés par les cellules dendritiques (tolérance périphérique).

Au sein des centres germinatifs, lieu d'une intense prolifération cellulaire, les mutations induites dans les régions variables des gènes d'Ig permettent une maturation d'affinité des anticorps, donnant des plasmocytes et des cellules B mémoires.

Après contact avec l'antigène, les B se différencieront en plasmocytes, exprimant CD38, CD138, et produisant les immunoglobulines. La différenciation des B en plasmocytes, implique l'activation, la prolifération et la différenciation contrôlée, par les TCD4.

Elle se fait grâce à des cytokines IL-4 (= BSF1 *B cell stimulating factor*), IL-5 (activant la prolifération et la différenciation notamment des BCD5, et particulièrement impliquée dans les phénomènes auto-immuns), IL-6 (= BSF-2, facteur essentiel de la prolifération des cellules myélomateuses).

Les B mémoires sont un groupe de cellules de longue durée de vie, capables de présenter rapidement l'antigène aux lymphocytes T et de devenir des plasmocytes. Les B régulateurs producteurs d'isoleukine IL-40 régulent la fonction immunitaire.

Toutes les immunoglobulines ont la même structure en Y de 4 chaînes polypeptidiques, identiques 2 à 2 : 2 chaînes lourdes de 400 acides aminés, 2 chaînes légères de 200 acides aminés (fig. 9). Chaque chaîne a une région constante (C) et une région variable (V) avec des zones hypervariables (CDR *complementary determining region*).

La partie constante des chaînes lourdes est, selon la séquence des acides aminés constitutifs, de type mu (immunoglobuline dite IgM), delta (IgD), gamma (IgG, 5-10% des protéines sériques), epsilon (IgE) ou alpha (IgA, 15% des protéines sériques). En fait, les 5 types de chaînes lourdes sont subdivisés en 9 sous-classes : IgG1, IgG2, IgG3, IgG4, IgA1, IgA2, IgM, IgD, IgE. La partie constante des chaînes légères est de type kappa (locus sur le chromosome 2) ou lambda (locus sur le chromosome 22).

La superfamille des immunoglobulines dérive d'un gène ancestral codant pour un récepteur de surface cellulaire. La famille des immunoglobulines est l'une des huit familles multigèniques.

En résumé, les cellules de reconnaissance du soi sont donc des cellules phagocytaires (monocytes, macrophages...) ou des lymphocytes B (cellules d'immunité humorale) et T (cellules de l'immunité cellulaire TCD4, TCD8) exprimant à leur surface des récepteurs de reconnaissance des antigènes. Les LB reconnaissent directement les épitopes du milieu, alors que LT ne peuvent reconnaître que des peptides de dégradation des antigènes associés à des CMH.

V. La recombinaison somatique

La diversité des anticorps résulte de réarrangements des gènes (recombinaison somatique) qui codent pour les immunoglobulines.

Pour constituer l'information génétique permettant la synthèse de milliards d'anticorps différents répondant à des milliards d'antigènes potentiels, il n'y a pas de programmation établie, mais, en fonction des besoins, installation d'un programme par réassemblage de segments d'ADN présents dans les cellules du système immunitaire en différenciation (fig.11).

Les récepteurs à l'antigène (TCR et BCR des lymphocytes T et B), sont codés par un mécanisme de recombinaison qui se produit avant la rencontre de l'antigène, dans le thymus pour les lymphocytes T et dans la moelle osseuse pour les B. Le brassage de quelque dizaines de gènes (segments V,

D et J) se fait par intervention des enzymes RAG (*recombination activating gene*) qui coupent l'ADN aux niveaux des signaux RSS (*recombination signal sequences*), puis soudure de deux segments entre eux.

Les séquences RSS, adjacentes en 3' des gènes V, en 5' des gènes J et flanquant les gènes D, sont constituées d'un motif de 7 nucléotides (CACAGTG) et d'un autre de 9 nucléotides (ACAAAAACC) séparés par une séquence de 12 à 23 nucléotides. RAG1 et RAG2 reconnaissent les RSS et font un complexe de recombinaison.

Une certaine imprécision (diversité jonctionnelle) augmente la diversité des nouvelles séquences générées.

Parmi les millions de clones (chacun avec un récepteur de spécificité définie), certains seront activés par la rencontre d'un antigène spécifique et participeront à la réponse immune.

L'obtention d'un très grand nombre d'immunoglobulines avec un nombre restreint de gènes tient à la diversité combinatoire associant les segments des régions variables, (les jonctions JD précédant les jonctions JD avec V) et à une diversité jonctionnelle au niveau de l'association des segments, par délétion ou insertion de nucléotides.

La reconnaissance de l'antigène se fait par le récepteur membranaire des lymphocyte B : le BCR, résultant de la combinaison des segments de gènes codant pour les chaînes lourdes et pour les chaînes légères.

Les gènes codant pour les chaînes lourdes sont sur un locus (IGH) du chromosome humain 14, de 70 segments avec 3 familles de gènes : gènes de variabilité V, de diversité D et de jonction J, et 9 gènes correspondant aux 9 classes d'immunoglobulines : dans l'ordre C mu, C delta, C gamma 1, C epsilon 2, C alpha 1, C gamma 2, C gamma 4, C epsilon 1, C alpha 2, (C epsilon 2 est un pseudo gène).

Pour les chaînes légères kappa sur le locus IGL du chromosome 2, il y a 31-35 segments de gènes pour les VL et 5J + 1C pour la partie constante. Pour les chaînes légères lambda sur le chromosome 22 il y a 30V + 4J + 6C.

Soit dans une cellule embryonnaire le segment d'ADN pour une chaîne légère kappa; il contient le gène C codant pour la partie constante de la chaîne et les gènes V et J codant pour les régions variables. Il y a environ 40 séquences codantes V, séparées d'une séquence signal L, les ensembles LV étant éloignés par de l'ADN non codant, des 5 gènes J. Dans un lymphocyte qui entre en activité pour synthétiser un anticorps X, un réarrangement des séquences d'ADN programme la combinaison qui va coder pour la chaîne nécessaire. La diversité des anticorps tient à la réunion de l'un des V parmi les 40 à l'un des 5 J, ce qui peut produire : 40 x 5 = 200 gènes différents pour la partie variable de la chaîne.

La jonction des gènes V et J peut s'effectuer avec un décalage des bases ce qui multiplie par 10 la variabilité précédente (2000). LVJ se combine avec l'un des 6 gènes C pour former un cistron transcrit en ARN messager qui sera excisé des introns pour donner l'ARN mature.

Les gènes de la chaîne lourde sont formés à partir des 4 groupes de séquences : 80 LV, 6 J et 50 D ce qui fait 80 x 50 x 6 = 24.000 combinaisons différentes possibles pour la partie variable x 100 par souplesse des réajustements de gènes (fig. 11).

Pour la partie constante intervient l'un des gènes gamma, delta, epsilon, alpha, soit au total 300 segments d'ADN pouvant coder 18 milliards d'anticorps.

La dysgammaglobulinémie de type I est l'hyperproduction d'IgM, avec déficit d'IgA, IgG, IgE. Elle est due à une altération du gène CD40 du chromosome X (Xq26-27) codant pour le ligand CD40L d'un LT auxiliaire, pour le CD40 d'un lymphocyte B.

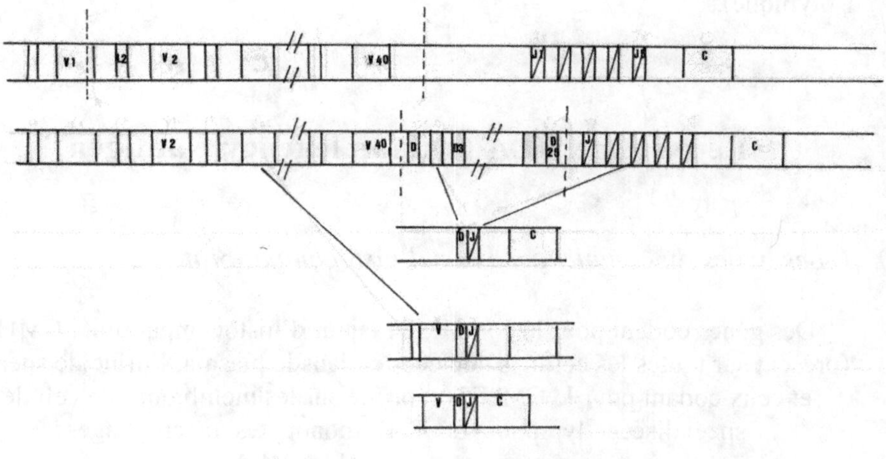

Fig.11. Schéma de l'organisation des locus des chaînes légères kappa sur le chromosome 2 (en haut de la figure) et des chaînes lourdes (au-dessous) sur le chromosome 14.

Pour chaque locus il y a des parties variables V, précédées de séquences exoniques de tête L avec un promoteur, des gènes de jonction J et les gènes des domaines constants C. Il existe en plus des gènes D (de D1 à D25) pour les chaînes lourdes. Le schéma montre les étapes du réarrangement des gènes codant pour un domaine variable de la chaîne lourde lorsqu'un lymphocyte se spécialise : d'abord choix d'un gène D et d'un gène J, puis association d'un V avec JD et génération d'un ARN VD–domaine constant, après épissage de l'ARNm précurseur.

Normalement la commutation isotypique des différentes chaînes constantes des immunoglobulines nécessite un premier signal (producteur de lymphokines) venant de la réunion du TCR du LT avec le CMH/Ag de la cellule LB et un second signal venant de la réunion de CD40L du LT avec le CD40 du LB. La spécificité des lymphokines détermine l'isotype produit (par exemple, IgA avec TGF bêta). En l'absence des deux signaux, seules les IgM sont produites.

La lignée B est capable de prolonger le remaniement des gènes grâce à l'enzyme AID (*activation induced cytidine deaminase)* qui initie l'hypermutation somatique (*SMH somatic hypermutation*).

En outre, la recombinaison de classe CSR (*class switch recombination*) modifie un segment VDJ préalablement assemblé et améliore le site de liaison à l'antigène.

En résumé, chaque individu, en fonction de ses conditions de vie, a la gamme d'anticorps qui lui est propre à un moment donné. Un lymphocyte n'exprime qu'un seul récepteur d'antigène à sa surface, correspondant au réarrangement des régions variables (exclusion allélique) et une même cellule exprime soit une chaîne kappa soit une chaîne lambda (exclusion isotypique).

Le système HLA (human leucocyte antigen)

I. Les gènes du complexe majeur d'histocompatibilité

Des gènes codant pour le complexe majeur d'histocompatibilité CMHI (présent sur toutes les cellules nucléées et dans le plasma, l'urine, le sperme) et ceux codant pour le CMHII (exprimé sur les membranes de cellules spécialisées : lymphocytes T, B, monocytes, macrophages) participent au complexe HLA.

Chaque individu humain porte sur le bras court du chromosome 6 (Fig.10) un groupe d'une centaine de gènes codant pour 3 catégories de protéines.

Ce sont a) les gènes des locus A, B, C codant pour des glycoprotéines membranaires de classe I du CMH (complexe majeur d'histocompatibilité), formées d'une chaîne lourde associée à la bêta-2-microglobuline codée par un gène du chromosome 15, présentes sur toutes les cellules nucléées et dans le plasma, l'urine et le sperme ; pour qu'une cellule T tueuse puisse reconnaître un antigène, il doit être associé avec un produit des gènes de classe I.

Puis, b) les 32 gènes du locus HLA D (*human leucocyte antigen*) : DP, DQ et DR codant pour les protéines de classe II, formées de deux polypeptides et exprimées sur les membranes de cellules spécialisées (lymphocytes B, monocytes, macrophages, lymphocytes T activés, certaines cellules épithéliales, spermatozoïdes), et c) les gènes de classe III codant pour divers produits (composants du complément, protéines de chocs thermiques...). Les gènes des classes I et II sont les plus polymorphes des gènes connus.

Toutes les cellules porteuses de CMH II de façon constitutive (macrophages, lymphocytes B, cellules dendritiques et réticulaires) ou après activation (lymphocytes T, cellules épithéliales) peuvent présenter l'antigène.

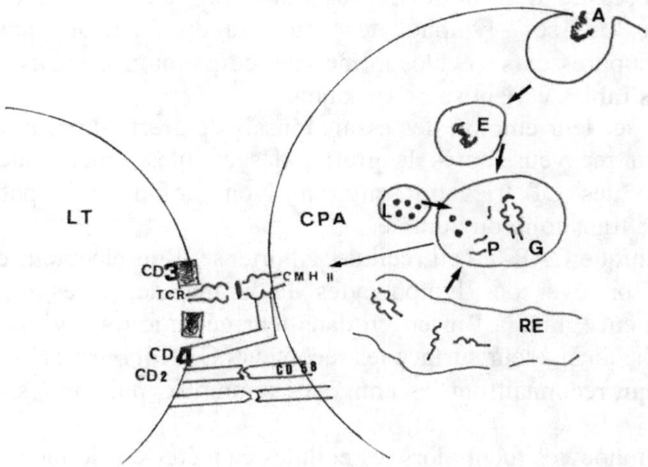

Fig. 12 Schéma de l'interaction entre le CMH d'une cellule présentatrice d'antigène (CPA) et le récepteur TCR d'un lymphocyte LT CD4.

L'antigène exogène A, capté par endocytose, est inclus dans un endosome E où se déversent des lysosomes L qui dégradent la protéine en peptides.

Dans le réticulum endoplasmique RE sont transportées les chaînes du CMH II qui passent dans les vésicules de l'appareil de golgi G où elles fixent le peptide. Le complexe CMH-peptide migre vers la surface de la cellule où il est reconnu par le TCR d'un lymphocyte LT CD4.

Chaque individu a une formule HLA qui lui est propre et spécifique du soi. La possibilité que deux individus présentent le même type génétique pour ce système est de 0,000049. Le soi est une manifestation phénotypique d'une individualité génétique.

II. Les greffes

Les greffes peuvent être réalisées avec emploi d'immunosuppresseurs ou avec greffe complémentaire de cellules souches du donneur.

Un organisme peut recevoir une greffe de ses propres cellules (autogreffe) ou d'un organisme ayant la même constitution génétique (vrai jumeau).

Il ne peut tolérer la greffe d'un autre organisme humain (allogreffe) qui provoque la multiplication des cellules cytotoxiques (lymphocytes TCD8) et la production de substances (cytokines, chémokines, interleukines...).

Ces dernières participent à la destruction du greffon et au rejet de greffe, d'où la nécessité d'affaiblir les réactions immunitaires du receveur par destruction de ses lymphocytes aux rayons X ou par injection d'immunosuppresseurs (cyclosporine, anticorps monoclonaux...) dont les effets indésirables varient selon les sujets.

Pour éviter leur emploi, des essais réussis de greffe du rein sont faits en injectant au receveur, après la greffe, des cellules souches de la moelle osseuse ou des LT triés du sang, qui vont coloniser le patient en un chimérisme transitoire ou durable.

La technique CAR-T cell (cellule T porteuse d'un récepteur chimérique) consiste à prélever des lymphocytes T du malade, à les reprogrammer génétiquement (grâce à l'insertion dans leur génome d'un virus inoffensif). On multiplie ainsi à leur surface les récepteurs CAR (*constitutive androstane receptor*) qui reconnaitront les antigènes tumoraux, puis on les réinjecte au sujet.

Les lymphocytes tuent alors les cellules cancéreuses de façon spécifique. Le procédé est utilisé avec succès dans des cas de leucémies aigües lymphoblastiques (en utilisant des récepteurs de l'antigène CD 19) et de glioblastome.

III. Les maladies auto-immunes

Le thymus est le bouclier contre l'auto-immunité. La perte de tolérance aux antigènes endogènes est responsable des maladies auto-immunes. Des facteurs génétiques ont un rôle majeur dans de nombreux déficits immunitaires primaires.

La complexité des mécanismes de défense immunitaire explique la diversité des dysfonctionnements possibles du système, aux niveaux cellulaire et humoral. Les pathologies auto-immunes résultent de l'association de facteurs génétiques et de facteurs environnementaux. Les maladies auto-immunes (8% de la population en France) sont généralement multigéniques, très polymorphes, d'évolution difficilement prédictibles, dépendantes d'éléments environnementaux.

Certains des allèles de HLA sont associés à des affections auto-immunes, maladies caractérisées par la présence d'anticorps dirigés contre des antigènes de l'organisme.

Telles sont la polyarthrite rhumatoïde (maladie des articulations due à l'attaque de la membrane synoviale, touchant 0,25 à 0,5% de la population, associée à HLA-B27) ; la sclérose en plaques (due à la destruction de la gaine de myéline des axones des cellules nerveuses, atteignant 99.000 français), la glomérulonéphrite (maladie rénale due à l'inflammation des glomérules qui participent à la purification de sang), le lupus érythémateux (lésions disséminées de certains organes ou de la peau dont sont atteintes 30.000 personnes en France, associées à l'haplotype HLA A1B8DR3 et à un allèle rare du TNFalpha). Une molécule (protéine P28GST : *schistosome glutathion S-transférase*), produite par un parasite, agent de la bilharziose, pourrait être efficace dans le traitement de certaines maladies auto-immunes, comme les inflammations chroniques de la maladie de Crohn. Résultant d'un dérèglement immunitaire, le psoriasis est une prolifération anormale des kératinocytes de la peau pouvant provoquer des plaques inesthétiques ou une inflammation des articulations.

Il y a un rôle prépondérant des lymphocytes TCD4 de type Th17 stimulant, avec le TNFalpha, la production par les kératinocytes, de chimiokines qui recrutent des plolynucléaires neutrophiles dans la peau. Le psoriasis est efficacement traité par l'anticorps monoclonal : l'anti-TNF alpha (*tumor necrosis factor*) normalement présent dans l'organisme.

Quarante à cinquante pour cent des déficits immunitaires combinés sévères (DISC) sont l'a□globulinémie de Bruton, due à des mutations d'un gène du chromosome X (BTK : *Bruton tyrosine-kinase)* indispensable à la maturation des lymphocytes B. La maladie ne touche que les garçons (1/200.000). Elle se traduit par une extrême sensibilité à toutes les infections. Un test génétique prénatal peut être effectué et le traitement de ces enfants-bulles par allogreffes de cellules souches hématopoïétiques est possible. Quinze à vingt pour cent des DICS sont dus à des mutations d'un gène du chromosome 20 (20q13.12) codant pour une adénosine désaminase (ADA) essentielle à la survie des lymphocytes T.

La granulomatose septique chronique liée à l'X, (1/250.000) locus Xp21.1, est traduite par une anomalie de la phagocytose des polynucléaires neutrophiles et des macrophages. Elle résulte de mutations du gène CYBB (*cytochrome B245 bêta chain*) codant pour la sous-unité 91 kD du composant b558 de la NADH oxydase.

Des déficits immunitaires secondaires sont liés à des agents thérapeutiques, des agents microbiens ou de mauvaises conditions physiologique.

Le virus d'immunodéficience humaine (VIH), agent du SIDA (syndrome d'immunodéficience acquise), se fixe par sa protéine gp120 sur CD4 et le récepteur CXR4 (fusine, récepteur de la chimiokine SDF-1 : *stromal cell derived factor 1*) des lymphocytes T ou le récepteur CCR5 (récepteur des chimiokines : *macrophage inflammatory protein,* MIP-1 alpha, MIP-1 bêta) des monocytes et des macrophages. Il peut se fixer aussi sur des récepteurs des cellules immunitaires de la peau ou des muqueuses sexuelles. Des mutations des récepteurs assurent une certaine résistance à l'infection du virus. Le VIH provoque la destruction des lymphocytes infectés mais aussi celle (apoptose) des cellules non infectées, ce qui accroît la déplétion lymphocytaire.

La narcolepsie de type1 (endormissements soudains et répétés) est caractérisée par la destruction des neurones à hypocrétine, au niveau de l'hypothalamus postérolatéral. Elle est liée dans 98% des cas à un allèle du CMH II (HLA-DQB1,06 : 02). Elle l'est aussi, dans une moindre mesure, à des polymorphismes d'autres gènes de la réponse immune (gène codant pour la chaîne alpha du TCR, gène de la DNMT1 : *DNA cytosine-5-méthyltransférase1*) intervenant dans la différenciation des TCD4 en T régulateurs.

IV. L'hypersenibilité aux antigènes

L'hypersensibilité aux antigènes est la cause des allergies et du choc anaphylactique.

Un organisme n'ayant manifesté aucune réaction à l'injection d'un antigène, peut mourir brutalement (choc anaphylactique) à la suite d'une même injection, quelques jours plus tard, par vaso-dilatation hélorragique.

La réaction antigène avec l'immunoglobulinr IgE va de pair avec l'excrétion par les polynucléaires basophiles et les mastocytes, de médiateurs, dont l'histamine et la sérotonine, qui agissent sur la perméabilité cellulaire et la contraction des muscles lisses.

L'adrénaline, injectée par voie intramusculaire, est le médicament contre le choc anaphylactique, par ses propriétés vaso-constructrices, broncho-dilatatrices et ionotropes positives (augmentation du volume sanguin expulsé par le coeur).

L'hypersensibilité immédiate de type I (rhume des foins, urticaire, eczéma, conjonctivite....) se manifeste dns les minutes qui suivent la rencontre antigène-anticorps. L'hypersensibilité de type II, résultat de la liaison anticorps et antigènes de la surface cellulaire ou de composants de la matrice extracellulaire, sensibilise ces cellules à une attaque par les cellules tueuses NK ou à une lyse. Elle se manifeste, par exemple, dans la maladie hémolytique du nouveau-né (anticorps de la mère traversant la barrière placentaire et détruisant les globules rouges du foetus, suite à des systèmes sanguins de type rhésus différents). L'hypersensibilité de type III est le résultat d'un dépôt de complexes immuns sur les parois des vaisseaux sanguins ou des tissus, ce qui active la migration des polynucléaires et des macrophages libérant les amines vaso-actives. L'hypersensibilité retardée de type IV, marquée par une réaction inflammatoire, dépend des TCD4 sensibilisés à l'antigène et libérant des cytokines activatrices de macrophages. L'exemple le plus connu est la réaction cutanée à l'injection de tuberculine chez un sujet tuberculeux (pratique de l'intradermoréaction). Les anthistaminiques et une désensibilisation progressive, spécifique, sont utilisés contre les accidents allergiques.

Le corps humain est un holobionte

I. Tolérance du microbiote

Le corps tolère le microbiote intestinal dans un dialogue hôte-bactéries,
initié lors de la colonisation intestinale à la naissance, maintenu
et complété tout au long de la vie.

Le fait que, chez un hôte en état d'immunosuppression, des microbes qui étaient tenus pour bénéfiques deviennent pathogènes, montre que le système immunitaire interagit sans cesse entre tolérance active, évitant les réactions inflammatoires et allergiques vis-à-vis des protéines alimentaires et des bactéries commensales, et élimination (160). Divers mécanismes (synthèse d'imunoglobulines IgA spécifiques, différenciation de lymphocytes T régulateurs ...) assurent le maintien d'un équilibre dans l'activité inflammatoire vis-à-vis des bactéries commensales, sans empêcher une réponse rapide, éventuelle contre des bactéries pathogènes.

Le système immunitaire intestinal comporte de nombreuses cellules immunitaires regroupées dans des ganglions lymphoïdes ou dispersées dans la muqueuse.

Les antigènes, malgré la barrière des cellules épithéliales, peuvent pénétrer au niveau des ganglions que sont les plaques de Peyer où les cellules M les internalisent. Les antigènes peuvent aussi être captés par les cellules dendritiques qui migrent vers les ganglions où elles activent les lymphocytes.

Des cellules épithéliales intestinales (cellules de Paneth dans l'iléon et entérocytes adjacents) produisent des peptides microbicides qui, avec le mucus, réduisent les contacts entre bactéries et épithélium.

La régulation de la réponse intestinale est contrôlée par la présence de récepteurs pour des motifs microbiens (toll-like et NOD : *nucleotide oligomerization domain-like*). Ils stimulent la transcription de peptides antimicrobiens, la production de cytokines et de chimiokines activant le recrutement de cellules immunes hématopoïétiques, disséminées dans la zone sub-épithéliale (phagocytes, cellules dendritiques, cellules lymphoïdes innées, rapidement mobilisables, lymphocytes T et B plus lents à mobiliser, mais apportant spécificité et mémoire), seconde ligne de défense contre les bactéries intestinales. Les immunoglobulines A libérées par les plasmocytes, transportées vers la lumière de l'intestin, interagissent avec les microorganismes pour les maintenir dans la lumière intestinale.

Outre sa fonction de dégradation par les bactéries de ce que l'hôte ne peut digérer (amidon, fibres végétales) et d'apport de vitamines, le microbiote, intervenant aussi dans le développement des systèmes de reconnaissance de l'appareil immunitaire, est partiellement responsable de l'apparition de maladies non transmissibles.

Par exemple, les maladies inflammatoires chroniques, allergiques, auto-immunes, l'obésité, les troubles du comportement.

La représentation d'un corps microbiotique vivant au sein de notre intériorité inaugure un bouleversement fondamental dans la représentation de soi et du corps. Aussi, selon T. Pradieu (2009), à la théorie immunologique du soi et du non soi, il faudrait substituer une « théorie de la continuité » qui rende compte des cas dans lesquels un organisme vit d'entités étrangères, mises au service de son équilibre. Elle pose la question de la définition de l'individu. La manière dont nous découpons le réel en individus est-elle bien fondée pour l'homme microbiotique (45 bis), super-organisme chimérique à génomes humain et microbien ?

Les cellules cancéreuses synthétisent souvent des protéines membranaires (antigènes tumoraux) libérées dans l'environnement de la tumeur, que les lymphocytes devraient percevoir comme étrangères. Le principe de l'immuno-oncologie est de stimuler le système immunitaire, en bloquant l'action d'une protéine CTLA-4 (*cytotoxic T-lymphocyte associated protein 4)* qui inhibe la prolifération des lymphocytes immatures ou celle d'une protéine PD-1 (*programmed cell death protein,* codée par le gène PDC1 du chromosome 2) de la surface de lymphocytes T.

Lorsque la protéine PD-1 se lie au ligand PD-L1 (codé par le gène CD274 du chromosome 9) de la membrane des cellules cancéreuses, il y a inhibition de la destruction de ces cellules.

PDL-1 agit comme un bouclier protecteur de l'attaque des cellules immunitaires. Mais les anticorps contre CLTA4 ou PD-L1 provoquent de graves réactions inflammatoires.

II. Tolérance de l'embryon

La gestation est une exception à la règle de rejet des allogreffes,
bien qu'elle corresponde à la coexistence
de deux patrimoines génétiques différents.

Malgré la différence de CMH du fœtus, la mère tolère pendant 9 mois la présence de ce dernier dans son corps.

Le fœtus n'est en contact avec les tissus maternels de l'utérus que par les cellules trophoblastiques des villosités du placenta qui expriment un marqueur HLA-C et des marqueurs peu courants de cellules adultes : HLA-G et HLA-E.

Durant le premier trimestre de la grossesse, il y a un afflux dans la muqueuse utérine de cellules tueuses NK (*natural killer*), mais HLA-G se fixe sur des récepteurs de type inhibiteur situé à leur surface. En outre, HLA-G provoque la mort des lymphocytes en se fixant sur le récepteur CD8 et HLA-C attire et active des lymphocytes (CD4+) régulateurs (Treg), ou suppresseurs qui inhibent l'action d'autres T effecteurs.

En résumé, compte-tenu de la tolérance de l'organisme à des entités étrangères (bactéries symbiotes, cellules cancéreuses ....), plutôt que faire appel au soi et au non-soi pour définir l'immunité, Pradieu (2012) préfère dire que c'est une réaction contre l'apparition dans l'organisme de motifs moléculaires inhabituels, qu'ils soient exogènes ou endogènes. Le soi se construit par apprentissage de l'organisme à ne pas éliminer le soi. La tolérance au soi est le résultat d'une inactivation ou d'une élimination des cellules T et B autoréactives pendant la vie fœtale.

Les cellules précurseurs des lymphocytes T, formées dans le foie fœtal, puis dans la moelle osseuse, migrent dans le thymus pour s'y différencier en lymphocytes mûrs qui se répandent dans les tissus lymphoïdes. Outre l'expression de molécules CD, les lymphocytes en différenciation expriment un récepteur de reconnaissance de l'antigène : TCR, produit des gènes dont le réarrangement, au cours de la maturatiuon, permet la réalisation d'un très grand nombre de combinaisons possibles, chaque lymphocyte n'exprimant qu'un type de TCR (clonalité). Seules les cellules porteuses d'un TCR ayant une affinité particulière pour les molécules CMH du soi poursuivent leur maturation (sélection positive), celles ayanr une affinté trop forte ou sans affinité sont éliminées (sélection négative).

L'INDIVIDU, MOI PSYCHOLOGIQUE, PSYCHANALYTIQUE ET SOCIOLOGIQUE

L'identité du moi se construit en plusieurs étapes, par ruptures successives tout au long de la vie, sous l'effet de l'environnement et grâce à la plasticité neuronale. Grâce à l'image du corps chacun se construit, se reconnaît et est reconnu.

Schéma corporel et image du corps

Le schéma corporel est la représentation anatomique et fonctionnelle de son corps dans l'espace ; l'image du corps est la synthèse des expériences émotionnelles, structurée par la conscience.

Chaque individu humain a conscience d'être une entité permanente au-delà des changements, à travers la succession du temps.

Le corps n'est pas qu'un objet physique, il est aussi la manifestation d'un être subjectif porteur d'états mentaux. Il est structure libidinale et signification sociale.

L'identité est un processus d'invention permanente, construite subjectivement à partir d'éléments objectifs. L'identité personnelle, ce qui demeure identique (*idem*), se construit en fonction de la perception de soi et de la distinction des autres. La partie centrale du visage est la clé de l'identité physique ; une personne défigurée n'a plus de sociabilité, car le visage est la relation à l'autre.

« Edifié sur la base des impressions tactiles, kinesthésiques, labyrinthiques et visuelles, le schéma corporel réalise dans une construction active constamment remaniée des données actuelles et du passé, la synthèse qui permet à nos actes, comme à nos perceptions, le cadre spirituel de référence où ils prennent leur signification » (J. de Ajuriguerra, 3). Le schéma corporel se construit progressivement, permettant à l'enfant de distinguer ce qui appartient à son corps et ce qui est l'extérieur, puis, par acquisition du langage, de nommer où son corps se situe dans l'espace.

Alors que le schéma corporel (corps actuel dans l'espace à l'expérience immédiate spécifiant l'individu en tant que représentant de l'espèce) « *est en principe le même pour tous les individus au même âge et sous le même climat, l'image du corps est propre à chacun. Incarnation synthétique du sujet désirant, elle est liée au sujet et à son histoire* ».

L'image du corps est représentationnelle et indépendante par rapport à la réalité objective du corps physique.

Elle est liée à l'utilisation d'outils et d'objets associés au corps. Leur utilisation réorganise la carte sensorielle au niveau du cerveau (101). Des illusions de transposition d'un membre ou du corps peuvent être créées par des méthodes optiques montrant que l'auto-attribution d'une partie du corps repose essentiellement sur des signaux en relation avec les mouvements.

Très tôt le bébé manifeste « *un sens écologique du soi* », « *entité différenciée, située et agente de l'environnement* » (Ph. Rochat, 167). Puis, quand le petit enfant (8-9 mois) voit son image dans un miroir avec une tâche sur le front, il touche son front, reconnaissant alors l'Autre comme le Moi. Le Moi ne peut être séparé de l'altérité, il est comme un intérieur existant en relation avec un réel extérieur. « *Le moi, c'est l'autre* » (Lacan, Ecrits, 1966), (166). Avant que l'enfant se conçoive comme un, il participe au fantasme de l'autre, en tant qu'objet de son désir.

Pour F. Dolto, d'après des constats cliniques de phénomènes psychopathologiques, l'image du corps, toujours inconsciente, se construit par une succession d'étapes, en une articulation de trois images : une image de base où l'enfant se ressent comme un « mèmeté d'être », une image fonctionnelle et une image érogène mettant en jeu les zones érogènes pour accomplissement du plaisir, les trois images étant reliées entre elles par l'image dynamique correspondant au désir d'être et de persévérer dans un « advenir » qui rend compte du comment le sujet accède au statut d'un « moi » qui dit « je ». Il participe au fantasme de l'autre, en tant qu'objet de son désir. Pour Dolto (59) l'image du corps « *c'est une synthèse vivante à tout moment, actuelle de nos expériencemotionnelles, répétitivement vécues à travers les sensations érogènes archaïques ou actuelles de notre corps* ».

C'est par identification que le petit enfant met en place la première ébauche du moi, image du miroir en sa structure inversée.

Après sa deuxième année l'enfant évite le regard dans le miroir, ce qui indique sa volonté de ne pas voir le reflet de soi tel qu'il est perçu par les autres. Ensuite, la conscience de soi se développera en intégrant le regard de l'autre (167).

A 6 ans l'enfant à acquis la « globalité corporelle », étape où la motricité joue un rôle essentiel.

Selon P. Schilder (171), pour qui l'égo est essentiellement un moi corporel, la constitution définitive de l'image du corps se fait à la phase d'accessibilité à la sexualité.

Il y a des inter-relations entre schéma corporel (réalité somatique) et image du corps (réalité psychique), mais il peut y avoir inadéquation entre les deux, ce qui est source de neuropathologies diverses du soi (névroses, troubles de l'humeur, schizophrénie, altération de la représentation du corps). Les dysmorphophobies sont des difficultés obsessionnelles à accepter l'image de son corps.

Freud distingue trois formes d'amour de soi-même qui se succèdent : l'autoérotisme (jouissance d'une partie du corps morcelé en territoires pulsionnels), le narcissisme primaire (constitution du corps en un un unique), le narcissisme secondaire où l'objet est le moi, système de liaisons de représentations (76, 77, 78). Au départ chez Freud le narcissisme est la capacité de l'enfant à s'aimer et à pouvoir aimer les autres. La narcissisation est la faculté de développer une image de soi qui compense le manque d'être soi-même par une image à laquelle on croît. Pour les uns, le narcissisme est recherche de liaison de soi, pour les autres, recherche d'une valeur de soi.

En fait, le plaisir narcissique est à la fois plaisir d'une liaison de soi et plaisir de se sentir une valeur. Pour une relation apaisée avec soi-même, il faut atteindre l'équilibre entre les autres et soi (155 ter).

L'identité est la conscience que l'on a de soi-même et de ce que reconnaissent les autres de ce que l'on est unique, de son individualité. Elle se construit par l'identification aux autres et par la distanciation par rapport à eux. Selon A. Muechielli (1926) *« le sentiment d'identité est composé de différents sentiments : sentiment d'unité, de cohérence, d'appartenance, de valeur, d'autonomie et de confiance organisés autour d'une volonté d'existence »* (147). L'identification *« est le processus par lequel un sujet assimile un aspect, une propriété, un attribut de l'autre et se transforme totalement ou partiellement sur le modèle de celui-ci ».*

« La personnalité se construit et se différencie par une série d'identifications » (J. Laplanche et B. Pontalis, 2007), (122).

Pour les adolescents liés à leur portable, les réseaux sociaux sont un laboratoire de quête identitaire où ils peuvent s'exprimer, se rencontrer en permanence.

Pour Freud, découvreur de trois états de l'appareil psychique : la conscience, le préconscient, l'inconscient, le moi (ich) est une partie du ça (es) différenciée sous l'influence du monde extérieur (77). Le monde extérieur impose à l'enfant des interdits véhiculés par le langage, provoquant le refoulement de ses pulsions, créant un sentiment de déplaisir relayant le principe de plaisir du ça (principe de réalité). « *Un individu est selon nous un ça psychique inconnu et inconscient, à la surface duquel est posé le moi* » (Freud, Le Moi et le ça, 1923). Le moi-corps *« peut être considéré comme une projection mentale de la surface du corps et représente la surface de l'appareil mental ».*

Les observations des méconnaissances et hallucinations corporelles (membre fantôme des amputés qui conservent l'intégrité subjective de leur corps, intoxications expérimentales par la mescaline, illusion de transposition d'un membre par des méthodes optiques, lésions localisées de la partie postérieure de l'hémisphère droit) montrent la complexité de la connaissance du corps (somatognosie).

Elles confirment sa nature représentationnelle et son indépendance par rapport à la réalité physique objective du corps. Les greffes de la face et des mains ont révélé la complexité de la perception de l'identité. Un des premiers greffés de main (1998), ne supportant plus la main « étrangère » a obligé les chirurgiens à l'amputer. D'autres ont l'impression que le greffon garde une mémoire de l'identité du donneur qui interfère avec leur propre identité. Pour certains l'autre est devenu moi, ce qui confirme la perpétuelle construction du moi.

De nombreux travaux ont montré le rôle de lésions de la partie postérieure de l'hémisphère droit dans des perturbations de la somatognosie. Des lésions de la jonction temporo-pariétale droite provoquent un état de confabulation du patient qui attribue les parties paralysées de son corps à d'autres. La stimulation de cette même région provoque des manifestations de « surattribution » pouvant aller jusqu'à l'impression d'avoir un membre surnuméraire ou d'être hors de son corps. Les hallucinations des schizophrènes seraient liées à une faible quantité des plissements du cerveau.

La conceptualisation du corps va donc bien au delà de l'image dans le miroir, avec des répercussions sur les modes de jouissance (pratiques hygiénistes...) ou de marquages d'appartenance identitaire, tribale ou de transition de statut (tatouages, scarification, piercing...). Elles sont souvent les prothèses d'un moi en quête d'une incarnation d'adhésion à soi ou à un groupe (23).

Pour Lacan le corps n'est plus spécifié par sa surface, mais par ses orifices (les bords du corps ou zones érogènes de Freud). Quand Lacan transforme le « je pense, donc je suis » de Descartes en « je pense : donc je suis », il renverse l'énoncé. Le sujet n'est plus le même dans les deux phrases : il y a le sujet de l'énoncé « *donc je suis* » et le sujet de l'énonciation « je s*uis* celui qui pense », clivage dont l'inconscient est le moteur.

Le surmoi (sefbst) de (Freud, 1923) est « l'instance judiciaire de notre psychisme », le jugement du moi ; donc il peut en être séparé, tout en appartenant à sa structure même. C'est la « conscience morale ».

Selon TH. Tournebise (188) le ça est la source du flux énergétique libidinal, d'abord dirigé chez le jeune enfant sur le sujet lui-même (phase narcissique).

Quand il s'étend aux objets extérieurs (libido objectale), puis aux sujets (libido existentielle), commence à s'ébaucher le moi à partir de modèles de comportement en fonction des punitions et des récompenses. Pour P. Juignet (106) le moi est l'être, le soi est l'image de l'être. Mac Lean (1981) conçoit le cerveau humain à trois niveaux d'organisation : 1) le cerveau reptilien (moelle épinière et bulbe) contrôlant les fonctions élémentaires avec un niveau d'organisation réflexe, 2) le paléocerveau (formation réticulée, plafond du IVème ventricule, hypothalamus, rhinencéphale, système limbique) réglant les processus affectifs et émotifs, 3) le néocerveau (thalamus, cortex) chargé des fonctions intégratives, adaptatives, avec un niveau d'organisation individuel et acquis par un comportement cognitif.

Ce pourrait être un substrat grossier à la conception freudienne de la personnalité, le cerveau reptilien étant à l'origine des instincts du ça, le paléocortex la source du moi, et le néocortex assurant le rôle de la conscience (surmoi).

La construction du « je » autonome

Après la construction du « Moi », la construction du « Je » comme personne autonome passe par une représentation que le sujet se fait de son corps, à travers le contexte social et culturel de son histoire personnelle.

« *L'image du corps ne reflète pas seulement la coupure symbolique entre l'intérieur et l'extérieur, l'intime et le social, la nature et la culture. Elle est aussi représentation où l'extérieur est chargé de rendre perceptible un intérieur non organique mais spirituel. C'est que le corps en tant qu'emblème, est chargé d'exprimer le système des valeurs de celui qu'il représente aux yeux des autres* » (D. Picard, 156). Le corps support de l'identité, résultante de processus tant individuels que sociaux, est aussi le vecteur des processus de socialisation (125). Le corps est à la fois réalité biologique, réalité imaginaire et réalité sociale.

L'image du corps c'est l'image de soi, l'image pour autrui et l'image virtuelle souhaitée (62).

L'intelligence sociale, reposant sur de nombreux processus, permet de saisir la manière dont les autres nous perçoivent et au besoin d'adapter notre comportement à différents contextes.

Ces fonctions exécutives se développent pendant l'adolescence, période critique pour le développement des facultés sociales et pour une vulnérabilité aux expériences sociales négatives, causes de troubles mentaux (20).

L'apparence corporelle, porteuse d'information sociale et support de jugements, est un mode communication, les codes corporels, marqueurs sociaux, variant d'une culture à l'autre (125, 152). Ainsi en est-il de la force symbolique accordée à la chevelure depuis Samson de l'Ancien Testament jusqu'aux rois Francs. Au système de règles de savoir-vivre *(« le nomos* » de D. Picard), le sujet peut interagir avec ses propres codes (« *topos »)* comme marqueur social, source de rejet ou d'agression.

Le corps social interfère avec le corps érogène, aboutissant à un dialogue des images du corps devenant « *incarnation symbolique inconsciente du sujet désirant* » (F. Dolto, 59).

Pour l'adolescent le corps est le moyen d'exprimer symboliquement ses conflits et ses modes relationnels. Les apparences du corps (vêtements, maquillage...) que le sujet choisit de prendre, l'effacent dans la conformité ou le singularise dans son appartenance à un clan.

Les troubles psychologiques de l'image de soi peuvent provenir de la composante perceptuelle ou de la composante attitudinale. Ainsi, certains anorexiques sont incapables d'apprécier leur état corporel, alors que d'autres sont incapables de l'apprécier correctement, par exemple, en surestimant leur poids.

La conscience du corps repose sur un processus d'appropriation jamais définitive des différentes parties de son corps.

Le trouble dissociatif d'identité, marqué par des trous de mémoire, est caractérisé par la présence de deux ou plusieurs états de personnalités distincts (double ou multiples personnalités), chacun avec ses relations propres concernant soi-même et l'environnement et qui prend le contrôle du sujet. Dans la plupart des cas, l'origine est dans des maltraitances de l'enfance. Le traitement le plus courant est la thérapie EMDR (*eye movement desenbilization retroprocess*). Des accidents cérébraux, provoquant des lésions localisées, peuvent porter atteinte à la représentation du soi et permettent de comprendre les relations entre corps réel, image du corps et identité.

Estime de soi et motivation

Dans l'activité professionnelle le sentiment d'être créatif
et en collaboration sur un projet, est le déterminant le plus fort
de la motivation.

L'estime de soi en psychologie est l'évaluation de sa propre et juste valeur, basée sur des principes extérieurs à soi (exigences sociales, normes morales...), d'après des expériences vécues positives, mais indépendamment de la reconnaissance d'autrui (6) D'après St Thomas d'Acquin la bonne estime de soi est l'amour de soi selon la raison surmontant les plaisirs des sens. L'estime de soi se construit dès l'enfance, se développe à l'adolescence, puis dans la vie affective, professionnelle et sociale (47).

A la motivation biologique (apaiser sa faim, sa soif, s'accoupler...) et à la motivation extrinsèque (incitations extérieures, récompense, punition...), Harlow ajoute une motivation intérieure : la motivation intrinsèque qui est la réussite de la tâche (90).

Pour Pink les premiers hommes qui s'efforçaient de survivre n'en étaient qu'au stade de Motivation 1.0, mais à mesure qu'ils ont formé des sociétés plus complexes, un système d'exploitation fondé simplement sur une pulsion biologique est devenu inadéquat.

Il a fallu passer au système Motivation 2.0 capable de créer de nouveaux modèles économiques et sociaux (révolution industrielle avec organisation scientifique du travail, récompense du comportement désiré et punition du comportement indésirable). Au cours du XXème siècle les systèmes économiques sont devenus plus complexes, les emplois plus propices à l'épanouissement personnel.

Les activités heuristiques remplacent des activités algorithmiques. La Motivation 2.0 « *a perdu de sa compatibilité avec notre façon d'organiser ce que nous faisons, de le concevoir et de le faire* » (159). Alors que la Motivation 2.0 supposait l'obéissance, la Motivation 3.0 suppose l'implication (choisir son temps de travail, sa méthode, ses co-équipiers...), la responsabilité, la finalité de l 'action.

Une théorie de la motivation élaborée dans les années 1960 par Maslow est schématisée sous forme d'une pyramide des besoins, à cinq niveaux : les trois premiers (besoins physiologiques de survie, besoins de sécurité et d'appartenance) accessibles à tous, les deux derniers (besoins de reconnaissance et d'estime, besoins de la réalisation de soi, de ses potentialités) n'étant satisfaits que pour quelques uns (136).

Passant d'un existentialisme individuel à un déterminisme social, Mc Clelland reconnaît trois besoins non hiérarchisés (131) : besoin d'accomplissement (ce que je fais), besoin d'appartenance (ce que je peux), besoin de pouvoir (ce que je veux). Mais on ignore si la prise de décision est le résultat de l'accumulation progressive d'indices sensoriels dans les neurones ou le basculement subit d'un réseau d'un état dans un autre . Ces connaissances sont très importantes en raison de leurs implications dans l'organisation du travail dans les entreprises, pour la bonne marche de ces dernières dans un optimum d'efficacité. Pour concilier travail et bien-être, des entreprises font appel à de nouveaux managers : les *Chief Happiness Officers* (CHO) chargés de motiver les salariés et de les aider à s'épanouir professionnellement, ce qui serait une voie d'accès au bonheur (M. Csikszentmihalyi, 2006).

Les troubles de l'estime de soi se manifestent par des troubles alimentaires dans la non acceptation de son corps ou des manifestations de comportement compensatoires bien connus des psychiatres.

La maîtrise de soi, capacité de contrôler ses pensées et ses actes, peut être mesurée par une série de traits de caractère (instabilité émotionnelle, courte durée d'attention, agitation, manque de persévérance, faible tolérance à la frustration...).

Elle est liée à des structures du cortex frontal et elle dépend d'influences génétiques et environnementales.

Le stress perturbe les circuits neuronaux assurant le contrôle du soi. L'amygdale accroît alors la production de noradrénaline et de dopamine, ce qui affaiblit le cortex préfrontal et augmente l'activité du striatum (10).

Les effets s'aggravent par la libération, dans le sang, de cortisol produit par les glandes surrénales. Un stress prolongé peut perturber durablement le cortex préfrontal, ce que peuvent corriger des stratégies comportementales telles que relaxation, respiration profonde (75).

La perte de valeur de soi est liée aux manquements aux valeurs essentielles du groupe d'appartenance, d'où le refoulement pour conserver l'appartenance. Des chercheurs ont suivi pendant une quarantaine d'années l'évolution comportementale de 1000 personnes nées entre avril 1972 et mars 1973. Les enfants dotés d'une meilleur maîtrise de soi réussissent mieux dans leur vie d'adulte, ont moins de problème de santé et s'occupent mieux de leur progéniture, quelles que soient l'intelligence ou la classe sociale (144).

La confiance en soi tient à la qualité du lien d'attachement créé dans l'enfance avec les parents (30, 137).

En pratique clinique le test MMPI (*inventaire multiphasique de personnalité du Minessota),* aussi utilisé que le test de Rorschach, est un questionnaire d'évaluation des caractéristiques de la personnalité. Les sujets opérés pour une stimulation cérébrale profonde (par exemple, parkinsoniens ou anorexiques) peuvent présenter des changements transitoires de comportement.

Influence de l'ordinateur sur la personnalité

La communication via l'ordinateur sur les sites de réseaux sociaux (Facebook, 2 milliards d'utilisateurs par mois) change le regard sur soi et sur les autres.

La possibilité pour l'internaute de choisir des données de sa personne en faveur d'un *alter ego* virtuel (avatar) lui donne une vision fantasmée de son authenticité. Le casque de réalité augmentée HoloLens, développé par Microsoft, permet de mêler des éléments virtuels sous forme d'hologrammes, tout en gardant le réel autour de lui.

Dans la réalité virtuelle l'utilisateur est plongé dans un monde totalement virtuel. Plus de 100 millions d'utilisateurs en un mois ont joué au jeu vidéo Pokemon GO développé par Niantic, capturant des monstres dans le réel grâce à la géolocalisation de leur smartphone et son appareil photo.

Plusieurs start-up proposent des casques de réalité augmentée pour des usages professionnels. Apparaissent des casques faisant la synthèse avec la réalité virtuelle.

La confusion réel-virtuel s'accroît dans la pratique des métavers qui sont des images virtuelles en 3D (comme dans *Second life*) où les usagers créent leur avatar vivant dans une seconde vie, tissant avec d'autres des relations amicales et des échanges économiques.

L'accommodation au réel nécessite une articulation entre un pôle virtuel des attentes et des préconceptions et un pôle actuel où il faut accepter que le monde soit différent des anticipations que nous en avons. Dans l'anticipation de son avenir, l'adolescent, à son aise dans les mondes numériques, doit accepter que le monde est différent de ses attentes et prendre en compte les attentes des autres sur lui. S'il n'en est pas capable, il peut couper tout lien entre anticipations et perceptions, dans une désorganisation psychique et sociale (hikikomori) ou s'engager dans une relation virtuelle au monde (184).

L'incapacité de vivre en dehors du monde virtuel conduit à des psychopathologies en nombre croissant, au Japon en particulier.

Beaucoup d'utilisateurs de casques de réalité virtuelle se plaignent d'un syndrome similaire au mal des transports, appelé cinétose, dû à ce que le joueur évolue d'un point à un autre sans se déplacer, ce qui perturbe le cerveau.

En outre, alors que les moyens de communiquer se sont multipliés, le sentiment de présence vient souvent à manquer dans les dialogues *via* les écrans ou les smartphones, ce qui paradoxalement suscite un sentiment de solitude. Pourtant les réseaux sociaux où chacun est lié aux autres par sa seule décision peuvent donner à chacun l'impression de sa toute puissance.

L'INDIVIDU SOCIAL ET LA POPULATION

Chaque homme est membre d'une population dont les individus, sous une grande diversité de phénotypes, partagent un ensemble de gènes communs.

Diversité des phénotypes dans une population

La diversité des génotypes produit une diversité des phénotypes dans une population.

Chaque être humain appartient à un groupe et « *l'angoisse de désappartenance est probablement la plus profonde de nos angoisses archaïques* » (166 bis).

Il est membre d'une population, ensemble d'individus ayant en commun un certain nombre de caractéristiques (dont génétiques), et partageant un même territoire.

Les membres d'une population présentent des caractères différents dans leur apparence (caractères phénotypiques), leur physiologie, leur biochimie et leur comportement. Ils tiennent à la collection de leurs allèles et à la coexistence dans la population d'allèles différents pour un même gène (polymorphisme génétique), mais leur ensemble représente un stock de gènes qui se redistribue par croisement entre les membres (communauté génétique).

Par exemple, pour le caractère couleur de l'œil, la couleur peut être brun ou bleu. Chaque couleur correspond à une séquence un peu différente du même gène, chaque séquence B (brun, dominant) et b (bleu, récessif) étant dite un allèle, ce qui donne dans la population les génotypes possibles BB (phénotypes brun homozygote), Bb (brun hétérozygote), bb (bleu homozygote).

En fait, les différentes nuances des couleurs brunes, vertes ou bleues de l'œil sont explicables par l'intervention de plusieurs gènes dont EYCL1 (*eye color1*, *green/blue*) du chromosome 19 et EYCL2, EYCL3, OCA2 (*OCA2 melanosomal transmembrane protein*) du chromosome 15.

Une population est définie par une série de fréquences de gènes caractéristiques.

L'héritabilité d'un caractère, dans une population et un environnement déterminés, est le rapport entre la variance génétique et la variance phénotypique totale pour ce caractère.

Elle mesure la part de variance due aux expressions génétiques. La variance génétique est mesurée comme la variance phénotypique entre familles (une famille étant un groupe d'individus génétiquement apparentés).
Un caractère d'héritabilité nulle (l'héritabilité dépendant totalement du contexte environnemental) peut être totalement héréditaire.
La diversité des génotypes produit une grande diversité des phénotypes dans la population. Le coefficient de parenté de deux individus est la probabilité qu'un gène désigné au hasard chez l'un et un gène désigné au hasard au même locus chez l'autre soient identiques. Entre un parent et son enfant il est de I/4, entre cousins germains de 1/16.
Le coefficient de consanguinité d'un individu est la probabilité pour que les deux gènes qu'il possède au même locus soient identiques. Ainsi, dans une population donnée, pour un couple non apparenté le risque d'avoir un enfant atteint de mucoviscidose est de 1/2500, alors que pour des cousins germains il est 4 fois plus élevé.

Dans une population, les individus pour une même couleur de l'œil sont dans une certaine proportion. On dit qu'il y a une certaine fréquence de chacun des allèles du gène couleur, caractérisant la population. La fréquence d'un allèle est le rapport du nombre de locus (emplacements sur le chromosome) occupé par cet allèle et le nombre total de locus dans la population.

Généralement les gènes sont bialléliques, mais ils peuvent être multialléliques (138). Par exemple, dans le groupe sanguin AB0, A, B, 0 sont les allèles codominants du même gène sur le chromosome 9, ce qui donne les génotypes AA, OA (groupe A portant l'antigène A sur la membrane des globules rouges et l'anticorps anti-B dans le sérum), AB (groupe AB, portant les antigènes A et B), BB, BO (groupe B portant l'antigène B), 00 (groupe 0, n'ayant ni A ni B, mais H, précurseur de A et B, et dans le sérum les anticorps anti-A et anti-B, donc donneurs universels pour les globules).

Dans une population d'effectif élevé (plusieurs milliers), où tous les individus se croisent entre eux au hasard (panmixie), les fréquences à l'origine (p, q) de deux allèles (B, b) se maintiennent de génération en génération, de même que se maintiennent les fréquences des génotypes (p2 BB, 2pq Bb, q2bb), s'il n'y a dans la population ni mutation, ni sélection, ni dérive, ni migration (loi de Hardy-Weinberg).

Chaque génotype est caractérisé par un taux de survie, un taux de fécondité et la valeur sélective (c'est-à-dire l'avantage qu'il procure au porteur) qui varie selon les conditions du milieu, les dimensions de la population, les interactions du gène avec le reste du génome (172 bis).

Evolution de la structure génétique des populations

La structure génétique d'une population, à partir de la structure des générations précédentes, dépend des règles statistiques de croisement, de la sélection de certains génotypes, des mutations, des migrations et de facteurs fortuits.

Le morcellement des gènes leur confère la possibilité de réarrangement avec délétion sur les exons ou sur les introns et entre exons de divers gènes (brassage d'exons). Les mêmes exons peuvent être conservés dans des gènes différents. Il en est ainsi pour le gène de l'activateur tissulaire du plasminogène, tPA (fig. 7) ou le gène récepteur des LDL (*low density lipoprotein)* de 18 exons (sur le chromosome 19, locus19p13.2) dont certaines parties sont homologues avec celles du gène de l'EGF (*epidermal growth factor* ; locus 4q25), d'autres avec celles de la fraction C9 du complément.

L'association des exons peut se faire en sens inverse (antisens), codant alors pour des structures protéiques complémentaires.

Il en est ainsi pour des récepteurs et des hormones, une même famille de gènes pouvant être à l'origine d'une famille de récepteurs d'une part, de ligands d'autre part.

La diversité de production des protéines se fait soit par multiplicité des gènes, soit par gènes codant pour plus d'une protéine (épissage), soit par réarrangement génomique, soit par des processus post-translationnels.

La diversification des génomes peut se faire par duplication de gènes, suivie de divergences des copies, d'autant plus importante que la duplication est ancienne, le taux de mutation élevé, la pression de sélection faible. Une copie de gène peut se former par transcription inverse (à partir d'ARN la transcriptase réverse produit un double brin d'ADN et permet une recombinaison homologue) ou par crossing-over inégal (duplication en tandem : un chromosome a deux copies du gène, l'autre n'en a plus).

La copie peut maintenir la même séquence que le gène initial, acquérir une séquence un peu différente mais codant pour une protéine semblable, devenir non fonctionnelle (pseudogène), diverger et coder une protéine différente. Tant que la divergence des séquences d'acides aminés est inférieure à 15%, les fonctions restent apparentées, mais au delà de 50% elles deviennent différentes.

Les familles multigènes sont des groupes de gènes et de pseudogènes ayant entre eux des homologies de séquences codantes, localisés sur un même chromosome ou dispersés sur plusieurs chromosomes, ce qui permet des appariements entre séquences partiellement homologues non alléliques (ne correspondant pas au même locus), d'où des arrangements géniques.

Un nombre non négligeable de gènes se formerait aussi à partir de l'ADN non codant (35). 1382 gènes sont apparus dans la lignée de l'ancêtre des vertébrés depuis sa séparation avec la lignée des requins.

Le taux de mutation est la probabilité pour qu'une mutation apparaisse par gamète et par génération. Une mutation d'un gène donné apparaît avec une fréquence d'environ 10^5 à 10^6 gamètes ; la fréquence des gamètes porteurs d'une mutation est de 1 pour 10 à 30, ce qui signifie qu'un nouveau-né est toujours porteur de mutations.

Les mutations sont neutres (sans impact sur la reproduction du mutant), délétères (peu à peu éliminées par la sélection) ou avantageuses (conférant un avantage sélectif).

Mais la plupart des mutations sont réparées (par des mécanismes très précis de restauration de l'ADN, mettant en jeu une batterie d'enzymes reconnaissant les anomalies de la molécule, excisant les nucléotides incorrects et les remplaçant par les nucléotides convenables) ou sélectivement neutres ou silencieuses, contrebalancées par la présence d'un allèle sauvage, (« normal »). Par exemple, la mucoviscidose, maladie caractérisée par des sécrétions visqueuses du pancréas exocrine et de l'arbre trachéo-bronchique, atteint un nouveau-né sur 2500. Elle est due, le plus souvent, à une délétion dans un gène CF (*cystic fibrosis*) du chromosome 7. La maladie ne se manifeste que si la même mutation touche le gène maternel et le gène paternel (maladie autosomique récessive). Or, la fréquence des porteurs mutants hétérozygotes est de 1 sur 25.

Chaque génotype est caractérisé par un taux de survie, un taux de fécondité et une valeur sélective.

En outre, dans les populations humaines les unions sont souvent orientées. L'union entre parents proches (consanguinité) augmente le risque de génotypes homozygotes en accroissant la probabilité de rencontre d'allèles mutés identiques, portés par des sujets hétérozygotes. Pour différentes raisons (politiques, religieuses, sociales...) certains sous-ensembles d'une population forment un isolat génétique. Dans ce cas se produit le phénomène dit de dérive génétique. Les membres de l'isolat ne représentent qu'une fraction des allèles de la population. En outre, ils peuvent porter des allèles mutés avec une fréquence plus grande que dans la population générale, si bien que l'allèle normal peut disparaître dans la descendance, ce qui pourra augmenter la fréquence de certaines maladies génétiques.

Ainsi, chez les femmes juives ashkénases, deux mutations des gènes BCRA1 et BCRA2 de prédisposition au cancer sont présentes de façon récurrente chez 1% de la population, liées à 12% de cancer du sein et 40% de cancer de l'ovaire, ce qui suggère la transmission de ces gènes à partir d'un petit groupe fondateur il y a 600 à 800 ans.

De même, les juifs ashkénases, les canadiens français et les Cajuns de Louisiane ont 1 individu sur 27 porteur de l'allèle responsable d'une accumulation de gangliosides dans le système nerveux (maladie de Tay-Sachs), au lieu de 1 sur 250 dans les autres populations.

Des mutations du gène SGCG (*sacoglycan gamma* ; locus 13q12) de la protéine transmembranaire du muscle, gamma sarcoglycane, sont la cause d'une dystrophie musculaire (myopathie des ceintures LGMD2C) qui n'est présente que chez les tziganes de France, en Italie et en Espagne, alors que la bêta-sarcoglycanopathie LGMD2E est répandue dans les populations d'origine caucasienne et chez les Amish des USA et du Maghreb.

La thrombose veineuse est due à un allèle du gène F5 (*coagulation factor V* ; locus 1q24.2), le facteur V de Leiden, agissant sur la coagulation sanguine par transformation de la prothrombine en thrombine qui transforme le fibrinogène en fibrine. La fréquence du facteur V, de 2,5% dans les populations européennes, est de 4,5 dans la tribu des Mekhelta du Daghastan et de 1% en Arabie Saoudite. L'allèle est absent en Chine, en Asie du Sud-Est, chez les Amérindiens, les Inuits et les Basques. La mutation (absente chez les Primates) serait liée à un effet fondateur. Elle serait apparue lors des migrations des agriculteurs venus du Moyen-Orient au néolithique.

Il y a 7 génotypes d'un polyomavirus (VJC) excrété dans les urines. Le type 2 est caractéristique de l'Asie et de des tribus indiennes Navajos et des Chimorros de l'île de Guan (Pacifique), le type 1 de l'Europe et des américains d'origine européenne, les types 3 et 6 de l'Afrique. La prévalence en Turquie de la maladie de Behçet (maladie de la route de la soie, qui est une inflammation des vaisseaux sanguins) est de 110 à 320 cas pour 100.000 habitants, avec présence, chez 60% des patients atteints, d'un marqueur tissulaire : le HLA 51.

A Berlin, la prévalence chez les populations d'origine turque n'est que de 21 cas pour 100.000, ce qui indique le rôle important joué par l'environnement dans le déclenchement de la maladie.

Il y a sélection d'un phénotype quand il a plus de chances de survie et de reproduction que les autres.

Dans le cas où une seule paire d'allèles est concernée, la fréquence de l'allèle favorable augmente d'une génération à l'autre, conférant une meilleure valeur adaptative à celui qui le porte. Il y a 45.000 ans, une mutation du gène DARC (*duffy antigen chemokine receptor*), du chromosome 1, qui code pour une protéine séquestrant les chimiokines en excès dans le sang, a conféré une immunité au *Plasmodium vivax* (agent du paludisme), car le parasite a besoin de la protéine DARC pour pénétrer dans les globules rouges. Or, l'augmentation du taux des chimiokines provoque des inflammations.

Pourtant, la mutation se révèle avantageuse, 95% des populations subsahariennes en étant porteuses (5% des européens et des asiatiques). L'expansion d'une mutation dépend aussi du moment où elle survient. Ainsi, l'hémoglobine E (HbE-BT, bêta thalasémique) est une hémoglobine anormale par substitution d'un résidu glutamique en position 26 par une lysine, dans la chaîne globine bêta. Elle ne s'étend pas dans une population qui a déjà l'hémoglobine HbS (remplacement en position 6 d'acide glutamique par de la valine dans la chaîne de bêta globine), bien que la polymérisation des chaînes d'HbS (S pour *sickle cell disease*) donne aux globules rouges une forme en faucille, ce qui accroît les risques de thrombose dans les capillaires.

La sélection peut être stabilisante (favorise le type intermédiaire par rapport aux phénotypes extrêmes), directionnelle (favorise un nouvel optimum extrême par rapport aux autres) ou disruptive ou diversifiante (favorise les deux extrêmes, en agissant contre les intermédiaires).

La valeur sélective d'un gène (l'avantage qu'il procure à son porteur) varie selon les conditions du milieu, les dimensions de la population, les interactions du gène avec le reste du génome. L'hétérozygotie peut donner un avantage sélectif par rapport aux homozygotes, ce qui maintient la variabilité génétique dans une population. Quand un allèle, qui offre un avantage sélectif par rapport aux autres allèles du même locus, remplace ces derniers de façon régulière pour s'y fixer définitivement, il y a polymorphisme transitoire. Le polymorphisme équilibré ou (balancé) où les différents allèles sont conservés indéfiniment, est le plus fréquent. Les pressions de sélection exercées par les pathogènes ont participé à la variabilité du génome, guidant l'adaptation des populations. La plupart des mutations adaptatives datent de 6000 à 13.000 ans, c'est-à-dire de la période de passage de la vie de chasseur-cueilleur à la vie sédentaire. 76 gènes dans les populations européennes et 78 chez les asiatiques, impliqués dans la réponse immunitaire innée, sont d'introgression.

Héritée des hommes archaïques, une part de l'immunité a conféré un avantage sélectif aux hommes modernes, mais certains allèles s'avèrent aujourd'hui facteurs de risque d'inflammation et de maladies auto-immunes (54). Des mutations de la région TLR 1/6/10 (*toll-like receptors*) du génome, région enrichie en ADN néandertalien, qui porte trois gènes contigus, en diminuant les réponses immunitaires, atténuent l'impact des maladies allergiques et auto-immunes.

Une mutation de TLRT1, présente chez 70% des européens (contre 1% des africains), leur confère un avantage sélectif. Une mutation du gène CCR1(*C-C motif chemokine receptor 1*) du chromosome 3, bien plus fréquente chez les africains que chez les européens, entraîne une baisse de la réponse inflammatoire.

Par un jeu de gènes différents, la sélection naturelle a donc avantagé le même caractère (réduction de l'inflammation) : c'est un exemple d'évolution convergente.

Les migrations dans une nouvelle région, par des unions mixtes, vont modifier les fréquences alléliques des deux populations (flux génétique). En outre, les fréquences alléliques fluctuent d'autant plus que les populations sont de petite taille. Les migrations homogénéisent les fréquences des allèles des populations, mais la façon dont elles s'effectuent (dispersion en groupe ou solitaire) influe sur la distribution spatiale du polymorphisme.

Les marqueurs de la race, sous-ensemble d'une espèce

Au concept de race comme catégorie, utilisé en élevage,
on préfère pour l'homme parler de marqueurs de populations
ou de sous-espèces (105).

Le concept de race est né des pratiques de l'élevage et de la zootechnie. Pour les zootechniciens du 19ème siècle, la race est l'ensemble des individus semblables appartenant à une même espèce, ayant reçu et transmettant par voie de génération sexuelle, les caractères d'une variété primitive. En France, suivant l'exemple anglais, la IIIème République codifie des races dites standard, parce qu'elles sont porteuses de caractères définis, et elle édicte des règlements portant sur leur sélection et leur commercialisation, le but étant d'obtenir des lignées sélectionnées pour des caractères quantitatifs ou qualitatifs spécialisés.

La race peut être définie comme un sous-ensemble d'une espèce, une population maintenue par la volonté d'un réseau d'éleveurs qui gèrent des systèmes d'élevage semblables, adaptés à la fois aux contraintes du milieu et aux caractéristiques des animaux. Avec le génome, c'est une production sociale et même une part d'un patrimoine local.

Selon un protocole d'accord de 1981 entre la Direction de la protection de la Nature et l'INRA, ce dernier a pour mission « *d'encadrer un programme de recherche et d'action pour la conservation des races rustiques à faible effectif et en voie de disparition* ».

Appliquée à l'Homme, la notion de race remonte au 17ème siècle.

En anthropologie physique, la recherche de marqueurs raciaux a d'abord porté sur des caractères morphologiques qualitatifs apparents (couleur de la peau, forme des cheveux, maintien de caractères juvéniles pour Bolk, 1929, défenseur de la néoténie humaine, c'est-à-dire d'une persistance de caractères de l'enfance chez l'adulte humain∞ etc.).

La corrélation entre la couleur de la peau et la géographie a défini une race blanche (Europe), une noire (Afrique), une jaune (Asie), une rouge (Amérique). Linné, d'après la couleur de la peau, l'origine géographique et l'attitude générale, distingue dans l'espèce humaine 6 races : sauvage, américaine, européenne, asiatique, africaine et monstrueuse.

La couleur de la peau humaine résulte de la synthèse d'un pigment : la mélanine dans des organites (mélanosomes) de cellules de l'assise basale de l'épiderme et des follicules pileux : les mélanocytes (1000 à 2000 par mm2). Ils contiennent des eumélanosomes producteurs d'eumélanine (pigment brun-noir) et des phéomélanosomes producteurs de phéomélanine (pigment jaune-rouge). Trois enzymes participent à la synthèse de mélanine à partir de la tyrosine : la tyrosinase, la tyrosinase Typr 1 (*tyrosinase related protein type 1)*, la Dct/Tyrp2 (*DOPAchrome tautomérase/Tyrosinase type 2*).

Les différences de coloration de la peau ne reposent pas sur les différences numériques des mélanocytes, mais sur leur activité et le type de pigment synthétisé. La couleur de la peau et des poils dépend du nombre, de la taille et de la répartition des mélanosomes. Après synthèse des différents types pigments, il y a transfert des mélanosomes aux kératinocytes et finalement distribution et dégradation des mélanines. De nombreux facteurs intrinséques (anomalies génétiques, hormones dont la MSH : *mélatonine stimulating hormone*...) et extrinséques (climat, exposition aux rayons Uv...) modulent la pigmentation.

Aux premiers stades de l'évolution humaine, les hommes avaient la peau, les cheveux, les yeux noirs et la plupart des modifications génétiques, apparues dans des populations spécifiques, sont récentes.

Ainsi une mutation du gène TYRP1 rend blonds certains habitants des îles Salomon et une mutation de HERC2 (*HECT and RDL domain containing E3 ubiquitin protein ligase 2*) du chromosome 15, remontant à plus de 9000 ans, donne les yeux bleus. Le polymorphisme des allèles du gène MC1R (*melanocortin 1 receptor*), au locus 16q24, codant pour le récepteur de la mélanocortine, est responsable de la diversité de couleur de la chevelure, dont la couleur rousse. Une mutation de SLC24A5 (*solute carrier family 24 member 5*), du chromosome 15, présente chez 95% des européens, éclaircit la peau. Vieille de 20.000 à 30.000 ans, une mutation du gène ABCC11 (*ATP binding cassette subfamily C member 1)* du chromosome 16, fréquente dans l'est asiatique, rend sec le cerumen.

L'albinisme est une maladie héréditaire, marquée par une hypopigmentation ou une absence de pigmentation, dues à différentes anomalies génétiques possibles. Les mutations affectent au moins l'un des 5 gènes intervenant dans la synthèse et la maturation de la mélanine. Ils codent pour : tyrosinase, tryp1, P (*pink eyed dilution*), MATP/SLC45A2 (*membrane associated transporter protein*), OA1 (*ocular albinism/GPR143 G protein-coupled receptor 145*).

Le vitiligo est une affection polygénique (au moins 11 gènes dont certains sur les chromosomes 1, 7, 8 et 17), caractérisée par la présence de taches de dépigmentation due à l'absence de mélanocytes. Les interactions entre mélanocytes et certains lymphocytes libèrent des cytokines qui détachent les mélanocytes des autres cellules de l'épiderme. Ces mélanocytes sont alors éliminés de la surface de la peau. A l'inverse, le mélasma est une hyperpigmentation irrégulière, aggravée par l'exposition solaire et les frottements.

On s'est référé ensuite, pour la distinction des races, à des caractères quantitatifs (stature, indices divers tels que indice crânien ou rapport de la longueur à la largeur de la tête, indice nasal ou rapport de la longueur à la hauteur du nez, taille moyenne de l'encéphale,etc.).

Puis, on s'est adressé à des caractères biochimiques dont le déterminisme génétique est connu avec précision, par exemple, dès 1918, les groupes sanguins, ces biotraceurs servant aussi à l'étude des migrations.

Rappelons que le système d'allèles multiples le plus connu est celui des groupes sanguins du système ABO. Le locus peut être occupé par trois allèles différents : A (codant pour une enzyme qui fixe l'acétyl-galactosamine à une protéine de surface des globules rouges pour former l'antigène A), B (qui code pour une enzyme attachant le galactose, ce qui forme l'antigène B), O qui ne code pour aucune enzyme. En raison de la co-dominance des alléles A et B et de leur dominance sur l'allèle O, il y a trois génotypes possibles ; AA, AO (groupe sanguin de type A, avec les anticorps sériques anti-B : 45% en Europe), BB, BO (groupe sanguin de type B, avec des anticorps sériques anti-A, 9% en Europe), AB (groupe de type AB, sans anticorps sériques, 3% en Europe), 00 (type O sans antigènes A ou B mais avec les anticorps sériques anti-A et anti B, 43 % en Europe).

Dans le système sanguin rhésus, selon Wiener il y a 8 allèles (R1, R2, R3, R°, r, r', r'', ry, sur un même locus). Sont porteurs d'antigène sur les hématies les rhésus positifs R1, R°, R2, R3 ; sont rhésus négatifs les r', r'', r, ry.

Sont marqueurs génétiques des globules rouges, outre les systèmes antigéniques ABO (allèles A, B, O) et rhésus (selon Ficher et Race, 3 gènes à 3 locus liés, avec 2 allèles chacun: C, c, D, d, E, e, 4 génotypes rhésus positifs : Dce, DCe, DcE, DCE, 4 négatifs : dec, dCe, dcE, dCE, donnant 3 antigènes, car d n'en produit pas), les systèmes sanguins MN (2 allèles M, N), Duffy (3 allèles Fya, Fyb, Fy sur le chromosome 1), Lutheran, etc., et les enzymes des globules rouges (G6PD, phosphoglucomutase), ainsi que les hémoglobines : HbS, HbC, HbE. Sont marqueurs génétiques du sérum les protéines sériques haptoglobines (3 allèles), les immunoglobulines.

Dans le système HLA l'haplotype HLA-A1 est spécifique des Caucasoïdes et Mongoloides.

Ainsi, dans le système sanguin ABO, 96% des populations amérindiennes et 86% des Inuits sont de type O (contre 38% dans le Monde et 45% en France), ce qui suggère un peuplement fondateur initial de type O. La plus forte proportion de l'allèle B est en Asie Centrale et Inde du Nord (peut-être en relation avec une résistance relative à la bactérie du choléra : *Vibrio cholerae*).

L'allèle A serait l'allèle ancestral (majoritaire chez le chimpanzé, perdu chez le Gorille). Il y a 2,08 millions d'années, A aurait donné B (B101) par deux mutations aboutissant à la substitution de deux acides aminés.

Il y a 1,98 MA, A aurait donné O (O01) par une délétion responsable d'un décalage de lecture, puis l'allèle O (O02) aurait donné par recombinaison avec l'allèle A ancestral, un nouvel allèle O01. L'allèle A actuel (A101) serait issu de la recombinaison des allèles B et O il y a moins de 300.000 ans, avant l'apparition de l'Homme moderne en Afrique.

De violentes polémiques ont perduré pour savoir si le quotient intellectuel (QI) pouvait être un marqueur racial (72, 130 bis). En 1977, le psychologue anglais H.J. Eysenck dressant le QI d'individus de différentes professions (70), pense démontrer que les inégalités génétiques sont la cause des inégalités sociales. En 1984, le psychologue M. Snyderman et le politologue S. Rothman, sur la foi d'enquêtes, admettent le caractère héréditaire du QI (174 bis). En 1994, R. Herrnstein et Ch. Murray montrent un avantage du QI des Blancs sur les Noirs. Ils concluent « *qu'il serait vain d'espérer combler le fossé intellectuel entre les deux races puisque le QI est déterminé une fois pour toutes, dès les premières années de vie, par le patrimoine génétique* » (92), d'où l'inutilité des programmes sociaux d'aide et de réinsertion pour les minorités ethniques et la nécessité d'arrêter « *l'affirmative action* » garantissant aux Noirs un accès privilégié aux emplois de la fonction publique et à l'Université. Outre les vigoureuses réactions de la presse contre le « QI racial », une critique détaillée de ce travail (*Inequality by Design*, 1996) est effectuée par un groupe de sociologues qui concluent que les différences de QI dépendent essentiellement des conditions sociales.

L'imagerie cérébrale par résonnance magnétique anatomique et fonctionnelle produisant sur ordinateur des images numériques tridimensionnelles de l'activité des réseaux cérébraux, permet d'objectiver des aires cérébrales en rapport avec plusieurs formes d'intelligence : l'intelligence interpersonnelle, l'intelligence visuelle-spatiale, l'intelligence musicale-rythmique, l'intelligence logico-mathématique, l'intelligence verbalo-linguistique, l'intelligence intra personnelle, l'intelligence corporelle-kinesthésique.

La capacité d'adapter chaque type d'intelligence à chaque situation est la méta-intelligence faisant intervenir le cortex préfrontal.

De nombreux gènes sont vraisemblablement impliqués dans le fonctionnement cognitif et l'environnement joue un rôle important sur les performances du quotient intellectuel.

La plupart des gens d'une population, d'après le test du QI mesuré avec les échelles de Wechsler, ont un QI compris entre 85 et 115, les surdoués dépassent 130.

J.R. Flynn constate que, dans les sociétés occidentales au XXème siècle, le gain moyen de QI (analysé par sept tests, indicateurs de l'intelligence générale) s'est élevé de 3 à 5 points par décennie, du fait de l'environnement intellectuel plus stimulant, de la réduction des inégalités hommes-femmes, de la plus grande attention parentale (73). Le QI moyen à Hongkong, d'une valeur de 108, est de 10 points supérieur à celui constaté en France (98) où le QI à chuté de 4 points entre 1999 et 2009. Les Pays-Bas, d'après les tests effectués sur les appelés du contingent, ont enregistré une progression du QI de 21 points entre 1952 et 1982.

Parmi les marqueurs moléculaires, outils d'analyse de la variabilité génétique, la méthode RFLP (*restriction fragment length polymorphism*) est basée sur les différences de séquences en paires de bases entre deux chromosomes homologues. Il y a une différence toutes les 200 à 500 paires de bases, en moyenne, d'où une différence des points de coupure par une enzyme de restriction, ce qui donne deux tailles de fragments d'ADN différentes pour ces chromosomes. En électrophorèse la taille est inversement proportionnelle à la vitesse de migration du fragment. Avec une sonde radioactive de séquences complémentaires de ce RFLP, on peut rechercher des fragments de restriction correspondants, provenant d'autres individus. On utilise aussi les méthodes RAPD (*random amplified polymorphism DNA*), AFLP (*amplified fragment length polymorphism*), SNP (*single nucleotides polymorphism*).

Enfin les études génétiques directes ont été faites sur les marqueurs haploïdes uniparentaux (chromosome Y, ADN mitochondrial, ce dernier subissant des mutations plus rapides que l'ADN nucléaire et échappant au brassage des gènes nucléaires) et biparentaux. En 1987 R. Cann, analysant 12 marqueurs d'ADN mitochondrial sur 147 individus provenant de 5 régions géographiques, trouve une plus grande ancienneté pour les Africains qui, en outre, ont un degré de diversité plus grand que les autres populations.

Il en déduit l'origine de l'Homme moderne à partir d'une « Eve africaine » il y a 200.000 ans (34 bis).

De 2002 à 2009, les chercheurs du projet HapMap (= carte des haplotypes) ont analysé, dans 10 centres, plus de 25 millions de SNIPs de 1184 échantillons provenant de 11 populations différentes.

Les séquençages de génomes actuels et fossiles ont démontré que la diversité génétique intrapopulationnelle est supérieure à la diversité génétique interpopulationnelle et que plus deux populations sont proches géographiquement moins elles diffèrent génétiquement. Cependant, en Afrique la similitude génétique peut être plutôt liée à la similitude linguistique.

Il y a là 4 familles linguistiques : le Niger-Congo dont le Bantou, l'afro-asiatique, le nilo-saharien, le Khorsan. Sanchez–Mazas a montré qu'une population bantou est plus proche génétiquement d'une autre très éloignée, mais partageant la même langue, que d'une population géographiquement proche mais de langue différente.

La plus grande diversité est en Afrique, et dans les reconstructions phylogénétiques les clades les plus anciens sont en Afrique, ce qui peut être en faveur de l'origine ancestrale unique des populations humaines (scénario du « *out of africa », serial founder effect).*

Les distinctions raciales relevées pour tel caractère ne sont plus les mêmes pour tel autre caractère et pour un même caractère, entre deux extrêmes, on observe une évolution progressive et continue des fréquences des allèles des populations échelonnées sur de grandes distances (clines génétiques). Les migrations successives et le brassage des populations (métissage) expliquent la difficulté à créer des groupes constitués pour de nombreux caractères, puisque selon le marqueur utilisé le découpage est différent.

Sur la base des affinités génétiques, on peut répartir la population humaine en 14 groupes dont 9 africains (les autres sont européens, indiens, d'Extrême-Orient, du Pacifique, amérindiens).

L'ethnologie s'attache à l'étude des liens de parenté, biologiques réels ou supposés (adoption) entre individus et aux rapports économiques, politiques, religieux, juridiques entre individus dans un groupe. F. Régnault propose en 1919 d'appeler ethnie une communauté d'individus ayant la même langue, la même religion, les mêmes coutumes. L'ethnie est déterminée par le milieu géographique, le milieu culturel et l'interethnie résulte des intercommunications et des relations avec d'autres groupes. W. Mühlmann (1964) voit dans l'ethnie « *une collectivité de conscience et de volonté* » définie par le contraste qui existe entre elle et les unités ethniques étrangères (149).

Des tentatives ont donc été faites pour définir des sous-ensembles humains sur des critères biologiques et des critères sociologiques.

Il y a une certaine correspondance entre structures génétiques, familles linguistiques et différenciations culturelles. Une certaine taille de population favorise l'incorporation d'innovations tant génétiques que culturelles. Des groupes isolés (par exemple, en conditions climatiques difficiles) fixeraient mieux des nouveautés entraînant une spéciation (Y. Tattersall), (180) et favorisant son expansion, mais une augmentation de taille est nécessaire pour maintenir une technologie complexe.

Si un ensemble d'individus veut pratiquer la seule endogamie (pour diverses raisons, dont religieuses) et se distinguer aussi des autres dans les conditions de son milieu, par sa culture (langue, art, coutumes...), il peut être catégorisé comme race. Mais, en raison des crimes et des atrocités justifiés au nom de la race, socle du racisme qui va bien au-delà de la distinction de groupes, en prenant le pouvoir de décider qui peut vivre et qui doit mourir, les scientifiques utilisent plutôt le terme de populations. « *..l'humanité se présente comme un ensemble continu, une sorte de nappe qui se rétrécit ici ou là, isolant plus ou moins bien des ensembles de populations d'effectifs variables et plus ou moins homogènes* » (Langaney, 120).

Les modes de spéciation

La spéciation peut se faire par mode allopatrique (isolement géographique), parapatrique (interruption des échanges géniques entre sous-ensembles de deux aires contigües) ou sympatrique (isolement d'un sous-ensemble de la même aire de distribution).

Dans la spéciation allopatrique, des membres d'une population peuvent se trouver séparés par scission de l'aire géographique de répartition (par apparition d'une barrière...), par réduction de l'aire de distribution (par extension de glaciers...). Ainsi, au cours du dernier million d'années, 4 glaciations ont recouvert une grande partie de l'Amérique du Nord et de l'Europe. Chaque avancée glaciaire a isolé des populations animales et végétales qui, isolées sur le plan reproducteur (absence de flux de gènes), ont alors divergé génétiquement les unes des autres.

A chaque recul des glaciers, certaines de ces populations, devenues différentes, sont entrées en contact et, si l'isolement reproductif n'était pas complet, elles ont pu s'hybrider au niveau de la zone de contact (182). Dans la spéciation sympatrique (formation de nouvelles espèces à l'intérieur d'une même population, avec flux de gènes), l'espèce nouvelle peut se former par multiplication du nombre normal de chromosomes (polyploïdie) ou par diverses mutations chromosomiques (inversions...). L'extension de répartition d'une population se fait à partir d'un petit groupe de fondateurs. Quelles que soient les conditions écologiques du nouveau territoire, la population migrante subit de profonds remaniements génétiques qui provoquent en quelques générations une importante divergence avec la population mère.

Dans les deux cas d'interruption de flux de gènes et de divergence génétique apparaît l'isolement reproducteur, les barrières de reproduction pouvant être dues à des variations affectant le nombre (aneuploïdie, polyploïdie) ou la structure des chromosomes (délétions, inversions...).

La barrière de reproduction peut être d'ordre temporel (période de reproduction différente) ou une variation du mode de reconnaissance du partenaire sexuel.

L'apparition d'une nouvelle espèce peut se faire par accumulation progressive de variations de certains caractères au cours du temps, dans une lignée (anagénèse par gradualisme) ou par rapide isolement reproductif de petites populations, donnant deux espèces distinctes de l'espèce initiale, sans caractères intermédiaires (cladogénèse).

Des gènes issus d'un même gène ancestral et remplissant les mêmes fonctions sont dits homologues. Dans une même espèce des gènes apparentés, non allèles, issus de duplications plus ou moins anciennes sont dits paralogues, la divergence des copies se réalisant dans une même lignée, un même génome. La divergence entre gènes paralogues permet de retracer la chronologie des duplications dans l'histoire du gène. Si dans des espèces différentes des gènes assurant les mêmes fonctions, occupent des positions correspondantes sur les chromosomes, ils sont dits orthologues. Ce sont d'anciens allèles qui ont divergé dans les diverses lignées. Leur degré de divergence est le reflet de l'âge de la séparation des espèces.

Les duplications de gènes aboutissent à la formation de familles de gènes et pseudogènes (famille multigène) partiellement homologues, localisées sur un même segment de chromosome ou dispersées sur plusieurs chromosomes.

Cela permet des appariements entre séquences partiellement homologues non alléliques (ne correspondant pas au même locus).

L'ESPÈCE HUMAINE SAPIENS

Les caractéristiques de l'espèce sapiens

Appartiennent à la même espèce tous les individus contemporains
qui, pris deux à deux, dans les conditions naturelles ont une probabilité
non nulle d'engendrer dans une génération ultérieure,
au moins un descendant commun fertile.

Les individus (7 milliards) de toutes les populations humaines occupant actuellement la Terre peuvent se croiser entre eux et donner des descendants fertiles (communauté de reproduction). La barrière de reproduction fait que pour un zoologiste, ils appartiennent donc à la même espèce, définie comme un ensemble interfécond. Dans la nécessité de catégorisation, les hommes actuels sont inclus dans une seule espèce : *sapiens*, ayant un « pool » génétique commun de 23.000 gènes, se manifestant par des caractères de ressemblance.

Le génome de l'espèce est constitué de 46 chromosomes (caryotype humain). Chacun est caractérisé par sa taille et par la position du centromère (au milieu ou plus ou moins décalé vers une extrémité, ce qui permet alors de distinguer dans le chromosome un bras long : p et un bras court : q, fig. 2). 44 chromosomes, numérotés de 1 à 22 (autosomes, semblables chez l'homme et la femme), sont disposés en 22 paires homologues (chaque membre de la paire porte l'information génétique des mêmes caractères), et 2 (gonosomes) sont les chromosomes sexuels (XX pour la femme, mais l'un des X exprime un gène Xist qui inactive la quasi-totalité des gènes de ce chromosome, qui prend la forme d'un corpuscule dit de Barr ; XY pour l'homme). Certains protocoles de coloration (cytogénétique) font apparaître des bandes (G, R...) qui ont un profil caractéristique permettant une cartographie pour chaque chromosome. Elles sont numérotées par ordre croissant à partir du centromère vers les extrémités (télomères). Par exemple, 45, XX, -14, -22, + t (14p21q) signifie qu'il s'agit d'une femme XX ayant 45 chromosomes, chez laquelle manquent un chromosome 14 et un chromosome 22, mais qui possède un chromosome supplémentaire résultant d'une translocation entre le bras court du chromosome 14 et le bras long du chromosome 21.

Le chimpanzé, notre plus proche parent génétique, a 48 chromosomes.

Le caryotype humain résulte d'une fusion télomérique (des extrémités) entre les chromosomes ancestraux 12 et 18 pour former le chromosome 2 humain.

Entre les caryotypes de l'Homme et du chimpanzé on relève aussi des différences dans les inversions péricentriques (9, dont 2 spécifiques à la lignée humaine sur les chromosomes 1, 18) et dans les duplications (33% des séquences dupliquées chez l'homme ne le sont pas chez le singe et 17% des séquences dupliquées chez le chimpanzé ne le sont pas chez l'Homme). La fréquence des duplications varie selon les chromosomes et selon les régions d'un chromosome, mais les plus grandes différences concernent les chromosomes sexuels. Le chromosome 15 est commun à l'homme et au gorille, mais non au chimpanzé (67).

Des gènes inactivés dans la lignée humaine sont impliqués dans l'olfaction, l'immunité, le développement musculaire. Des mutations des gènes ASPM (*abnormal spindle-like microtubule assembly)*, au locus 1q31.3, et MCPH1 *(microcephalie 1)* au locus 8p23.1, entraînant la microcéphalie, suggèrent l'importance de ces gènes dans le développement du cerveau, au cours de l'évolution de l'Homme. L'allèle haplo-D de MCPH1, apparu il y a 37.000 ans, est présent chez 70% des Européens et des Asiatiques, mais totalement absent chez les Africains. Un gène ARHGAP (*rho GTP-ase activating protein*) exprimé dans les cellules cérébrales progénitrices de neurones, apparu après la divergence avec les chimpanzés, pourrait être impliqué dans l'explosion cérébrale constatée au cours du développement du foetus (3000 neurones se forment chaque seconde chez le foetus humain âgé de 3 à 5 mois). Le gène NBPF 15 (*neuroblastome break point family member 15*) a un nombre de copies répétées du domaine protéique DUF1220 de 270 chez l'Homme, alors qu'il n'est que de 125 chez le Chimpanzé et 99 chez le Gorille. sLes mutations du gène FOX2 (*forkhead box2)* au locus 7q31.1, fortement exprimé dans le cerveau, altèrent l'expression linguistique.

L'espèce *sapiens* est un singe nu, mais pourvu de glandes sudoripares : des glandes eccrines réparties sur tout le corps, en particulier sous les aisselles, sur la plante des pieds, et des glandes apocrines à la base des follicules pileux.

La multiplicité et la complexité des modifications génétiques ayant conduit à l'Homme peuvent être illustrées par les exemples de l'hémoglobine des globules rouges et de l'amylase.

L'hémoglobine est une molécule formée de 4 polypeptides, transportant l'oxygène chez tous les Vertébrés et l'amylase est une enzyme hydrolysant l'amidon et le glycogène en sucres disaccharidiques, tels que le maltose ou le glucose.

Chez l'Homme il y a une expression séquentielle des différentes chaînes de globine au cours du développement (fig. 13). Au début du développement la molécule d'hémoglobine (Hb Gower 1) est formée dans le sac vitellin, de 2 globines zéta, codées par un gène du chromosome 16 et 2 globines epsilon codées par un gène du chromosome 11.

Vers la 3-4ème semaine, Hb Gower 1 est remplacée par Hb Gower 2 formée dans le foie, de 2 globines alpha codées par un gène du chromosome 16 et 2 globines epsilon. Vers la 12ème semaine, le gène epsilon est réprimé et un gène gamma du chromosome 11, entrant en activité, aboutit dans la rate, à la synthèse d'une hémoglobine fœtale : HbF 2alpha+2gamma qui a une affinité plus grande pour l'oxygène que l'hémoglobine adulte. L'expression des gènes alpha au cours du développement fœtal n'apparaît que chez les Primates. Au moment de la naissance, les gènes delta et bêta du chromosome 11 s'expriment, tandis que gamma est réprimé, ce qui donne dans la moelle osseuse, des hémoglobines A2 (2alpha+2delta) et A (2alpha+2bêta). L'hémoglobine adulte est formée à 90% d'HBA+10% d'Hb A2+des traces d'Hb fœtale. Sur le chromosome 16 de l'extrémité 3' vers l'extrémité 5' (Fig.13) sont alignés les gènes alpha 2, alpha 1, un pseudogène alpha1, et sur le chromosome 11 les gènes bêta, delta, un gène A gamma et un autre G gamma et epsilon. Alpha et bêta sont des copies d'un gène qui est aussi le gène ancêtre de la myoglobine, molécule monomérique qui stocke l'oxygène dans le muscle, la duplication remontant à quelque 450 millions d'années, au moment du début de développement des Vertébrés. Puis, il y a 300 millions d'années le gène alpha s'est dupliqué en une copie zéta et une copie qui a son tour s'est dupliquée, il y a 8 MA, en alpha1 et alpha2. De son côté, il y a 200 MA le gène bêta s'est dupliqué en deux copies : l'une se dupliquant (il y a 120 MA) en epsilon et un gène se dupliquant (il y a 30 MA) en gamma A et gamma G, l'autre se dupliquant (il y a 80 MA) en delta et bêta.

Chez le Lemur (Prosimiens) il y a bien un gène entre gamma et bêta, mais ce gène est homologue à la partie terminale du gène delta humain, ce qui en fait un pseudogène qui a acquis, en outre, des séquences du gène epsilon.

La duplication de gamma, présente chez l'Homme et les Singes du Vieux monde, n'est pas réalisée chez les singes du Nouveau Monde et elle s'est donc faite après la séparation de ces deux lignées, contrairement à la divergence de bêta et delta qui est présente chez les Singes du Vieux Monde et du Nouveau Monde, mais pas chez les Prosimiens. La duplication de gamma serait une duplication en tandem suivie d'un crossing-over inégal conduisant à une triplication des séquences, suivie d'une délétion éliminant une grande partie du triplicat. Les gènes delta et bêta humains sont très semblables, ce qui suggère une homogénéisation récente, comme pour G gamma-A gamma.

De nombreuses mutations des gènes de globine sont responsables d'anomalies qualitatives liées à des modifications de la séquence codante des gènes (hémoglobinopathies comme la drépanocytose où l'acide glutamique en position 6 de la globine bêta est remplacé par de la valine, ou l'hémoglobine de Lepore où une délétion de delta est associée à bêta ou l'hémoglobine de Gun-Hill où il y a délétion dans la globine bêta des acides aminés 93 à 97).

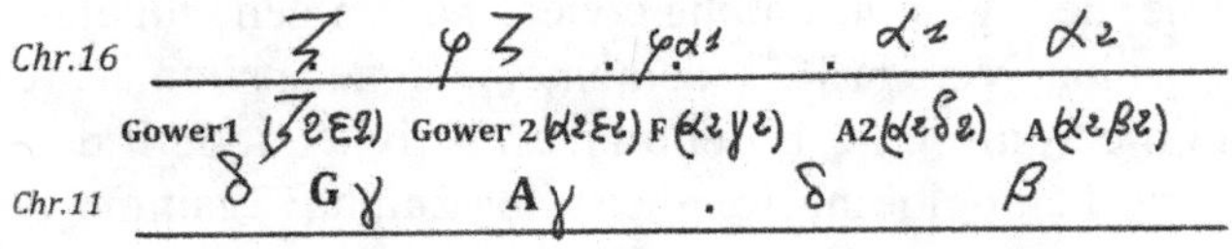

A

Gène delta	**EX1**	I1	**EX2**	I 2		**EX3**
Gène bêta	EX1	II	EX2	I II		EX3
Lepore	**EX1**	I1	**EX2**Ex2	I II		EX3
	EX1	I I	Ex2**Ex2**	I 2		EX3

B

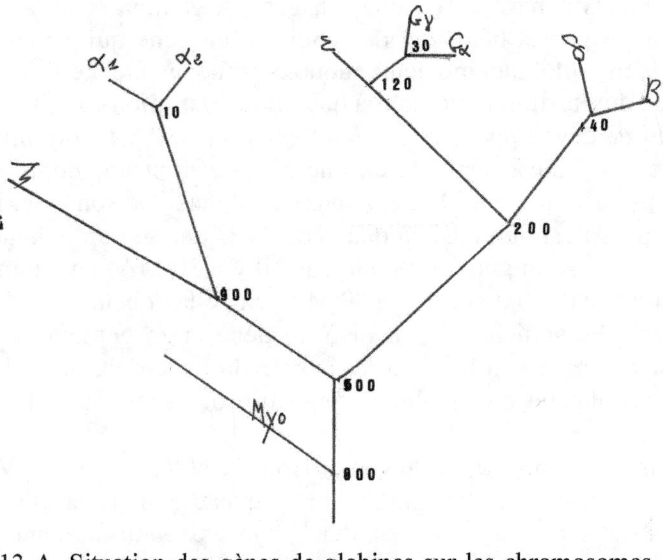

C

<

Fig. 13 A. Situation des gènes de globines sur les chromosomes 16 et 11 humains (erreur : remplacer delta par epsilon sur le chromosome 11, devant Ggamma).

Tous les gènes sont sur le modèle à 3 exons et leur ordre de 5' en 3' reflète leur ordre séquentiel utilisé au cours de l'ontogenèse. G gamma et A gamma ne diffèrent que par l'acide aminé en position 136 (glycine pour G gamma, alanine pour A gamma).

L'hémoglobine adulte est constituée à 98% d'hémoglobine HBA (2alpha+2bêta), 2% d'hémoglobine A2 (2alpha+2 delta) et des traces d'hémoglobine fœtale F (2alpha+2 gamma).

Les alphathalassémies sont des délétions des 4 gènes de globine alpha (létalité) ou des trois gènes (anémie très sévère) ou des deux gènes (anémie) ou d'un seul gène (sans gravité).

Des délétions de gènes de globine bêta sont responsables de l'anémie majeure de Cooley (4 gènes délétés) ou de sa forme mineure (délétions de deux gènes).

B. Dans l'anémie de Lepore il y a délétion de delta ou remplacement du deuxième intron de bêta par l'intron de delta.

C. Généalogie des globines de l'hémoglobine humaine, avec indication des moments (en millions d'années) de bifurcation. La myoglobine (Myo) est une hémoprotéine monomérique (un seul gène de globine) assurant le stockage de l'oxygène dans le muscle.

Il y a aussi des anomalies quantitatives, comme les thalassémies de type alpha où il y a un déficit de production normale de chaînes alpha, les chaînes bêta en excès formant alors des homotétramères bêta 4 (hémoglobine HbH à l'origine d'une anémie fréquente dans des régions palustres, la fréquence élevée des thalassémiques dans ces régions reflétant l'avantage des hétérozygotes).

L'hyperémie IgM avec déficit de production des IgA, IgG, IgE (dysglobulinémie de type 1) est due à une anomalie du gène (locus Xq26-q27) codant pour le ligand CD40L du CD40. Certains sujets restent porteurs à l'état adulte d'une production élevée d'hémoglobine fœtale, (due à une mutation TGA en TAA, en amont des séquences CCAAT), sans affection grave en résultant. Normalement, un facteur se fixe sur CCAAT du promoteur du gène gamma, ce qui permet sa transcription, puis chez les adultes un autre facteur se fixe sur un site débordant CCAAT, ce qui inhibe la transcription. Chez les mutants, il y a destruction du site de reconnaissance du facteur déplaçant.

Selon L. Samuelson et al. (168 bis) le locus de l'amylase humaine contient couramment 6 copies (AMY2A, AMY2B, AMY1A, AMY1B, AMY1C) dont une (AMYP1) non fonctionnelle. A partir d'un seul gène AMY, il y aurait eu (-43 millions d'années) en 5' insertion du pseudogène gamma actine, puis duplication de l'ensemble ; une copie a été le gène AMY2B ; à l'autre copie s'est insérée une séquence rétrovirale à LTR, avec délétion de l'extrémité 5' du gène d'actine, puis l'ensemble s'est dupliqué : dans une copie il y a eu recombinaison des séquences LTR, donnant le gène AMY2A, l'autre copie donnant après triple réplication : AMY1A, AMY1B, AMY1C. Les gènes AMY2A, AMY2B sont exprimés dans le pancréas, les gènes AMY1A, AMY1B, AMY1C dans les glandes salivaires. Il existe des variations dans le nombre des copies, l'évolution s'étant faite en fonction de la richesse de l'amidon dans l'alimentation. La fréquence d'un nombre élevé de copies (jusqu'à 20) est plus grande chez les obèses (155 bis).

Les 3,2 milliards de bases du génome humain ont été séquencés. Dans la plus récente version du *1000 Genomes Project* ont été recensés plus de 88 millions de variants (la plupart ne portant que sur un seul nucléotide), ce qui révèle la diversité génétique de l'espèce humaine actuelle.

Elle est le résultat de son histoire démographique, façonnée par la sélection naturelle, les migrations et la dérive génétique.

D'après l'ONU il pourrait y avoir de 9,6 à 11 milliards d'hommes en 2100 selon le taux de diminution de la fécondité mondiale. L'Inde devrait devenir avant 2039 le pays le plus peuplé (1,5 milliard) devant la Chine.

Les migrations

Parties d'Afrique à différentes périodes, des populations de l'espèce *sapiens* ont progressivement occupé l'Asie, l'Europe, l'Amérique.
Elles ont rencontré d'autres populations, d'autres espèces humaines déjà présentes et cohabité avec elles. Elles ont acquis certains gènes par hybridation (introgression). Mieux armées biologiquement et socialement, elles les ont supplantées, l'espèce *sapiens* restant la seule sur Terre depuis 30 000 ans.

D'après la paléoanthropologie et la génétique on pensait que notre espèce *sapiens* était apparue en Afrique (sites de Herto et d'Omo, en Éthiopie) il y a quelque 200.000 ans. Or, les 22 restes humains trouvés dans la mine de barytine de Jebel Irhood (près de Marrakech) sont datés de -300.000 ans. Les reconstitutions virtuelles du visage, de la calotte crânienne et de la mâchoire inférieure montrent que ces fossiles possédaient une morphologie moderne distincte de celle des autres espèces humaines vivant en Afrique, à la même époque, quand le Sahara était vert, chaud et humide (il y a eu des périodes humides entre 330.000 ans et 300.000, puis vers -240.000 ans, -130.000 ans, -90.000 ans et -60.000 ans).

L'apparition des premiers *sapiens* est associée au Middle Stone Age (correspondant au paléolithique moyen en Europe), avec production d'éclats lithiques triangulaires, tranchants, succédant aux bifaces. La boite crânienne (volume de 1400 cm3) a une voûte moins élevée et plus allongée que celle des *sapiens* modernes et le cervelet est plus petit. Une récente étude génétique confirme la divergence de *sapiens* entre -350.000 et -260.000 ans, soit 100.00 ans plus tôt qu'on ne l'avait pensé. En outre, un crâne découvert à Dali (province de Shaanxi, en Chine), datant d'environ – 250.000 ans, présentant un mélange de caractères d'*H. erectus* et d'*H. sapiens,* soulève à nouveau la question de l'évolution parallèle possible d'*H. erectus* en plusieurs régions différentes (Afrique, Asie).

Il y a -200.000 ans, moins de 10.000 individus représentaient l'espèce humaine. Il y a 160.000 ans, pendant une période glaciaire, la sécheresse régnait en Afrique, étendant la superficie des déserts et rendant inhabitable une grande partie du continent.
Ne va survivre alors qu'une petite population de *sapiens.* Pour subsister certaines hordes sont allées vers le sud (grotte de Pinnacle le Point, à l'est du Cap) dans une bande de terre longeant la côte africaine (134), offrant une flore nourricière de géophytes (tubercules riches en sucres) et une faune de coquillages et de crustacés (source de protéines).
De là, il y a 100.000 ans, profitant d'une Afrique devenue verdoyante, des *sapiens* ont migré vers l'Ouest (grotte de Djebel Irhoud), d'autres ont quitté le continen. Par la péninsule du Sinaï ils sont arrivés dans la vallée du Nil. Ayant franchi la Mer Rouge réduite à quelques km de largeur, ils ont atteint le Proche-Orient (sépultures de la région de Haïfa, dents de Quafzeh).
Puis, une autre population fondatrice, en petites avancées successives par le Moyen-Orient et l'Asie, est passée (vers -60.000 ans) en Chine où vivait encore il y a moins de 14.000 ans l'homme de Maludong (connu par un crâne dans la grotte de Longlin et des ossements dans la grotte de Maludong).
Il représente peut-être une espèce ayant vécu en Chine jusqu'à la fin de la période glaciaire), puis en Australie (vers -50.000 ans).
Vers -45.000 ans des groupes se sont installés en Russie (rives du Don) où ils vont côtoyer une autre espèce, archaïque : l'homme de Denisova (ossements de la caverne de Denisova, dans les monts Altaï, vieux de 30 à 50.000 ans). Ils sont passés ensuite en Amérique du Nord par le détroit de Behring, quand au dernier maximum glaciaire, le niveau des mers était 120 m au-dessous du niveau actuel. Des traces d'intervention humaine sur des restes de caribou et de cheval dans les grottes du Poisson bleu au Yukon (Canada) sont datées de -24.000 ans. En Amérique centrale, des outils de Clovis et des fossiles humains de Penon (près de Mexico) remontent à -13.000. Des empreintes de pied près de Puebla (Mexique), datées de 3000 ans BP, ont suggéré une voie possible de migration par cabotage, à partir de l'Australie ou de l'Asie du SE.

Des *sapiens* partis du Proche-Orient ou d'Asie Centrale sont arrivés en Europe Occidentale vers -40.000 ans (dents et industrie lithique de la grotte de Cavallo en Italie), alors que le Nord de l'Eurasie était toujours sous la calotte glaciaire (glaciation du Würm en France, de Valdaï en Russie, du Visconsin en Amérique du Nord : de -115.000 à -12 000 ans). Elle était bordée par la toundra, avec des bouleaux nains, des saules et des *Dryas octopetala*, entretenant une faune d'herbivores (mammouths, rhinocéros laineux, bisons, rennes, antilopes...) sous un climat sec.

Les *sapiens* vont rencontrer là une autre espèce d'hommes morphologiquement adaptés au froid, chasseurs-cueilleurs, plus aptes à la marche qu'à la course, capables d'émettre des sons articulés : les Néandertaliens.
Ils vont cohabiter avec eux de -80.000 à -60.000 ans BP, parfois s'hybrider. Mais les Néandertaliens disparaissent il y a 35.000 ans, les derniers ayant vécu en Europe Centrale et en Espagne.
Les *sapiens* perfectionnent alors (aurignacien : -37000 à -22.000 ans) le travail de la pierre, avec des lames retouchées, utilisent comme outils des bois de renne et des ossements (pelles faites d'omoplates de mammouths), fabriquent des objets en fibres végétales (filets de pêche..). Avec la confection d'outils en feuilles de laurier, de poinçons, d'aiguilles à chas, ils inventent le propulseur donnant à l'arme de jet une plus grande portée, emmanchent des pointes sur des hampes (solutréen : -22.000 à -19.000 ans), façonnent des harpons (magdalénien : -17.000 à -7.000 ans).
Ils chassent le bison des steppes : *Bison priscus* auquel va succéder, une fois passé le maximum glaciaire, le bison européen moderne, venu du sud du Caucase, qui disparaîtra à l'état sauvage en Europe en 1918. Aux peintures sur les parois des grottes (Chauvet : -20.000 ans ; Lascaux : -17.000, Altamira : - 14.500, sur les thèmes de la chasse et de la fécondité traduisant un même imaginaire), ils ajoutent des gravures et des sculptures. Au dernier coup de froid vers -20.000 ans succède le début du réchauffement de l'interglaciaire actuel. Le recul de l'inlandsis permet les avancées de l'homme sur de nouveaux territoires.
Les mélanges entre populations migrantes et populations déjà installées assez proches génétiquement pour que des interfécondations fertiles puissent se produire, ont permis des flux de gènes (introgression) augmentant la diversité génétique. Les comparaisons, par les techniques de séquençage d'ADN ancien, entre génomes néandertaliens, denisoviens (génomes complets connus depuis 2000) et hommes modernes ont montré que les Néandertaliens ont contribué au génome des populations eurasiennes modernes à hauteur de 1,5 à 4%, les Denisoviens à hauteur de 6% du génome des populations mélanésiennes et des Aborigènes australiens, des Polynésiens. Mais il n'y a eu aucune introgression chez les Africains ou les Eurasiens. Selon les résultats du projet *Simons Genome Diversity*, les Eurasiens de l'Est ont une ascendance néandertalienne plus marquée que les autres non-Africains.
C'est une population archaïque inconnue, issue de l'Ouest de l'Afrique centrale (-700.00 à -35.000 ans) qui aurait contribué à 2% du génome des populations modernes africaines. La diversité génétique a été modelée aussi par la sélection naturelle qui a retenu les variants permettant des phénotypes adaptés aux différents facteurs locaux environnementaux qu'ont eu à subir les différentes populations en diverses contrées.

Les séquences codantes sont principalement soumises à l'action de la sélection dite « négative » qui diminue la fréquence des mutations défavorables à leurs porteurs dans un environnement donné, le variant défavorable mais non délétère pouvant persister à faible fréquence dans la population.
La sélection positive fait augmenter la fréquence des mutations favorables, ce qui permet une adaptation à l'environnement (climatique, nutritionnel...) dans lequel évoluent les individus. Dans la sélection balancée les allèles (sauf les neutres qui varient de façon aléatoire) se maintiennent à l'équilibre.
Le gène STAT 2 (*signal transducer and activator of transcription 2*) du chromosome 12, originaire des Néandertaliens, est un exemple de variant avantageux pour la résistance aux pathogènes ; il est intégré au génome du *sapiens* moderne, comme l'est un morceau de la région HLA. Le variant Val92Met du gène MCIR (récepteur de la MSH, *melanocytes stimulating hormone*) donnant une peau plus claire et des cheveux roux, est un autre exemple. On peut aussi citer le gène d'adaptation à l'altitude des Thibétains (codant pour une protéine qui régule la réponse du corps à la concentration d'oxygène), hérité des Denisoviens il y a 30.000 ans. D'autres gènes non denisoviens semblent impliqués dans la résistance des Thibétains à la vie sur les hauts plateaux : le gène EGLN 1 (*egl-9 family hypoxia inducible factor1*) du chromosome 1 (qui permet d'éviter le mal des montagnes : multiplication des globules rouges entraînant une hypertension artérielle), possédé par 9 Thibétains sur 10, les gènes PTGIS (*prostaglandine I2 synthase*) du chromosome 20, et KCTD 12 (*potassium channel tetramerization domain containing 12*) du chromosome 13, liés à la régulation de la réponse à l'hypoxie, le gène VDR (*vitamine D receptor*) du chromosome 12, impliqué dans le métabolisme de la vitamine D dont les Thibétains présentent des déficiences.
Les Inuits portent sur le chromosome 1 le gène TBX15 (*T box 15*) qui joue un rôle dans le développement du tissu graisseux brun, fournissant la chaleur en cas de froid. Il se retrouve chez les Amérindiens. Une forme proche de cette variante génomique, fréquente dans les populations nordiques asiatiques, absente en Afrique, rare en Europe, peu répandue en Océanie, a été retrouvée chez les Néandertaliens et les Denisoviens. La variante denisovienne est conservée chez les Iakoutes et les Évènes du nord-est de la Sibérie et les Naxi au sud de la Chine, au pied de l'Himalaya.
Il y a quelque dizaines de milliers d'années des *sapiens* modernes ont donc coexisté sur la Terre avec d'autres espèces plus archaïques (Néandertaliens, Denisoviens...) avec lesquelles ils ont pu occasionnellement se métisser, les enfants hybrides souffrant probablement d'un taux élevé d'infertilité. Pour certains chercheurs, le métissage aurait pu se faire au Proche-Orient avant que les hommes modernes pénètrent en Europe et en Asie. Pour d'autres, la petite fraction du génome des hommes modernes qui semble issue des

Néandertaliens pourrait être la trace d'une origine commune d'une même région d'Afrique.
Il y a eu une diminution du pourcentage d'ADN néandertalien dans le génome des hommes européens par élimination progressive des variantes génétiques néandertaliennes.

Le genre humain : Homo

Les ascendants de sapiens

Les premiers représentants du genre Homo sont apparus
il y a 2,7 millions d'années en Afrique, sous forme de plusieurs espèces
dont certaines ont cohabité.

Pour la catégorisation des hommes fossiles, l'espèce ne peut être définie que a) par des caractères de ressemblance de quelques restes osseux, souvent très incomplets (critères morphologiques qualitatifs et quantitatifs), ou de types d'outils, b) par des manifestations artistiques, c) par des particularités d'ADN, quand il est récupérable. Etablir l'arbre généalogique des hommes (phylogénie) est donc difficile, car il est dépendant de l'état des découvertes (les zones découvertes d'hominines ne couvrent pas plus de 3% de la surface de l'Afrique) et de la bonne distinction des caractères anciens, primitifs (plésiomorphes) et des caractères dérivés (apomorphes). Des similarités peuvent être dues à des pressions sélectives comparables à des époques différentes, mais elles se traduisent par des solutions morphologiques adaptatives semblables.

Pour les zoologistes *Homo* est un Primate (mains préhensiles de 5 doigts, avec pouce opposable et ongles plats, prédominance de la vision binoculaire sur l'olfaction).

La station bipède érigée est parfaite (trou occipital positionné au milieu du crâne, longues jambes adaptées aux grands pas, bras courts et légers, colonne vertébrale à 4 courbures, bassin robuste pour supporter le poids du corps, crêtes iliaques très développées et courbées vers l'avant, avec petit et moyen fessiers latéralement disposés ; longs pieds rigidifiés par des ligaments, fonctionnant comme leviers). Les membres antérieurs sont préhensiles, le volume crânien jusqu'à 2000 cm3, le caryotype de 46 chromosomes (au lieu de 48 chez les Grands Singes). Génétiquement, il diffère de 1,23% du génome du chimpanzé, son plus proche parent, soit de 30 millions de mutations ponctuelles. En comptant les autres changements génétiques possibles, la divergence des deux génomes pourrait atteindre 6%. Le groupe des hominines s'est séparé il y a 7 millions d'années de celui qui a abouti aux Chimpanzés.

-2MA -1,7MA -100.000 -37.000 -24.000 - 15.000 -5.000

OLDOWAYEN ACHEULEEN MOUSTERIEN AURIGNACIEN SOLUTRÉEN MAGDALÉNIEN

Australopithecus H. habilis H. erectus H. neandertalensis H.sapiens Homo sapiens

Paranthropus H.heidelbergensis

Paléolithique ancien : -2,9 MA à -300.000. Paléolithique moyen : - 300.000 à -30.000. Paléolithique supérieur : -30 000 à-12.000

Fig 14. Chronologie du Paléolithique

Les Hominidés appartiennent au groupe des anthropoïdes qui évoluait en Asie il y a plus de 50 millions d'années, avant de passer en Afrique. On distingue deux groupes frères d'anthropoïdes : les Catarrhiniens (singes de l'Ancien Monde) et les Platyrrhiniens (singes du nouveau monde, originaires d'Afrique et qui ont migré il y a 35MA vers l'Amérique du sud). Chez les Catarrhiniens, la superfamille des Hominoïdes est représentée en Asie par les gibbons (*Hylobates, Symphalangus*) et les orangs-outans (*Pongo*), en Afrique par les gorilles (*Gorilla*), les Chimpanzés (*Pan*) et sur l'ensemble de la planète par l'espèce *Homo sapiens sapiens.*

I. Les Néandertaliens

Lignée sœur des sapiens, les Néandertaliens étaient adaptés au climat glaciaire.

L'espèce (ou la sous-espèce) *neandertalensis* diffère de l'espèce *sapiens* par des caractères morphologiques du squelette. Le crâne est étiré vers l'arrière (arrondi chez *sapiens*), avec un chignon sur l'occipital (pas de chignon chez *sapiens*), le front plat (au lieu de front bombé) avec un bourrelet sus-orbitaire très prononcé (peu prononcé chez *sapiens*), une mâchoire en avant de la face (pas de prognathisme), pas de menton (un menton). Les avant-bras sont plus longs que les bras (d'égale longueur chez *sapiens*), le bassin bas avec un long pubis (bassin large avec un pubis court chez *sapiens*), les jambes plus courtes que les cuisses (au lieu d'égale longueur), le pied large (pied fin chez *sapiens*). Tout comme les babouins, l'homme de Néandertal pouvait produire des sons dont les propriétés acoustiques sont très semblables à celles des voyelles.

Chasseurs-cueilleurs nomades, les Néandertaliens, adaptés aux rudes modifications climatiques (alternance de périodes glaciaires et interglaciaires), vivaient en petits groupes d'une vingtaine d'individus, formant des clans dispersés en Europe.

Ils se déplaçaient constamment d'un territoire à l'autre, à la recherche de nourriture en gibier. Ils ont vécu de – 650.000 à -35.000 ans. Il y a 100.000 ans ils occupaient un vaste territoire allant du Portugal à l'Asie Centrale.

Ils pouvaient abattre en masse des animaux migrateurs (bison des steppes *Bison priscus* et bison européen *Bison bonasus,* fruit d'une hybridation du premier avec l'auroch *bos primigenius,* rennes..) et même l'éléphant européen *Palaeoloxodon antiquus* (plus proche des lignées africaines : *Loxodonta africana, Loxodonta cyclotis* que des lignées eurasiatiques : *Elephas maximus, Mammuthus primigenius*). Ils pratiquaient la conservation de la viande par fumage, séchage ou enfouissement dans la glace et ils utilisaient l'oxyde de fer pour tanner les peaux. Dans la grotte de Bruniquel (Tarn et Garonne) plusieurs structures circulaires de stalagmites datées de -176.500 ans (période de l'avant-dernier glaciaire du Pleistocène moyen), montrent que les Néandertaliens pénétraient dans le tréfonds des grottes en utilisant un éclairage et qu'ils pouvaient y aménager des espaces compartimentés.

Le campement de la Folie (Poitiers), daté entre -84.000 et -72.000 ans, où des blocs de pierre disposés en cercle servaient de support pour des poteaux de bois, suggère une construction pour protéger du vent. Un autre abri de plein air est situé au Portugal (Vilas Ruivas), avec trois foyers aménagés à l'aide de pierres, protégés par des arcs de cercles de blocs de pierre, support de coupe-vent construit en bois et végétaux. La cabane en os de Mammouths de Molodova (Ukraine), datée entre -55.000 et -45.000 ans, est un exemple des premiers habitats circulaires. Les Néandertaliens étaient capables de pensée abstraite (des traits formant un motif croisé, gravés intentionnellement au fond de la grotte de Gorham, au rocher de Gibraltar, datés de -39.000 ans, pourraient être l'expression d'une pensée symbolique par l'usage de formes géométriques.Telles sont aussi les stries parallèles sur des lames osseuses, trouvées au centre de l'Allemagne.

Les Néandertaliens se paraient de bijoux (griffes de rapaces travaillées pour être montées en bracelet ou collier, au site de Krapina en Croatie, daté de -130.000 ans).

Les clans appartiennent à des tribus dont la cohésion est maintenue par une communauté de traditions, de liens de parenté et d'échange de présents.

Ces hordes représentent une lignée sœur de la lignée *sapiens*, descendantes toutes les deux d'un ancêtre commun : l'espèce *heidelbergensis.* La présence dans le cerveau des aires de Broca et de Wernicke, l'organisation du larynx, montrent la possibilité d'un langage articulé permettant des formes nouvelles de penser, de communiquer, de coopérer. Les capacités cognitives peuvent être évaluées d'après diverses pratiques, comme marqueurs. Les Néandertaliens fabriquaient des outils de pierre (culture moustérienne du Paléolithique moyen en Europe, inchangée pendant des milliers d'années), fabriquaient une colle à base de goudron d'écorce de bouleau ou de pin pour fixer des pierres sur des manches en bois.

En Afrique du sud des lances sont vieilles de 500.000 ans. Entre -50.000 et -40.000 ans les Néandertaliens auraient commencé à travailler l'os (lissoirs fabriqués à partir de côtes de cerf ou de renne dans deux sites de Dordogne).

Ils procèdent à des rites funéraires (traduisant l'angoisse de la mort), utilisent des pigments sur les parois des grottes (pensée symbolique), mâchent des feuilles de peuplier (qui produit de l'acide salycilique) pour réduire la souffrance de leurs abcès dentaires (restes fossiles d'El Sidron dans le N-W de l'Espagne).

Ils torsadent des fibres végétales pour faire de la ficelle et confectionner des filets, des pièges ou des paniers. Ils ornent leur corps de bijoux (colliers de coquillages, dents d'animaux de la grotte de Renne à Arcy-sur-Cure, dans l'Yonne, datés de -40.000 ans).

Avant leur disparition, au contact des *sapiens,* ils adoptent une nouvelle manière de tailler la pierre (industrie châtelperronienne). Entre 60.000 et 25.000 ans se sont succédés réchauffements et refroidissements brusques tous les 500 à 1500 ans (cycles de Dansgaard-Oescher). Il y a 40.300 ans, lors d'une phase tempérée G9 (*Greenland Interstade 9*), les *sapiens* colonisaient l'Europe, sauf le sud de l'Espagne. Les derniers Néandertaliens de la péninsule ibérique ont été protégés du contact avec les hommes modernes par la phase froide dite H4 (Heinrich 4) créant une zone inhospitalière de steppes arides au sud de l'Ebre. Au moment d'un nouveau réchauffement du climat, G8 (*Greenland Interstade 8*), les hommes modernes ont franchi l'Ebre et sont entrés en compétition avec les Néandertaliens.

II. Les Denisoviens

Les Denisoviens sont une lignée asiatique, tôt séparée de la lignée des hommes modernes.

Une phalange fossile dans la grotte de Denisova (contreforts de l'Altaï) a révélé en 2008 l'existence d'une nouvelle lignée humaine qui se serait séparée de celle de l'homme moderne il y a 800.000 ans et de la lignée néandertalienne il y a 650.000 ans (fig.15). Bien qu'ayant côtoyé les hommes modernes en Europe et en Asie, les Denisoviens ne se sont pas métissés avec eux. Par contre, il y aurait eu métissage entre l'homme de Denisova et les ancêtres des Mélanésiens actuels où survivent 4% des sites génomiques transmis par les Denisoviens. Il y a 40.000 ans coexistaient en Asie 4 types de lignées humaines : des Néandertaliens dans la partie ouest, des hommes modernes en Chine, à Bornéo, en Malaisie et sur une terre qui réunissait l'Australie, la Tasmanie, la Nouvelle guinée, l'homme de Solo à Java et en Indonésie, l'homme de Flores.

Il a survécu sur cette île jusqu'à -19.000 ans. *L'homo floresiensis* pourrait descendre directement de *l'homo habilis.*

Les 45 morceaux permettant de reconstituer deux crânes humains partiels, associés à des outils de quartz taillé et d'os de gros mammifères, datés de -105.000 à -125.000 ans, trouvés près de Lingjing (province chinoise du Henan) partagent des caractéristiques avec les crânes néandertaliens (bourrelet sus-orbitaire proéminent, présence notamment d'une fosse susiniaque à la partie inférieure de la nuque, structure de l'oreille interne) et avec ceux de *sapiens* (constitution fine des os, volume de 1800 cm3 de la boîte crânienne). Ils pourraient représenter une lignée asiatique *d'Homo erectus* perdurant, ou indiquer la présence d'une espèce humaine de l'Asie orientale vivant il y a 100.00 ans dont nous ignorons la morphologie. Elle pourrait être à l'origine des Denisoviens (mêmes traits morphologiques et dentaires).

La population inuit actuelle a été précédée par des Paléo-esquimaux qui vivaient dans l'Arctique il y a 4000 ans et ne se sont éteints que depuis 700 ans, quand sont arrivés les ancêtres des Inuits de la culture de Thulé.

III. Les Préhumains

Des Préhumains ont cohabité à certaines époques
avec des Humains et ils ont fabriqué des outils.

Les Néandertaliens ont été précédés d'autres espèces d'hommes (*heidelbergensis, antecessor, ergaster, habilis)* classées dans le même genre : *Homo* de la famille des Hominidae, avec les sous-familles Homininae (*Homo, Pan* : Chimpanzé), *Gorilla* : Gorille) et Pongidae (*Pongo* : Ourang-Outan). C'est entre -2,3 et -5,5 millions d'années (Miocène) que les lignées des Hommes bipèdes et des Grands Singes (aujourd'hui en voie d'extinction) ont divergé, alors que de grands changements climatiques modifiaient la répartition des espèces animales et végétales en Afrique.

Il y a 7 millions d'années (MA) un Primate connu par un crâne et quelques mandibules (*Sahelanthropus tchadensis,* dit toumaï), a acquis la station debout, le redressement du corps nécessitant de profondes transformations mécaniques, un changement de position de la tête sur la colonne vertébrale, un déplacement du regard (fig.15). La boîte crânienne est de 300 cm3, la face robuste, avec une impressionnante barre sus-orbitaire.

Dans un paysage mosaïque de marécages, d'îlots forestiers, de savanes arborées, Toumaï dormait dans un nid sur les arbres, mais la plupart des ses activités étaient au sol.

Les canines à couronnes petites et à usure apicale, dépassent à peine les dents voisines (contrairement aux singes). Les petites molaires et prémolaires suggèrent une nourriture facile à mâcher.

Un squelette partiel (83 os) de *Pierolapithecus,* daté de -12,5 à -13 millions d'années, découvert en Espagne près de Barcelone, est un singe frugivore du Miocène inférieur qui pourrait être l'ancêtre commun de l'homme et des grands singes, après la séparation des Hylobatidés (gibbons). La cage thoracique est large et plate, avec les omoplates dans le dos, la face a un museau allongé.

Des préhumains et des humains ont cohabité à certaines époques et vécu simultanément avec des singes (96). Vingt-neuf traces de pieds de quelqu'un marchant debout, datées de -5,7 millions d'années, sur le site de Trachilos en Crête, seraient attribuées à un homininé plus vieux que Lucy.

Ces empreintes, laissées à une époque où la Méditerranée était asséchée, le Sahara vert et la Crète non détachée de la Grèce, pourraient indiquer que les préhumains ne vivaient pas sur la seule Afrique.

Des chercheurs distinguent les *Homo* des Australopithèques d'après le crâne, les mâchoires et les dents, d'autres d'après les os post-crâniens. Que décider quand il y a combinaison de traits archaïques et de traits modernes ?

Les Australopithèques avec *Homo* sont l'une des deux branches des hominines, l'autre étant celle des chimpanzés. Une canine et une molaire trouvées à Mayence, datées de 9,7 millions d'années, pourraient appartenir à un Australopithèque ou à un Pliopithèque, primate alors connu en Europe.

Selon une hypothèse controversée, l'espèce *Australopithecus sediba* (220 ossements datés de -1,977 millions d'années, découverts dans la grotte de Rising Star, au site de Malapa, près de Johannesbourg) présentant a) des caractères propres aux Australopithèques (cerveau de 450-450 cm3, articulation de l'épaule orientée vers le haut, longs bras, mains aux doigts incurvés suggérant un mode de vie arboricole, fémur à petite tête et long col) et b) d'autres au genre *Homo* (poignets et mains au long pouce et aux doigts courts pouvant permettre la manipulation d'outils, pied adapté à un type de marche debout) pourrait être un ancêtre direct *d'Homo erectus* dont elle a la forme générale du crâne. Les dents, augmentant de taille de l'avant vers l'arrière de la mâchoire, sont de type *Homo habilis* (plus de 2 millions d'années), mais les molaires à cuspides simples évoquent des formes qui lui sont postérieures.

Le squelette d'*Australopithecus prometheus* (*little foot*) d'Afrique du sud, de -3,67 millions d'années, est celui d'une femme d'environ 30 ans, de 1,35 m de haut, ayant des caractères de paranthropes et d'*Homo habilis*.

La célèbre Lucy, *Australopithecus afarensis* (3,2 millions d'années), appartient à un groupe de préhumains adapté à une forme de bipédie terrestre.

IV. Les premiers humains

Les lointains ancêtres de sapiens sont difficiles à retracer
dans un arbre généalogique buissonnant,
avec des rameaux latéraux sans descendance.

Le fragment d'une mâchoire LD350 (d'après le site de Ledri-Geraru, dans l'Afar, en Ethiopie) daté de 2,8 millions d'années pourrait être l'indication de l'existence d'une espèce d'*Homo* contemporaine *d'Australopihecus aethiopicus,* différente d'*H. habilis.*

Homo habilis des grottes d'Olduvaï (-2,5 à -1,7 MA), précédant *Homo erectus*, (mais ayant cohabité avec lui entre 1,9 et 1,4 million d'années) ne serait qu'un rameau latéral éteint entre -2 et -1 millions d'années, dérivant d'une autre espèce d'australopithèque et contemporaine *d'Australopithecus garhi* et de *Paranthropus robustus.*

Une phalange du petit doigt de la main gauche d'un adulte, dénommée OH 86 (*Olduvai Hominid n°86)*, trouvée aussi sur le site des gorges d'Olduvaï (Tanzanie) appartenait à une main dont les capacités motrices permettaient la fabrication d'outils.

Elle confirme la présence en Afrique avant -2,8 millions d'années d'une forme humaine différente d'*Homo habilis*.

La découverte d'éclats non naturels et de traces de découpe sur un os à Masol (pied de l'Himalaya) datés de -2,6 millions d'années, renouvelle la question d'un foyer possible d'hominisation indépendant en Eurasie, d'autant qu'au site de Longgupo (centre de la Chine) des restes d'un Primate (*Lufengpithecus*) de 6 millions d'années, présenteraient une bipédie potentielle.

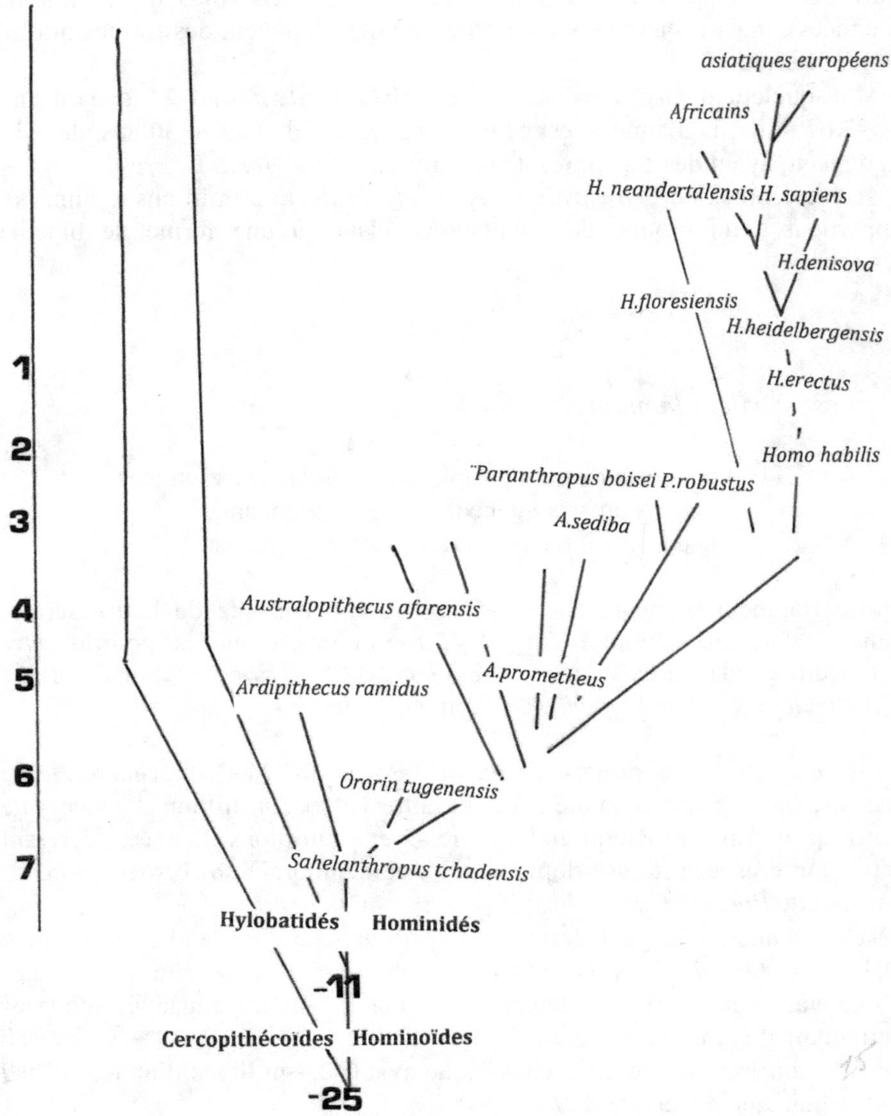

Fig. 15 Généalogie des humains.

Sahelanthropus tchadensis (-7MA), Ororin tugenensis (-6MA), Ardipithecus ramidus (-4,4MA), Australopithecus afarensis (-8 à -3MA), Australopithecus prometheus (-3,7 MA), Australopithecus sediba (-1,97 MA), Paranthropus boisei (-2,3 à -1,3 MA), Paranthropus robustus (-2,2MA à -1,2 MA), Homo habilis (-2,4 à -1,8 MA), Homo erectus (-1,9 à -1MA), Homo heidelbergensis (-660.000 à -300.000), Homo neandertalensis (-

300.000 à -28.000), Homo denisova (-350.000 à -40.000), Homo floresiensis (-50.000), Homo sapiens (-315.000).

Quand les Australopithèques se sont éteints (entre -2,9 et -2,4 millions d'années), alors que l'environnement boisé, dans une succession de cycles de périodes humides et de périodes sèches, faisait place progressivement à de vastes savanes sèches de plus en plus permanentes, favorisant le développement de populations de mammifères herbivores, deux groupes sont apparus. L'un à cerveau plus volumineux, fabriquant des outils : *Homo,* qui va se poursuivre, alors qu'il a une alimentation diversifiée à chercher dans un milieu de plus en plus uniforme ; les marques d'outils de pierre taillées sur les os du site de Kanjera South au Kenya, datés de -2,6 millions d'années indiquent une activité de dépeçage pour récupérer la viande. L'autre à carrure solide, mâchoires puissantes, avec des molaires à émail épais, assurant une alimentation par mastication d'herbes abrasives : *Paranthropus (Australopithecus robustus).* Il va s'éteindre lors d'un deuxième changement climatique accentuant la sécheresse qui fait disparaître les végétaux dont il se nourrissait.

Des -10MA à -4MA des préhumains anciens (*Sahelanthropus tchadensis, Orrorin tugenensis, Ardipithecus ramidus*) ont vécu dans des zones boisées d'Afrique, puis de -4 à -3MA des préhumains classiques (*Australopithecus africanus, Kenyanthropus*) dans des régions modérément boisées et des préhumains récents (*Australopithecus sediba, Paranthropus*) dans des zones sèches (fig.15).

Découvert en Afrique du sud, *Homo nadeli* a une alimentation plus variée que les Paranthropes et les Homo, la proportion de calcium par rapport au baryum des dents étant tantôt typique de celle de brouteurs d'herbes, tantôt proche de celle des mangeurs de feuilles, tantôt de celle d'un carnivore. Le corps (1,5 m ; 50 Kg) est plus longiligne que celui des Australopithèques, mais le bassin reste évasé sur les côtés, avec une cage thoracique en tronc de cône et les bras adaptés à la vie arboricole. Néanmoins, il peut marcher sur de longues distances. Bien que le volume du cerveau reste entre 450 et 550 cm3, les caractères crâniens et la denture sont plus proches de ceux des premiers *homo* connus que de ceux des Australopithèques. D'abord daté de -2 millions d'années, *Homo nadeli* est en fait dix fois plus jeune (-350.000 à -250.000 ans).

Il serait alors contemporain des Néandertaliens, des Denisoviens et des précurseurs de *sapiens* avec qui il a pu cohabiter en Afrique. Il pourrait avoir fabriqué des outils élaborés. Il rappelle l'Homme de Florès vivant encore il y a -50.000 ans sur cette île d'Indonésie.

C'est la flexibilité permettant l'adaptation aux variations climatiques qui sauve *Homo* de l'extinction. La perte de la fourrure (singes nus), associée à la mise en place d'un système de transpiration performant, aurait permis, outre la régulation thermique, la réduction du nombre des parasites corporels.

Homo ergaster (erectus) de -1,9 à -1,5 million d'années, plus grand que la plupart des *sapiens*, a un corps qui lui est semblable, bien que le haut de la cage thoracique reste rigide. Il a un crâne épais, pourvu de lourdes mâchoires (capacité crânienne de 1100 à 1250 cm3), de grosses dents, une arcade sourcilière prononcée, un front bas.

L'articulation coxo-fémorale diffère de celle des d'Australopithèques et de celle des autres espèces d'*Homo*. Il ne se déplace pas dans les arbres, mais il peut courir à une allure gérée par le cervelet dont les 50 milliards de neurones sont connectés au reste du cerveau et aux parties du corps.

Il traque ses proies sur de longues distances. Sa peau, couverte de poils courts, est pourvue de glandes sudoripares.

Il invente le biface (industrie de l'Acheuléen), galet à une extrémité pointue, avec les deux côtés tranchants, dont les plus anciens au Kenya sont datés de -1,76 MA.

Il découvre l'usage du feu. Si on trouve des traces de feu dans des sites préhistoriques datés de -1,5 million d'années (à Koobi Fora au Kenya), de -800.000 ans à Cueva Negra (Espagne) et Stranska Skoa (Tchéquie), des preuves de foyers aménagés n'apparaissent qu'il y a environ -500.000 ans (en France, Hongrie, Chine) et -350.000 ans (site de Terra Amata à Nice, Beeches Pit au Royaume Uni, Schöningen en Allemagne). L'Homme a osé approcher le feu, il l'a entretenu, utilisé et il est devenu capable de l'allumer. Dès -400.000 ans les preuves de foyer entretenus sont légion. Pour Lumley (130), cette période de domestication du feu correspond peut-être à un nouveau stade de cognition atteint par le développement du cerveau humain. Le feu permet de chauffer, d'éclairer, de protéger des prédateurs. Il y a 65.000 ans un groupe d'hommes de la grotte de Klipdrift Sheler en Afrique du sud chauffait des blocs de pierre (de silcrète), avant de les débiter plus facilement en éclats tranchants.

Le passage du cru au cuit est une innovation culturelle riche de conséquences. Elle facilite la mastication, améliore la digestion, fournit l'énergie pour la croissance du cerveau, modifie la composition de la flore intestinale, donc les capacités du système immunitaire.

Elle permet la sélection d'individus aux mâchoires moins proéminentes, avec pour conséquence le développement de la boîte crânienne.

Elle entraîne le raccourcissement de l'intestin. Elle favorise le développement des interactions sociales par le partage des ressources et l'assistance aux femelles. Les récits autour du feu permettent l'apparition d'identités culturelles distinctes. Les premières formes de pensée symbolique ont créé un environnement culturel auquel le cerveau s'est adapté et réciproquement.

Les premiers Homo sortent d'Afrique il y a 2,5 millions d'années.

Pendant que des *erectus* africains vont s'installer au Maghreb (sites de Tighennif, près d'Oran -700.000 ans, d'Abderrhamane, Rabat...), au Mali, en Afrique du Sud, des crânes de -1,77 million d'années en Géorgie (site de Dmanisi), des bifaces de -1,4MA dans la vallée du Jourdain, de -800.000 ans en Syrie, témoignent d'une première voie de migration de certaines hordes hors d'Afrique, vers le Proche-Orient (157).

Elle les conduit par petits déplacements et avec des va-et-vient vers l'Asie (Chine avec les sites de Longgudong, province du Sichuan -2MA, Yunxian -900.00 ans, Zhoukoudian au SW de Pékin -500.000 ans, Java : sites de Sangiran -1,66 MA).

A la glaciation dite Gunz dans le Massif alpin (-1200.000 à 750.000 ans) succède un interglaciaires précédent la glaciation dite Mindel (-600.00 à -300.000 ans). Avec de nouvelles conditions géographiques et climatiques (glaciations du Riss -250.000 à -12.000) les caractères de ces migrants évoluent et, au cours du temps, transforment ces populations en d'autres espèces telles que : *H. solensis* qui gagne l'Australie (site de Kow Swamp, entre Canberra et Adélaïde -13.000 à -9500 ans) et *H. floresiensis* (1,15 à 1,30m ; capacité crânienne : 400 cm3) dans l'île de Flores à l'Est de Java, disparu il y a 14.000 ans.

Une autre voie de sortie d'Afrique passe par Gibraltar vers l'Europe. A Lézignan-la-Cèbe (Hérault) des outils datent de -1,4 à -1,3 MA, dans une grotte du Vallonet (Alpes maritimes) de -1,2 MA et à Orce (Andalousie) de -1,3 MA. A Atapuerca, près de Burgos, une mandibule d'un *H. antecessor*, espèce cohabitant avec *H. erectus*, remonte à -1,2 MA et son représentant aurait vécu jusqu'à -800 000 ans.

A la Caune de l'Arago (Ariège) il y a -400.000 ans les *H. erectus* chassaient les animaux d'une forêt tempérée (cervidés, sangliers...), affrontaient l'ours des cavernes, le rhinocéros, le lion et le loup. Des restes fossiles de -300.000 ans dans la grotte de la Toca de Esperanza (Bahia, Brésil) suggéreraient la possibilité de *H. erectus* en Amérique à cette époque.

En Afrique les *H. erectus* évoluent en *H. heidelbergensis* (-900.000 à -400.000 ans) dont les uns, restant en Afrique, deviennent des *H. rhodesiensis*, tandis que les autres, migrant vers l'Europe, sont à l'origine des Néandertaliens dont le volume crânien a augmenté jusqu'à 1200-1500 cm3. A certaines périodes et à certains endroits des sous-espèces humaines se sont remplacées et parfois mélangées, avec une possible descendance.

Une étude génétique des populations des îles Andaman, au large de la Birmanie, montre que ces populations de l'océan indien pourraient descendre d'humains ayant quitté l'Afrique il y a 300.000 ans.

Deuxième partie

Les caractéristiques humaines

Quels sont les caractères propres à l'Homme, qui le distinguent de ses proches parents chez les Primates ou des autres animaux ?

L'HOMME, DOUÉ DES CAPACITÉS DE PENSER RATIONNELLEMENT ET PASSIONNÉMENT

Le corps humain pense avec son cerveau.

Le raisonnement

Le raisonnement serait le résultat de l'action d'un système de résistance cognitive, activé par le cortex préfrontal, parvenant à inhiber les erreurs d'un système intuitif, rapide, émotionnel, pour déclencher la logique d'un système réfléchi (109).

Il y a environ 500.000 ans, chez *Homo erectus*, une mutation du gène ARHGAP11A (*Rho GTP-ase activating protein 11 A)* du chromosome 15, transformant un triplet CTA en GTA, et amputant ainsi son ARN messager de 55 nucléotides, pour produire une protéine fonctionnellement modifiée, pourrait être un des responsables d'une production accrue de neurones entraînant l'accroissement du volume du cerveau.

Résultat du processus d'encéphalisation au cours de l'évolution, le néocortex (80% des neurones du système nerveux central) du cerveau humain forme la couche externe des hémisphères cérébraux. Il est constitué des corps cellulaires (substance grise) des neurones pyramidaux disposés en 6 couches. En outre, les neurones sont organisés à la surface du cortex en colonnes perpendiculaires qui sont des unités fonctionnelles spécifiques. Plusieurs sillons (scissures) découpent le cortex en lobes : frontal (avec les aires de traitement du langage et des aires motrices), pariétal (avec le cortex somatosensible), occipital (avec le cortex visuel primaire), temporal (avec le cortex auditif primaire et des aires de mémorisation), fig. 16.

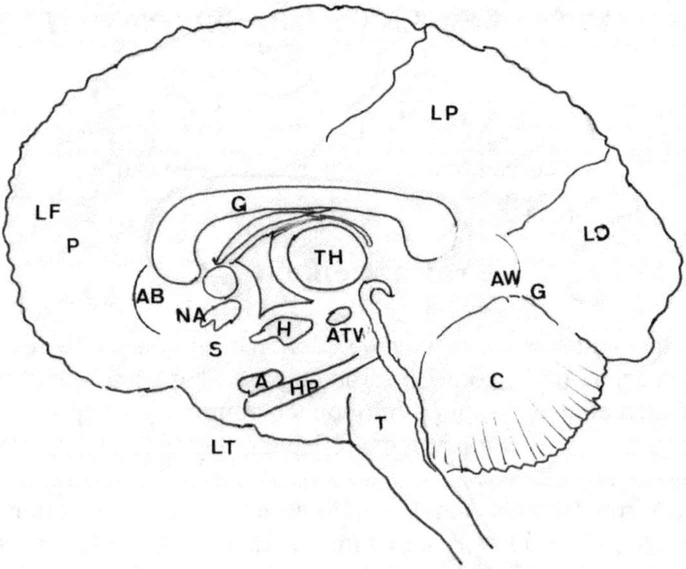

Fig.16. Localisation de certaines zones du cerveau humain.

A : amygdale ; AB : aire de Broca ; ATV : aire tégumentaire ventrale ; AW : aire de Wernicke ; C : cervelet ; G : gyrus cingulaire ; LF : lobe frontal ; L0 : lobe occipital ; LP : lobe pariétal ; LT : lobe temporal ; H : hypothalamus ; HP : hippocampe ; NA : noyau accumbens ; P : cortex préfrontal ; S : striatum ; T : tronc cérébral ; TH : thalamus.

On estime à 86 milliards le nombre de neurones du cerveau humain. Un seul neurone développe en moyenne au niveau des synapses 10.000 connexions avec d'autres neurones. Chaque synapse contient une combinaison de molécules différentes (code moléculaire synaptique) qui détermine ses caractéristiques morphologiques et fonctionnelles.

Doté d'aires réceptrices, motrices et associatives, le néocortex reçoit les messages des différentes parties du corps et il envoie les commandes motrices. Le cortex préfrontal, la plus récente des formations néo-corticales, atteint chez l'homme son développement maximum. Le néocerveau, cerveau de la raison, acquiert les fonctions discriminatives, intégratives et adaptatives avec un niveau d'organisation individuel.

Le cortex reçoit des informations du milieu, alimentant des représentations des choses (images visuelles, sonores) et des informations non perçues (décontextualisation amplifiée par le lobe frontal intégrant les flux d'information aux souvenirs, à des traces mémorielles). *« L'homme habite surtout le monde de l'artifice symbolique et technique qu'il invente sans cesse et qui remplit son monde* » (B. Cyrulnik, 43).

Symboliser c'est s'informer consciemment sur une réalité, à travers un système de signes. Raisonner c'est inhiber nos intuitions.

Outre les diverses formes d'intelligence animale, manifestée chez les singes, les dauphins, les éléphants, mais aussi les oiseaux (corvidés) et des invertébrés (la pieuvre), le cerveau humain permet le raisonnement logico-déductif (par induction, déduction, par l'absurde, par analogie, par bon sens), l'abstraction dans une prévision à long terme, le traitement d'informations non perçues, l'invention, l'imagination.

La pensée est une production mentale consciente, alimentée par des informations sensorielles utilisées pour faire symbole ou signe. Les précurseurs de la pensée (processus primaires de représentation d'images) ou pensée de rêve de Freud, sont à distinguer du travail de la pensée (récit du rêve de Freud) qui fait appel à la mémoire et à la parole. La pensée émerge d'une connexion consciente soudaine entre des milliers de modules hyperspécialisés fonctionnant indépendamment, de façon inconsciente.

Kant distingue la raison pure telle que dans l'usage scientifique, pour recherche de ce qui est, de la raison pratique dans le domaine moral, pour imposer ce qui doit être (111).

Corps et appareil psychique ne sont pas fonctionnellement autonomes

Les biologistes ont tué l'âme qu'ils avaient ravie aux philosophes.

Quand vers 600 ans avant J.C. certains hommes (les biophilosophes) autour du bassin méditerranéen ont commencé à douter des récits mythologiques transmis par la tradition et des dieux, pour comprendre les phénomènes naturels et les comportements des humains, ils ont jeté les bases d'une pensée logique servie par l'observation et la réflexion qui procède par induction et déduction, analyse et synthèse. Telle a été l'origine de la culture théorique, première base de la pensée philosophique et scientifique.

Au-delà des apparences continuellement changeantes des choses et des êtres, le monde visible apparaît alors aux biophilosophes comme un système mû par une force unique, immatérielle, liée au cosmos. Indissociable de la vie dont elle est formatrice (hylémorphisme d'Aristote, où l'âme donne forme au corps), l'âme (Aum dans la pensée indienne, Qi dans la pensée chinoise, Pneuma dans la pensée grecque, Rauh dans le judaïsme, Rûh pour les islamistes) est encore pour certains l'entité en nous qui anime notre corps et son désir d'être. Pour F. Cheng *« l'esprit communique, l'âme communie »* (F. Cheng, 38).

Une âme a été ainsi considérée comme la source immatérielle des fonctions physiologiques du vivant, l'Homme étant doté en plus d'une âme particulière, immortelle dont dépendent la pensée et les émotions et qui siégerait dans le cerveau. Le christianisme va ajouter une âme chrétienne différente des âmes classiques par son origine, sa prédestination, ses objectifs. A l'articulation de la scolastique médiévale et de l'émergence de la science avec le développement des lois de la mécanique (Copernic, Kepler, Galilée, Newton...), pour Descartes, qui a du système nerveux une vision hydraulique, le corps animal-machine, l'âme animale, le corps humain font partie du monde matériel, alors que l'âme humaine, « *pure substance* », sans distinction de partie, une et indivisible, résidant dans le cerveau, appartient au monde immatériel de Dieu. La faculté de penser (*cogitatio)* est acte de l'esprit immatériel qui donne pouvoir de connaissance et d'existence du « je » (*ego cogito, ego sum*), identification entre le « je » et l'esprit (53). Alors que pour Descartes je pense, donc je suis, pour Sartre, au contraire, la pensée suppose l'existence prééminente : je suis, j'existe (170).

Ce dualisme de l'âme et du corps est la doctrine majoritaire pour la plupart des philosophes et des psychologues (distinguant le corps vécu et le corps objet) depuis Platon jusqu'à Sartre, mais la doctrine inverse existe aussi depuis les matérialistes antiques (Démocrite, Lucrèce....) jusqu'au monisme de Spinoza (soutenant que le corps et l'esprit ne sont qu'une même chose exprimée de deux manières) et aux physicalistes pour qui il y a équivalence entre états mentaux et cérébraux.

Pour les cognitivistes, marqués par le développement de l'informatique et de la cybernétique, l'activité de l'esprit peut être reconstituée par des opérations sur des simplifications des représentations : les symboles (chiffres, notes) selon des règles formelles (arithmétique, grammaire) explicites. L'idée que les processus mentaux sont computationnels est liée à la thèse de la modularité de l'esprit de J. Fodor (74). Tout processus mental est décomposé en une suite d'étapes de transformation de l'information au cours desquelles l'input sensoriel est transformé, réduit, élaboré, stocké, rappelé, utilisé. Un neurone reçoit les informations électriques provenant de nombreux neurones différents, en effectue une combinaison et il émet à son tour un signal électrique dépendant du résultat de cette combinaison. Ainsi D. Marr, neuroscientifique de la théorie computationnelle de la vision, explique le fonctionnement du système visuel à trois niveaux : 1) le niveau computationnel ou fonctionnel, en décrivant les fonctions d'entrées sensorielles (input) et de contenu des représentations, les sorties comportementales (output), 2) le niveau algorithmique (ou syntaxique) précisant les algorithmes spécifiant la fonction de chaque représentation visuelle, le niveau de l'implémentation, 3) le niveau physique décrivant la réalisation neuronale de chaque algorithme (135).

Les contenus (symboles) et les opérations de la pensée sont indépendants d'une matérialisation particulière (système nerveux ou ordinateur). Ainsi le langage articulé est une communication à base de symboles (les mots) manipulés selon des règles symboliques pour former des systèmes (les phrases) qui ont pour le sujet une signification (contenu sémantique). L'important est le message, qu'il soit traduit par des moyens électriques, mécaniques ou nerveux. La pensée est un traitement de l'information et la base matérielle de la pensée, le cerveau, se laisse alors représenter comme un ordinateur traitant de symboles. Dans l'optique du dataïsme de Y. N. Harari les sentiments eux-mêmes ne sont que des algorithmes biochimiques qui nous laissent croire, à tort, un choix dépendant d'un libre arbitre (89 bis). Dans ce cas, il appartiendrait aux neurosciences d'étudier le support physicochimique cérébral à ses différents niveaux d'organisation (tronc nerveux, cellules, molécules) sans référence au comportement de l'organisme, et aux sciences cognitives d'étudier les capacités cognitives par une dissection des processus mentaux en éléments constitutifs, en codes sous-jacents, sans référence au substrat.

Les cognitivistes ignorent, en outre, le milieu hormonal qui baigne le cerveau et module sans cesse son activité neuronale. Car l'homme n'est pas seulement neuronal, il est aussi hormonal.

Les connaissances anatomiques, l'étude des lésions cérébrales (traumatismes crâniens, accidents vasculaires, anomalies du développement cérébral...), les liaisons entre anomalies du comportement et anomalies anatomo-physiologiques du cerveau, l'application des techniques d'examen du fonctionnement cérébral (analyse des ondes cérébrales, examen par imagerie fonctionnelle) ont bien démontré que la pensée, les émotions et la conscience siègent dans le cerveau. Les données neuro-anatomiques, neurophysiologiques, neuro-pharmacologiques, neurobiologiques permettent de relier un comportement à des fonctions cérébrales dépendant de réactions moléculaires impliquant l'activité de gènes. Mais si les neurosciences permettent de comprendre la manière dont le cerveau traite un objet en termes moteurs et sensoriels, elles n'étudient pas les activités subjectives, seulement les processus neuro-cérébraux qui les accompagnent. On peut cartographier la circuiterie neuronale par une technique de coloration utilisant des protéines fluorescentes marquant les neurones de couleur différente sous une lumière bleue et on peut, en insérant des gènes d'opsines dans des neurones, contrôler l'activité électrique de neurones spécifiques avec des flashs lumineux (optogénétique). Mais comment des décharges électriques spécifiques dans des cellules cérébrales déterminées donnent-elles naissance à la pensée, aux sentiments, à la conscience ? Plusieurs projets (*Human Brain Project, Brain Initiative Project, China Science*

Project, Brain/Minds) tentent de simuler les fonctions mentales en reproduisant virtuellement les interactions des neurones du cerveau humain.

La maladie mentale peut être d'origine organique (par exemple, défaut de régulation des neurotransmetteurs : alors traitement par substances chimiques) ou psychique, (par exemple, trouble psychosomatique, tel obésité rétive aux régimes, douleurs intestinales sans explication biologique...) : alors traitement psychique. Le sentiment de persécution, les hallucinations visuelles manifestées par les schizophrènes sont liés à une diminution des plissements cérébraux, (marque des réseaux de neurones sous-jacents).

Mais des facteurs environnementaux foetaux, puis des conditions après la naissance s'ajoutent aux facteurs génétiques dans les causes d'anomalies du plissement. Causalité psychique (avec psychothérapie qui apaise) ne peut être traitée comme causalité physique (avec médication).

Pour autant il n'y a pas un corps et un appareil psychique fonctionnellement autonomes. Il n'y a pas causalisme neuronal, moléculaire entre neurones et psychisme, mais corrélation neurochimique et comportement donné, analysée tantôt sous un angle tantôt sous un autre.

Conscience et responsabilité

L'Homme pense, se pense pensant (conscience réflexive)
et porte un jugement de valeur sur sa pensée.

Plutôt que d'une âme, J. Robion (2017) parle d'une auto-organisation corps-esprit, entité qui s'est dotée d'un processus de traitement informatif, c'est-à-dire de la capacité de s'informer sur soi-même et sur le monde externe. L'information est traitée sans conscientisation (sans production d'un objet de conscience tels que sentiment, fantasme, image) et c'est la partie la plus importante du travail du cerveau, ou avec conscientisation qui s'effectue sans contrôle (temps de la mentalisation, comme l'image dans le rêve) ou avec contrôle (temps de la symbolisation, manipulation consciente volontaire et contrôlée de symboles codifiés tels que le langage verbal, les mathématiques).

Alors que des neuroscientifiques et certains psychologues pensent que le sujet ne vient à la conscience de soi que réflexivement, Robion pense que, pour avoir conscience de soi, point n'est besoin de se prendre pour objet de conscience, puisque la conscience de soi est intuitive (166 bis).

Quand je pense que je pense, *« j'acquiers seulement une connaissance de moi en tant que sujet qui pensait »*. Pour Lacan le sujet énonçant et le sujet de l'énoncé ne sont plus les mêmes, puisqu'ils ne sont pas dans le même plan temporel. *« Il ne s'agit pas de savoir si je parle de moi d'une façon conforme à ce que je suis, mais si quand je parle, je suis le même que celui dont on parle »* (117), la pensée saisissant quelque chose qui n'est plus.

A se penser le sujet se perdrait, ne s'atteignant jamais, ce qui fonde le vide créant le désir de retrouver l'unité perdue par le langage. Pour Robion, Lacan, dans son raisonnement, confond le manque d'être avec le manque d'information.

Une information précédente peut devenir objet d'information (réflexivité de processus informatif), ce qui engendre une déconnexion possible d'avec la réalité (parler, par exemple, d'un sentiment sans le ressentir) dans une abstraction pure.

Une décision est le plus souvent inconsciente parce que la perception est une reconstruction de la réalité. Ainsi pour la vision, la perception émotionnelle est plus rapide que la perception consciente. Selon le modèle « acteur-critique », notre cerveau utilise constamment un système comprenant plusieurs aires (noyaux gris centraux, thalamus, cortex préfrontal), choisit entre plusieurs options en fonction des informations sensorielles reçues, et un système critique (dans lequel est impliquée la substance noire qui produit la dopamine) qui évalue les choix, aboutit à la sélection d'une option (26). La décision n'est pas toujours aussi rationnelle que nous pourrions le penser (17). Les spécialistes de neuroéconomie savent que pour vendre un produit au consommateur, il est plus efficace de parler à son instinct que de faire appel à des arguments logiques. La vue d'un produit activant le noyau accumbens (zone associée au plaisir) et la mention du prix activant l'insula (zone associée au dégoût), il faut pour inciter à l'achat augmenter l'anticipation du plaisir (attractivité de l'emballage....), tout en limitant la souffrance financière (1).

L'Homme a la faculté de s'interroger sur la valeur de ce qu'il pense, c'est-à-dire de porter des jugements estimatifs, codifiés par la culture du groupe auquel il appartient et par l'époque où il est situé. Ce que je pense est-ce Bien ou Mal ? A la différence du singe qui agit dans l'immédiateté, l'Homme s'interroge sur la morale de sa pensée et des actes qui en découlent, en faisant appel au passé ou à l'avenir.

L'idée même de Mal et l'aptitude à juger du Mal sont propres à l'humain, fruits d'une conscience morale manifestée par la création d'interdits collectifs dans toutes les sociétés et de tous temps. La transgression des interdits est sanctionnée pour le maintien de la cohésion du groupe, fondée sur l'observation de règles morales et juridiques (le droit).

Certains interdits sont universels (prohibition de l'inceste, défense de tuer ses parents..), d'où la création des comités d'éthique internationaux.

D'où aussi les notions de responsabilité, intimement liées à celles de droit, de liberté, et de recherche du Bien, du Juste. Alors que dans les sociétés médiévales les hommes ne sont responsables que devant Dieu, pouvant se racheter par la confession et la pénitence, l'effacement de la perspective théologique laisse l'homme seul face aux conséquences de ses actes.

La notion de responsabilité suppose un libre arbitre qui est nié par Spinoza pour qui, tout étant déterminé par la nécessité, la croyance en un libre arbitre n'est qu'une illusion, toute morale en conséquence devenant illusoire.

Il est classique de distinguer la responsabilité subjective et la responsabilité objective. La première relève 1) de l'héritage génétique, 2) de la conscience de l'individu, 3) du sentiment de culpabilité imprimé par l'éducation, 4) de l'intelligence dans l'analyse des conséquences, 5) de l'évaluation des risques et 6) de la capacité à diriger son comportement. Mais le problème de la liberté du choix est l'objet de nombreuses discussions philosophiques (éthique de conviction, éthique de responsabilité). En formulant le principe de responsabilité, H. Jonas insiste sur la liaison de l'homme et de la nature et la responsabilité de léguer aux générations futures une terre authentiquement humaine (104 bis). La responsabilité objective relève d'une opinion collective et de la Justice. En raison de la complexification de la société, il y a souvent transfert de la responsabilité de la personne à des organismes publics ou privés. Il en résulte une société plutôt encline à la déshumanisation de la faute personnelle. En faisant de l'homme un objet d'expérimentation comme un autre, les biotechnologies « chosifient » l'humain et cela dans une société où la sacralisation du corps est mise à mal. La loi parvient-elle à concilier la dualité de la personne-sujet et du corps-objet, la liberté individuelle et la solidarité collective ? Ainsi, avec le DPI la loi oriente dans des conditions déterminées vers un contrôle préalable de la qualité de l'enfant à naître, prenant en compte, d'une part, le droit à la santé de l'enfant à venir, d'autre part, la capacité des parents à supporter le handicap prévisible. Il n'y a pas volonté délibérée d'améliorer l'espèce, mais désir compassionnel d'éviter une vie de souffrances pour l'enfant et pour les parents. Pour autant, le concept de qualité de vie est difficile à cerner et il peut aboutir à de vraies pratiques eugéniques. Rappelons cette déclaration du prix Nobel F. Crick : « *Aucun enfant nouveau-né ne devrait être reconnu comme humain avant d'avoir passé un certain nombre de tests portant sur sa dotation génétique. S'il ne réussit pas ces tests il perd son droit à la vie »,* 1963, *in* Thuillier, (La Recherche, 1984, 155).

Le Comité national consultatif d'éthique a considéré que le remplacement dans l'espèce humaine de la procréation par une méthode de reproduction faisant appel aux techniques du clonage constituerait sur les plans biologique, symbolique et philosophique une rupture considérable, portant gravement atteinte à la dignité de la personne humaine. De même, l'Homme peut dans une certaine mesure disposer de son corps, mais le corps humain, ses éléments et ses produits ne sont pas susceptibles de faire l'objet d'aucune convention, car ils ont extrapatrimoniaux. Pourtant, cette loi d'indisponibilité du corps humain est largement transgressée (164 ter). L'article 16 de juillet 1994 « *garantit le respect de l'être humain dès le commencement de la vie* », mais l'avortement est pratiqué de façon permissive jusqu'à 12 semaines.

L'euthanasie pratiquée pour apaiser les souffrances d'une personne atteinte d'une maladie incurable, qui ne veut plus vivre, ne peut-elle pas ainsi en arriver à être pratiquée sur une personne qui ne veut pas mourir ?

« *Du techniquement possible à l'éthiquement acceptable* » (180 q), « *tout le possible de la science devient pouvoir de droit* » (175 bis).

En prenant conscience de ses devoirs envers lui-même et envers les autres, l'Homme se fait une idée de sa dignité et de sa valeur en tant qu'individu.

La quête de l'Homme idéal (le Saint, le Parfait, le Sage...) et du Bonheur (état durable de satisfaction du corps et de l'esprit) est unique dans le Monde animal (24, 60).

Raison et passion

La passion (sentiment exacerbé) peut ouvrir sur la vocation (passion du métier, de l'artiste, du croyant...) ou sur la maladie.

Y a-t-il opposition entre raison et passion ? Sur cette question les philosophes sont partagés. « *Maladie de l'âme* », « *développement excessif de la tendance* » qui « *empêche la raison de choisir un autre désir* », la passion est pour Kant le plaisir dans l'esclavage (111). Alors que la raison guide l'action dans la morale (qui tire sa valeur « *du principe du vouloir d'après lequel elle est produite* »), la passion viole les règles de la logique, en raisonnant à l'envers. Pour Kant le devoir est un impératif catégorique prescrivant l'action comme bonne en elle-même, indépendamment des conséquences, devoir et rationalité ne faisant qu'un.

« *La passion est à la fois déraisonnable et logique et d'autant plus déraisonnable qu'elle est plus logique* » (L. Dugas, 64). Obsédé par l'objet de sa passion (cristallisation de Stendhal), le passionné viole les règles du raisonnement.

Au contraire, pour Hume, considérant que chez l'Homme la raison coexiste avec la sensibilité, la passion n'a rien à voir avec la raison, cette dernière n'ayant aucun pouvoir sur l'action qui a pour origine le plaisir ou la souffrance. Les passions sont « *pour le bien du corps* » (Descartes, 53) et guidées par la raison elles deviennent vertus. « *Rien de grand ne s'est accompli dans le Monde sans passion* » (Hegel, 91). « *Il n'y a que les passions qui peuvent élever l'âme aux grandes choses* » (Diderot, 58).

Au coeur de la passion, le désir est une réactualisation de l'image mnésique de la perception qui a procuré du plaisir né de la rencontre du désir avec son objet, alors que le besoin est le ressenti d'une situation intolérable (motivation des psychologues) poussant à l'action pour la faire cesser. Le désir est faculté d'anticipation (dont l'instinct est dépourvu), focalisée sur un objet, accompagnée de comportement émotionnel.

Selon la conception des trois dimensions de l'état central fluctuant de J.D. Vincent, représentant l'être vivant dans sa globalité, dans le plaisir la dimension extracorporelle est représentée par les objets de désir ou de dégoût.

La dimension corporelle l'est par le fonctionnement des organes (systèmes para- et orthosympathiques) et la composition du milieu intérieur (humoral et hormonal), la dimension temporelle ramenant au rôle de l'apprentissage responsable des objets de plaisir de chacun (194).

I. Circuits du plaisir et du désir

Le cerveau est un centre de réseaux de neurones
(communiquant par des synapses et ne se divisant plus) et de cellules gliales
(sans synapses, capables de se diviser, productrices de neuromédiateurs,
comme le GABA) et un centre de production d'hormones
(système hypothalamo-hypophysaire).

La transmission de l'information d'un neurone à l'autre se fait rapidement et localement au niveau des synapses, points de contact entre membranes des neurones, alors que l'information hormonale se fait à distance de la cellule émettrice, dans la durée et sur un ensemble de cellules cibles dispersées .

Lorsque les dendrites du neurone présynaptique reçoivent une information, cette dernière donne naissance à un signal, le potentiel d'action, qui se propage le long de l'axone et provoque, en atteignant l'extrémité de la fibre axonale, une entrée d'ions calcium. Cette dernière entraîne la libération de vésicules synaptiques qui déversent dans la fente synaptique le neuromédiateur qu'elles contiennent. Les molécules du neuromédiateur se fixent à des récepteurs de la membrane du neurone post-synaptique, ce qui déclenche la formation d'un nouveau signal électrique.

Les récepteurs des neuromédiateurs sont de type ionotropique ou liés aux protéines G (fig. 17). Dans le premier cas, la liaison du neuromédiateur sur le récepteur entraîne l'ouverture du canal ionique par lequel s'effectuent les mouvements d'ions aboutissant aux phénomènes électrochimiques responsables de l'influx nerveux. Dans le second cas, le récepteur module l'ouverture du canal ionique par l'intermédiaire d'une protéine G composée de trois sous-unités (alpha, bêta, gamma) à laquelle il est associé, la sous-unité alpha le liant au GTP (guanosine triphosphate). La liaison du neuromédiateur entraîne l'échange GTP-GDP (guanosine biphosphate) et la sous-unité alpha se sépare : alpha-GTP soit module directement les canaux ioniques, soit catalyse la formation d'un second messager. Les voies de communication connues utilisant des seconds messagers sont la voie AMPc (adénosine monophosphate cyclique) qui comporte des récepteurs stimulateurs et des récepteurs inhibiteurs ou la voie phospholipase. Généralement sensible qu'à des signaux excitateurs, elle transforme le phosphatidylinositol 4,5-triphosphate (PIP2) en deux seconds messagers.

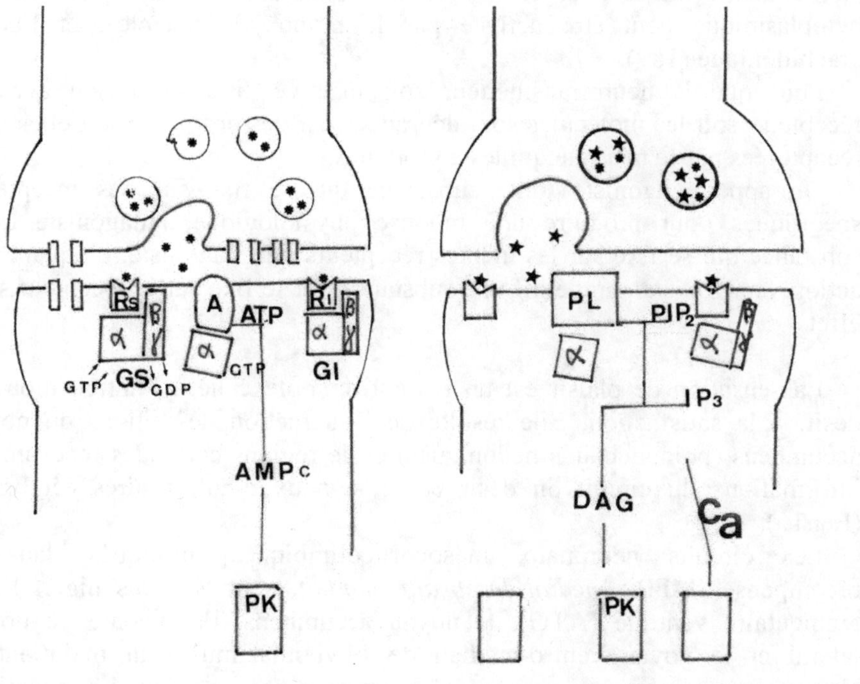

Fig.17. Activation d'une protéine G lors de la liaison du neuromédiateur avec son récepteur.

La G activée échange du GTP contre le GDP, se sépare de ses sous-unités bêta-gamma, ce qui enclenche la formation d'un second messager. Une première possibilité est l'intervention comme second messager de l'adénosine monophosphate cyclique (AMPc). Un récepteur stimulateur RS et un récepteur inhibiteur RI communiquent avec une adénylate-cyclase A par l 'intermédiaire de protéines G stimulatrices GS et inhibitrices GI. L'adénylate cyclase transforme l'ATP en AMPc.

Dans une autre voie, la protéine G est activée par une phospholipase C (PL) qui transforme le phosphatidylinositol 4,5 biphosphate en deux seconds messagers : le diacylglycérol (DAG) et l'inositol triphosphate (IP3) qui induit la libération d'ions calcium (CA). Ces ions se lient à une calmoduline qui active une protéine kinase (PK) calcium dépendante.

Ces messagers sont le diacylglycérol (DAG) et l'inositol triphosphate (IP3). induisant la libération d'ions calcium se liant à une calmoduline qui active une protéine kinase calcium-dépendante. Les protéines kinases phosphorylent des protéines, ce qui aboutit à la transmission de l'information. Une autre voie fait intervenir une guanylate cyclase (GC) présente sous une forme transmembranaire ou une forme soluble.

La forme transmembranaire porte le site récepteur du neuromédiateur ANF *(atrial natriuretic factor*) et une sous-unité catalytique. La GC cytoplasmique peut être activée par le monoxyde d'azote et l'acide arachidonique (189).

Pour que le neurotransmetteur soit inactivé sitôt sa liaison avec le récepteur, soit les molécules sont dégradées par des enzymes, soit elles sont recapturées par le neurone qui les a produites.

On appelle agoniste toute substance qui se fixe sur des récepteurs spécifiques pour produire une réponse physiologique, antagoniste toute substance qui se fixe sur les mêmes récepteurs que l'agoniste, bloquant son action, antagoniste compétitif une substance qui se fixe sur le récepteur sans effet.

La sensation de plaisir est un ressenti complexe lié à l'anticipation, au désir, à la satisfaction. Elle résulte de l'interaction de régions du noyau accumbens (points chauds hédoniques) et de régions corticales recevant les informations du circuit du désir et de signaux d'autres aires cérébrales (Fig.16).

Les circuits neuronaux mésocorticolimbiques impliqués dans la récompense (MFB : *medial forebrain bundle*), sont le locus niger, l'aire tegmentaire ventrale (ATG), le noyau accumbens, l'amygdale, le noyau latéral et le noyau ventro-médian de l'hypothalamus (qui maintient le cerveau en tension en vue d'un comportement et régit les fonctions endocrines par la voie hypophysaire). Les corps cellulaires du locus niger envoient leurs axones vers le striatum, une partie du cerveau impliquée dans le contrôle de la motricité (voie nigrostriale = système méso-striatal dont la dégénérescence est à la base de la maladie de Parkinson). Les corps cellulaires de l'ATG envoient les axones dans les aires corticales (cortex préfrontal et cingulaire contrôlant les comportements volontaires, l'apprentissage) et limbiques (noyau accumbens, septum, amygdale, tubercule et cortex olfactifs).

Le PVS (*periventricular system*), système des voies de la punition, assure les pulsions en réaction au SIA (système d'inhibition de l'action).

Les neuromédiateurs mis en jeu dans le circuit de la récompense sont la dopamine (monoamine précurseur de la norépinéphrine impliquée dans le contrôle moteur, les émotions), la sérotonine, la noradrénaline, le GABA (acide gamma amino-butyrique), et les endorphines. Les neurones dopaminergiques de l'ATG libèrent dans la partie ventrale du striatum (noyau accumbens) la dopamine dont les effets sont euphorisants. Alors que la plupart des neurones ne synthétisent qu'un seul transmetteur, les neurones du noyau accumbens régulent la libération de dopamine en l'activant par production d'acétylcholine ou en l'inhibant par production de glutamate.

Des mutations du gène VGLUT3 (*vesicular glutamate transporter 3)* du chromosome 12 sont 10 fois plus fréquentes chez les cocaïnomanes.

Les 5 récepteurs de la dopamine appartiennent, selon leur séquence en acides aminés et leurs propriétés pharmacologiques, à deux sous-groupes : le type D1 (avec D1 et D5) couplé positivement à l'adénylate cyclase, le type D2 (avec D2, D3, D4) couplé négativement ou non couplé à l'adénylate cyclase.

Les neurones produisant les récepteurs de type D1 font partie de la voie directe (striato-nigré), ceux produisant le type D2 de la voie indirecte (striato-pallidale). Il y a 2 isoformes de D2 (produit par épissage alternatif du même gène) : les D2L (*long*) sont sur les membranes post-synaptiques, D2S (*short*) sur les membranes présynaptiques. D3 est surtout dans le noyau accumbens et les îlots de Calleja (proches du striatum, de l'amygdale et du tubercule olfactif). D4 est essentiellement dans le cortex préfrontal, l'amygdale et l'hippocampe et D5 est essentiellement hippocampique.

La cocaïne en bloquant la recapture de la dopamine par le neurone présynaptique, (notamment dans le système méso-cortico-limbique) reste dans la fente synaptique et continue à stimuler le neurone post-synaptique, ce qui aboutit aux effets renforçants de la drogue (fig.18).

Non seulement l'amphétamine interagit avec les systèmes de recapture dopaminergique et noradrénergique, mais elle augmente aussi la libération des vésicules synaptiques.

L'ecstasy est une amphétamine de synthèse (méthlènedioxy-métamphétamine ou MDMA) qui bloque la recapture de la sérotonine et potentialise l'effet de la noradrénaline et de la dopamine. Après libération accrue de sérotonine, il y a une diminution amplifiée par la baisse d'activité de la tryptophane hydroxylase, enzyme de synthèse de la sérotonine. La dernière mixture actuellement consommée par les jeunes est un soda additionné de codéine et de prométhazine (antihistaminique), ce qui donne un mélange euphorique où une partie de la codéine est transformée en morphine par l'organisme.

Les neurones noradrénergiques sont issus du locus cœruleus et leurs axones se ramifient dans l'ensemble du cortex cérébral, modulant l'excitabilité d'autres neurones Les récepteurs à la noradrénaline sont de type alpha ou bêta.

Le comportement désirant conduit à l'addiction (émergeant de la rencontre entre un produit, une personnalité et un environnement) quand il devient compulsif, la dépendance pouvant être physique (perturbations physiopathologiques du sevrage) ou psychologique (effets euphorisants et excitants). L'arrêt de la jouissance devient objet de souffrance et un stimulus douloureux appliqué plusieurs fois n'est plus perçu (théorie des processus opposants). Association plaisir/douleur d'un état affectif. La morphine supprime la douleur et provoque le plaisir.

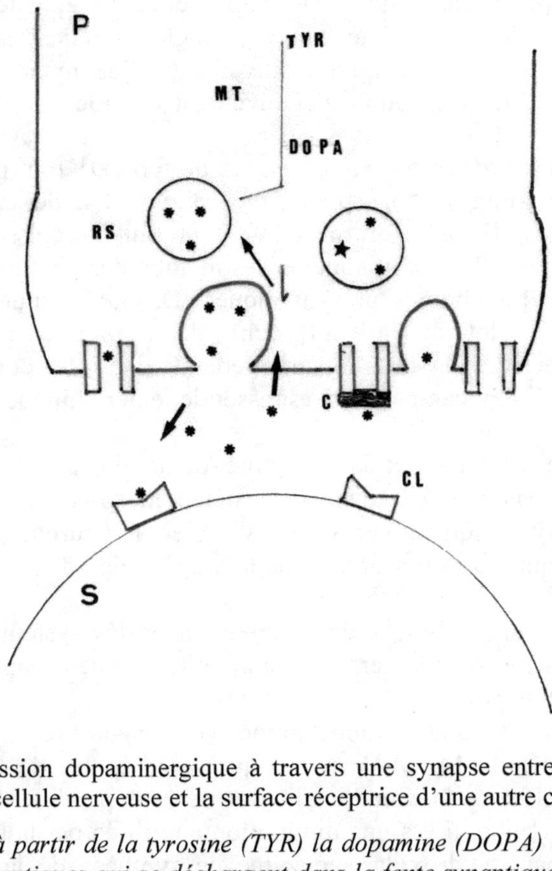

Fig. 18 Transmission dopaminergique à travers une synapse entre la terminaison axonique d'une cellule nerveuse et la surface réceptrice d'une autre cellule.

Synthétisée à partir de la tyrosine (TYR) la dopamine (DOPA) est incluse dans les vésicules synaptiques qui se déchargent dans la fente synaptique. Les molécules de dopamine sont captées par les récepteurs dopaminergiques de la cellule dont elles modifient la perméabilité membranaire aux ions. Dans la fente synaptique la dopamine peut être recapturée par la terminaison axonale. La cocaïne (C) bloque cette recapture. La transmission dopaminergique peut être inhibée par des produits qui bloquent la synthèse de dopamine (l'alpha-méthyltyrosine, MT), qui empêchent le stockage dans les vésicules (réserpine, RS) ou sa libération (acide gamma-hydroxybutyrique) ou bloquent sa fixation au niveau des sites récepteurs (chlorpromazine, CL). Inversement, d'autres drogues facilitent la libération de dopamine, comme par exemple, l'amphétamine qui fait sortir les molécules de dopamine des vésicules et qui bloque la recapture de la dopamine.

La douleur est sensorielle (stimulus transporté par les cordons latéraux de la moelle), affective (utilisant les régions médianes du tronc cérébral, et les structures limbiques), cognitive (par intervention du néocortex). Les récepteurs de la douleur sont des terminaisons nerveuses myéliniques, spécifiques d'un mode de douleur (fibres A4) ou dénudées, sensibles à plusieurs modes (fibres C).

Le récepteur baigne dans un milieu humoral de différentes hormones, avec la substance P, neurotransmetteur modulateur de l'influx douloureux (activant la douleur dans le système nerveux central, la réduisant dans le système nerveux périphérique). Produit dans les corps cellulaires des ganglions rachidiens de la moelle épinière, le neuropeptide P (codé par le gène TAC1 *tachynin precursor 7* du chromosome 1) est libéré par les terminaisons nerveuses des fibres nociceptives.

II. Addictions

Il y a des différences individuelles (environnementale, psychologique, biologique et génétique) dans la vulnérabilité à devenir dépendant d'une addiction.

Ainsi, les récepteurs nicotiniques sont constitués de cinq sous-unités arrangées autour d'un pseudo-axe de symétrie et limitant une cavité centrale qui est un canal ionique, Aux différentes façons de l'assemblage correspondent des fonctions différentes, chacune avec ses propres fonctions. Il existe une grande variété de sous-types liés à la diversité des gènes portés par des chromosomes différents, codant ces sous-unités. 16 gènes codent pour les sous-unités alpha 1 à alpha 9, bêta 1 à bêta 9, gamma, epsilon et delta. Les sous-unités le plus souvent exprimées dans le cerveau sont les types alpha 4, bêta 2 et alpha 7. Les récepteurs alpha 7 sont essentiellement présynaptiques, participant à la libération de glutamate, de la 5-HT (5 hydroxytryptamine), de l'acétylcholine, les types alpha 4, bêta 2 sont pré- et post- synaptiques. Le cortex cérébral contient les sous-unités alpha 3, alpha 4, beta 2 et bêta 4 distribuées dans les différentes couches, l'hippocampe les alpha 3, 4, 5 ,7 et bêta 2, 3, 4. Les récepteurs nicotiniques sont impliqués dans le contrôle des fonctions du système nerveux autonome, dans les fonctions cognitives complexes (attention, apprentissage...) et dans le contrôle de l'activité locomotrice.

Des mutations SNP du gène CHRNA5 (*cholinergic receptor nicotine alpha 5 subunit*) du chromosome 15 ; 37% de la population en Europe, 43% au Moyen-Orient) multiplient par 2 le risque de tabagisme par perte d'une partie des fonctions des récepteurs nicotiniques. Des mutations du gène SLC2A3 (*solute carrier family2 member3*) du chromosome 12, sont plus fréquentes chez les toxicomanes.

Un gène GABRA2 (*gamma-aminobutyric acid type A receptor alpha2 5 subunit*) du chromosome 4, serait associé à l'alcoolisme, de même qu'un variant de bêta-klotho dont la protéine KLB régulerait la consommation d'alcool *via* l'enzyme FGF21 (*fibroblast growth factor)* sécrétée par le foie.

Le cerveau synthétise des morphines naturelles : 3 types d'opioïdes endogènes : les endorphines, les enképhalines et les dynorphines, ayant leurs récepteurs membranaires.

On connaît 3 grandes classes de récepteurs opioïdes: OP1 (avec delta1, delta2, dans le cerveau, fixant principalement les enképhalines et la bêta endorphine), OP2 (avec kappa 1, 2, 3, dans le cerveau, l'hypothalamus, les cornes dorsales de la moelle épinière, de bonne affinité pour les dynorphines A, B et les endorphines alpha et bêta), OP3 (avec mu 1, 2, 3, dans le cerveau, la moelle épinière et le tube digestif, de haute affinité pour les enképhalines, la bêta endorphine et la morphine).

Les ligands des récepteurs sont de trois types. Les agonistes avec leurs récepteurs spécifiques (morphine, codéïne, méthadone ; la pentazicine est agoniste partiel de mu et agoniste de kappa), les agonistes/antagonistes comme la nalbuphine, la nalorphine agonistes de mu et antagonistes de kappa, les antagonistes non sélectifs (naloxone, naltroxone,..). La fixation du ligand influe sur la probabilité d'ouverture des canaux ioniques, ce qui diminue l'excitabilité des neurones, et diminue la production du GABA, augmentant ainsi la production de dopamine du système mésolimbique.

La morphine, mimant l'action des endorphines, est un analgésique en bloquant la remontée de l'influx par action sur les voies ascendantes de la douleur (VAD) et renforcement des voies descendantes bulbospinales inhibitrices sérotoninergiques. En raison de la vaste répartition des cibles, la morphine agit sur de nombreux organes, mais sa toxicité majeure porte sur la respiration (hypoventilation à l'origine de l'hypoxie cérébrale détectée par la mydriase). La cocaïne et les amphétamines favorisent la libération de noradrénaline qui stimule les fonctions d'éveil du système nerveux. La cocaïne abolit dans le noyau accumbens une plasticité synaptique liée aux récepteurs au glutamate NMDA (N-méthyl-D-aspartate), entrainant à long terme une perte de plasticité dans le cortex préfrontal, responsable de la perte de contrôle des sujets dépendants (52).

Comme dans la plupart des cas de neurotransmission, une exposition prolongée (intoxication chronique) pourrait entraîner une réduction de la densité des récepteurs, ce qui serait à l'origine du phénomène de tolérance (nécessité d'augmenter les doses pour le même effet physiologique) et des risques de dépendance (apparition du phénomène de sevrage à l'arrêt d'administration de l'agoniste opiacé). 25 à 35% des consommateurs réguliers de drogues deviennent dépendants.

Le DMS-V (manuel diagnostique et statistique des troubles mentaux) reconnaît d'après 11 critères, quatre niveaux de sévérité dans la relation entre un consommateur et la substance consommée, la dépendance étant liée à un niveau sévère (110 bis) .

Comme le LSD (diethylamide de l'acide lysergique), les NBOMe (*N-O-méthoxybenzyle*) produits de synthèse aux propriétés hallucinogènes, se fixent sur des récepteurs 5-HT2A (*5-hydroxytryptamine receptor 2A*) codés par le gène 5-HT2A (locus 13q14.2), à la place de la sérotonine, ce qui les bloque partiellement, entraînant des troubles de perception, de mémoire, du délire, etc.

Le principe actif du cannabis sous ses différentes formes est le delta9-tétrahydrocannabinol (THC) dont le récepteur est le CB1, présent sur les neurones et les astrocytes (cellules qui modulent l'activité des neurones en libérant des gliotransmetteurs). CB1 est récepteur d'une des molécules cannabinoïdes endogènes : l'anandamide (N-arachidonoylethanolamide). Le THC inhibe la recapture de la dopamine et de la noradrénaline et augmente la libération de ces neuromédiateurs. Des récepteurs CB2 situés sur des cellules du système immunitaire (rate...) interviennent dans les processus inflammatoires.

Les effets psychotropes du cannabis sont l'état d'euphorie, l'intensification des perceptions sensorielles, la modification de la perception du temps, des illusions et hallucinations, la perte de mémoire. Un jeune sur dix consomme au moins 10 prises dans le mois. Le cannabis a aussi des effets analgésiques.

L'HOMME CAPABLE DE SENTIMENTS

Accéder au sentiment nécessite le fonctionnement harmonieux des trois niveaux anatomiquement reconnaissables du cerveau, permettant d'associer instincts, sentiments et pensées.

Organisation du cerveau

Trois niveaux d'organisation sont schématiquement reconnus.

Le cerveau reptilien (premier niveau) est formé 1) du bulbe rachidien participant à la régulation du rythme cardiaque, de la tension artérielle, de la digestion, de la respiration, 2) de la protubérance annulaire recevant les informations du visage, des oreilles et des dents, les transmettant au 3) mésencéphale qui règle les mouvements des paupières et des membres ; les corps striés (striatum) permettent les comportements d'imitation et la reconnaissance des signaux. Ce tronc cérébral contrôle les fonctions élémentaires automatiques et les mécanismes de survie (fig. 16).

Le système limbique (deuxième niveau) est formé de l'amygdale où convergent les données sensorielles, reliée à l'hippocampe (qui enregistre le contexte du contenu émotionnel) et à l'hypothalamus, source ultime des réactions émotionnelles, qui contribue à la régulation des fonctions (température corporelle, équilibre hydrodynamique, comportement alimentaire,...) et stimule l'hypophyse productrice d'hormones et passant le relais au thalamus. Jouant un rôle dans le codage du souvenir, ce dernier envoie les données au cortex (troisième niveau) qui rend conscient le ressenti.

Constituant plus de la moitié des cellules du cerveau, les astrocytes, cellules non excitables électriquement mais chimiquement, dont les extrémités enveloppent les synapses et les vaisseaux sanguins, génèrent des signaux transmis à travers la fente synaptique (gliotransmission) qui modulent la plasticité synaptique.

Autres cellules non neuronales, les cellules microgliales auraient aussi un rôle dans la communication et les oligodendrocytes enveloppent l'axone des neurones d'une gaine qui aide à la propagation de l'information dans le cerveau et la moelle épinière (cette fonction étant assurée dans le système périphérique par les cellules de Schwann).

En effet, outre le système nerveux central, un système nerveux périphérique innerve la plupart des structures viscérales.

Stimulé par l'hypothalamus, il est constitué de deux systèmes antagonistes, normalement équilibrés : 1) le système sympathique préparant l'organisme à répondre aux agressions (accroissement de l'activité du cœur, accélération du pouls, de la respiration, hypertension, déplacement du sang vers les muscles, éveil, alerte, peur, colère...) et libérant (avec la médullosurrénale) des catécholamines (adrénaline qui fait battre le cœur plus fort et mobilise les sucres, noradrénaline qui fait contracter les vaisseaux de la peau) ; 2) le système parasympathique contrôlant les fonctions internes dans des conditions de calme et les processus réparateurs (chute de la pression artérielle, ralentissement du pouls et de la respiration, salivation, digestion, érection, sommeil,..).

La sensation est l'activation des organes des sens, la perception est l'acte psychologique qui nous fait reconnaître une sensation et nous la fait rapporter à une cause. Un sentiment est une perception analysée comme représentation liée au bien- ou au mal-être. Chez l'homme la représentation prend le pas sur la perception et, en raison de la complexité du système nerveux, l'homme peut se représenter des perceptions qui n'existent pas. Les sentiments sont des cartes réelles, construites par le cerveau à un moment donné.

Les émotions, l'empathie

La sentimentalité fait intervenir les circuits neurologiques de l'expression des émotions (cortex somato-sensoriel, insula, cortex cingulaire, cortex préfrontal ventro-médian, amygdale), mais aussi le système nerveux autonome et les systèmes hormonaux du cerveau.

Les méthodes d'imagerie cérébrale montrent de nombreux points communs entre les caractéristiques neuronales des émotions vécues (peur, colère...) par l'animal et par l'homme. Certains ensembles de neurones sont mobilisés par certaines émotions. Par exemple, les cartes cérébrales de la peur sont différentes de celles de la tristesse.

Les émotions peuvent induire des sentiments de plaisir ou de déplaisir, influencer les processus cognitifs (mémoire, attention, évaluation), causer des ajustements physiologiques globaux, induire des comportements expressifs ou adaptatifs. Mais l'intégration des émotions est supérieure chez l'Homme grâce au développement du lobe préfrontal qui contient les aires associatives néocorticales et sous-corticales chargées du traitement de l'information.

Les sentiments, mettant en jeu tous les niveaux du fonctionnement cérébral, sont la conscience des émotions.

Accéder aux sentiments n'est possible que par l'activité de circuits neuronaux, de médiation d'hormones et de neurotransmetteurs. Dans le processus émotionnel, des images mentales émergent de configurations neuronales chargées de représenter les modifications du corps et du cerveau à l'origine de l'émotion. Pour Damasio « *l'émotion est une série de changements qui se produisent dans le corps et le cerveau en réaction à un contenu mental particulier* » (44). Les modifications du corps reposent sur des signaux humoraux (messages chimiques envoyés par le sang) et des signaux neuronaux (messages électrochimiques des neurones). Les modifications de l'état cognitif interviennent quand les processus émotionnels amènent certaines régions du cerveau (noyaux du télencéphale basal, de l'hypothalamus, du tronc cérébral) à sécréter des neuromodulateurs adressés à plusieurs aires cérébrales, ce qui met en action a) des comportements, b) des modifications du traitement en cours des états du corps, c) des transformations du traitement cognitif.

Le déploiement des émotions repose sur la moelle épinière (plus une lésion de la moelle est haute, moins le cerveau reçoit d'information sur le corps et plus les troubles des sentiments sont importants) et sur des nerfs crâniens situés au niveau du tronc cérébral (agissant sur le visage et les viscères) et des noyaux du tronc cérébral influant sur d'autres parties du cerveau. Le sentiment n'est possible qu'après la mise en place de représentations de second ordre dont la conscience noyau a besoin. Le sentiment a besoin d'un sujet connaissant.

Les émotions sont des manifestations visibles, fugaces, automatiques de réaction à des conditions externes (par exemple, un cri) ou internes (par exemple, une représentation), dont les rites culturels peuvent atténuer, déguiser ou exagérer l'expression, les sentiments, contrepartie subjective des marqueurs somatiques, sont cachés, durables et font intervenir un passé et un futur.

Avec l'usage des mots ils ouvrent un champ plus vaste (choix, comparaison, discussion). Les émotions évoluent avec le temps et les cultures prônant leur maîtrise ou favorisant leur expression.

L'empathie est la perception des émotions de l'autre, l'entrée en résonnance émotionnelle avec l'autre, mais elle est neutre (46). L'empathie n'est pas le propre de l'Homme. Elle est présente chez de nombreux Mammifères (grands singes, éléphants, dauphins,..), mais couplée avec le langage, la conscience, la mémoire, elle joue chez l'Homme un rôle particulier (196).

Pour F. Waals (196 bis), une forme d'empathie existerait chez tous les Mammifères et elle est plus élaborée, bien qu'égocentrée pour M. Tomasello, chez les Primates (comportements de consolation observés chez les grands singes).

La capacité des bébés de reproduire les expressions des personnes est automatique.

Cette résonance motrice, non consciente (contagion émotionnelle, présente de 0 à 9 mois) leur permet de comprendre que les autres personnes sont identiques à eux (empathie égocentrique, de 9 à 14 mois), puis de distinguer leurs émotions de celle des autres (empathie quasi-égocentrique) et de percevoir les besoins d'aide exprimés par les autres (empathie généreuse), premier pas vers l'empathie cognitive, avec l'acquisition des moyens cérébraux (vers 4 ans) pour contrôler les émotions et prendre distance avec autrui (46). Les neurones-miroirs sensori-moteurs (activés chez celui qui voit comme chez celui qui fait) participent à la compréhension des émotions de l'autre. Le cortex préfrontal exerce un contrôle qui permet à l'enfant de se mettre à la place de l'autre, tout en comprenant que les émotions qu'il ressent sont différentes de celles de l'autre. La sympathie est le partage des sentiments de l'autre, qui favorise les comportements altruistes.

Dans sa conscience d'appartenir à un groupe, l'Homme a besoin d'aider l'Autre. L'être humain prend conscience que *« sa propre perspective sur le monde n'est qu'une perspective parmi d'autres »,* alors que pour un singe, incapable de se mettre à la place de l'autre, il n'existe jamais que son monde (M. Tomasello, 185).

Les régions sous-corticales et temporales du cerveau sont liées à la capacité de ressentir les émotions des autres, les régions préfrontales à les comprendre, les régions orbitaires et cingulaires à y répondre efficacement. Des études sur des adolescents agressifs, asociaux, à tendances psychopathes, montrent qu'ils activent le même réseau cérébral de perception des autres, mais en association avec les circuits du plaisir.

L'émotion attribuée à l'évènement dépend autant de la sécrétion de neuromédiateurs que de la charge émotive attribuée à l'évènement par le regard de l'autre ou des autres. Plus les sentiments sont complexes plus ils sont inexplicables par la seule chimie du cerveau.

L'amour

L'amour est un sentiment complexe et stable d'affection et d'attachement, lié à un processus mental de représentation, résultat d'un échange d'informations entre des corps. Aimer a une composante génétique, chimique et sociale.

Les comportements humains, dont le comportement amoureux, sont complexes, résultant d'une part, de l'histoire de l'espèce humaine et des gènes de chaque individu, et d'autre part, du milieu où il vit avec la culture qui l'accompagne (2). La culture est l'ensemble des informations capables de modifier le phénotype d'un individu, information acquise à partir de ses congénères par imitation ou apprentissage.

Les comportements humains dépendent d'une base neurologique et des besoins psychologiques du traitement de l'information de l'environnement, y compris culturel et social. Pour sa part, le biologiste tente de comprendre ce qui est inné dans les différents comportements amoureux et dans l'attachement à une personne (le substrat neuro-endocrinien constitué de relais nerveux, de médiateurs et de sécrétions hormonales) et ce qui est construit sous les effets des milieux, sans pour autant penser ainsi totalement cerner le problème.

Une grande partie de l'organisation du cerveau est génétiquement programmée. Entre les 10 et 20èmes semaines de gestation les cellules nerveuses se différencient en un stock de milliards de neurones. Entre les 12 et 24èmes semaines les neurones du cerveau s'assemblent en 6 couches superposées, futur cortex plissé, et des connexions neuronales s'établissent. Par exemple, les axones venant de la rétine se projettent toujours sur le corps genouillé latéral (CGL) qui est situé dans le thalamus, relais avec le cortex post-occipital. Chaque cellule nerveuse migre à une place déterminée et forme des synapses avec d'autres. L'imagerie cérébrale montre que, dès l'âge de 2 mois, le bébé qui entend des sons de sa langue maternelle, active le même réseau des aires du langage (aire de Broca) qu'un adulte.

Toute une machinerie de connexions nerveuses est mise en place par des gènes spécifiques durant la vie embryonnaire. Mais au sein de ces grandes lignes architecturales il y a une plasticité possible au niveau des neurones, des synapses, des réseaux de neurones, des réseaux de réseaux.

Chez l'homme, lors du développement post-natal, jusqu'à l'âge de 20-30 ans, il y a des périodes au cours desquelles des réseaux de neurones sont modifiés par l'expérience et le milieu (fenêtres de plasticité). Quand les interneurones (neurones multipolaires) GABAergiques à parvalbumine (PV) du cortex commencent à mûrir, la plasticité commence à fonctionner et quand ces neurones inhibiteurs sont mûrs, elle diminue ou s'arrête. Ainsi, chez l'adulte on peut rouvrir la fenêtre de plasticité du cortex visuel en bloquant dans le plexus choroïde la production d'Otx2 (*orthodenticle homeobox 2*) dont le gène est sur le chromosome 14. En effet, un premier seuil d'accumulation d'Otx2 dans les PV ouvre la période critique, un second seuil la ferme. L'internalisation spécifique d'Otx2 dans les PV implique d'abord la fixation d'un domaine de la protéine sur des glycosaminoglycanes de la matrice extracellulaire des neurones. La MeCP2 (*méthyl-C-G-binding protein 2*) est indispensable pour la régulation de la période critique de plasticité, ce qui montre que la maturation des PV dépend aussi de facteurs épigénétiques, outre les facteurs transcriptionnels et traductionnels (180 ter).

De même qu'il y a, au cours des temps géologiques, une évolution génétique qui a abouti à un accroissement de la surface du cortex, notamment préfrontal (par activité des gènes SPON1 (*spondin 1*) et SORL1 (*sortilin related receptor*) du chromosome 11, MAPT (*microtubule associated protein tau*) au locus 17q21.31, ELAVL4 (*embryonic lethal abnormal vision like RNA binding protein 4*) du chromosome 1, SHC3 (*SHC adaptor protein 3*, du chromosome 9), etc., il y a au, cours du développement de l'organisme depuis l'âge prénatal jusqu'à l'âge adulte, une évolution où la plasticité synaptique joue un rôle majeur. Or, dès le début du développement l'embryon subit un environnement maternel et extra-maternel.

I. L'amour maternel

L'amour maternel implique de la part de la mère de satisfaire de façon optimale les besoins du bébé, de l'enfant et de l'adolescent et de le préparer à une vie autonome.

Chez la femme enceinte d'un couple qui a manifesté le désir d'avoir un enfant, l'œuf fécondé a commencé à se diviser et, au bout de 2 à 4 jours, il est implanté dans l'utérus. Une partie des cellules en multiplication va former l'embryon.

Une autre partie va constituer une des annexes embryonnaires : le placenta. Le placenta prend le relais de certaines fonctions hormonales a) de l'ovaire en produisant de l'œstrogène et de la progestérone et b) de l'hypophyse en sécrétant de la gonadotrophine chorionique (HCG) et de la somatommamotrophine (HGS, lactogène placentaire). Le placenta synthétise aussi différents facteurs dont des interférons impliqués dans la tolérance immunitaire du fœtus. Il est aussi l'organe d'échanges sélectifs entre la mère et le fœtus, assurant la respiration et la nutrition de ce dernier.

1. Relations mère-fœtus, mère-bébé, mère-enfant

Alors que se mettent en place les circuits nerveux embryonnaires, dans les relations mère fœtus certains besoins affectifs doivent être satisfaits.

In utero le fœtus perçoit les informations qui lui parviennent du monde extérieur et, outre les sursauts d'endormissement de déterminisme essentiellement génétique, il répond par des réactions de mouvements aux stimulations sensorielles autour du ventre de la mère (bruit, pression...) ou des objets sensoriels autour de sa bouche (olfacto-gustation). Dès la septième semaine le toucher commence à fonctionner.

La première zone réceptrice du tact est la lèvre supérieure, puis la paume des mains, la face, l'extrémité des membres et l'ensemble du corps vers la quatorzième semaine. Vers la onzième semaine le goût et l'odorat fonctionnent. Le fœtus déglutit chaque jour du liquide amniotique et s'accoutume à ses saveurs. Le thalamus est opérationnel dès la quatorzième semaine de gestation. Par amour pour le fœtus qu'elle tient pour une partie de sa chair croissant en elle, la mère s'astreint à une nourriture saine, s'abstient de certains plaisirs, mène une vie calme et régulière.

Les parents caressent le fœtus à travers le ventre de la mère et lui parlent. Les basses fréquences sont bien transmises par le corps de la mère et les vibrations stimulent la cochlée de l'oreille du petit qui réagit en changeant de posture et en émettant toutes les quatre secondes un signal sonore de 25 décibels. Une empreinte précoce fixe les circuits neuronaux et va y laisser des traces. Dès la troisième semaine de gestation la faculté de percevoir et de décoder la douleur s'acquiert, les réseaux nerveux qui traitent les signaux de douleur de la moelle épinière au cerveau se mettent en place.

Toute augmentation significative des neurotransmetteurs peut agir sur le développement du cerveau. Or, les changements hormonaux de la mère (comme dans le stress), affectent les neurotransmetteurs. Dans l'utérus, outre les liens physiques, des relations de communication s'établissent entre la mère et le fœtus. A Stockholm, dans les services de néonatalogie où le prématuré est mis au contact de la peau de la mère plusieurs heures par jour, les bébés quittent l'hôpital plus tôt et avec moins de complications. Des prématurés de 7 mois ont des aptitudes manuelles similaires à celles des bébés à terme, ayant la capacité à distinguer par le toucher un objet connu d'un nouveau, les régions motrices du cortex cérébral étant les premières à arriver à maturation.

Ces interactions se poursuivent pour l'accouchement dont, pour certains chercheurs, le fœtus contrôlerait le déclenchement. Certains facteurs agissant sur l'hypothalamus fœtal feraient libérer de l'hormone adrénocorticotrope (ACTH) à partir de l'hypophyse fœtale. Elle stimulerait les surrénales du fœtus qui sécréteraient des catécholamines entraînant une chute de la progestérone au niveau du myomètre. Il en résulte une augmentation de la contractilité de l'utérus et de la production de prostaglandines provoquant de puissantes contractions utérines. L'utérus dilate le col et des récepteurs d'étirement de la paroi du col sont excités. Les influx issus de ces récepteurs montent de la moelle épinière jusqu'aux neurones hypothalamiques pour stimuler les cellules du lobe postérieur de l'hypophyse, libérant dans le sang l'ocytocine (codée par le gène OXT *oxytocin/neurophysin/prépropeptide* du chromosome 20) qui accroît les contractions utérines, tandis que la relaxine placentaire ramollit le col.

Les modalités de posture (couchée, assise,..) de la femme accouchant varient selon les cultures, mais partout l'enfant n'est jamais un autre quelconque. Il est une part de soi dont il faudra se couper.

2. L'attachement

L'attachement de la mère à son enfant est une conduite programmée dès la naissance.

Dans l'utérus, la mère a été le monde sensoriel du fœtus. Les échographies montrent les profils de séquences comportementales en réponse aux stimuli endogènes ou à une perception externe médiatisée par le corps de la mère.

En quittant ce monde protecteur pour le monde extérieur, le nouveau-né a déjà des repères sensoriels. Tout un répertoire d'interactions programmées dans le cerveau de la mère et dans celui de l'enfant se déroule quelques secondes après la naissance. La façon dont la mère tient son enfant, sur le côté gauche dans 80% des cas dès les premières heures, est déterminante. La mère privée de son nourrisson pendant 24 heures le portera à droite et ce bébé de droite nécessitera par la suite plus d'aide médicale qu'un bébé de gauche.

Le nouveau-né est en possession de toute une série de comportements, phylogénétiquement très anciens, prêts à fonctionner dans une quête sensorielle d'exploration du nouveau monde. Dès la naissance il procède à des mouvements rythmiques de recherche du sein. Le schéma moteur de succion change dans les premières semaines de la vie. Initialement, les lèvres serrent fermement l'aréole du mamelon et l'effet de succion est produit par une dépression de la cavité buccale (pompage) ; plus tard, la langue seule exécute le travail de succion en pressant le mamelon contre le palais. Pendant ce suçotage la commissure des lèvres reste ouverte. Cyrulnik distingue, dès les premiers jours, les pantouflards qui remuent peu et les routards qui bougent au moindre bruit. Le contact de la peau de la mère, sa chaleur, son odeur ont un effet tranquillisant sur le nourrisson qui s'y habitue.

Le contrôle hormonal de la fonction mammaire est très complexe. Il est assuré par la prolactine et l'ACTH (*adreno-cortico-trophic-hormone*). Stimulés par la succion, des récepteurs sensitifs du mamelon envoient des influx dans la moelle épinière jusqu'à l'hypothalamus, déclenchant la libération d'ocytocine par l'hypophyse postérieure. L'ocytocine dont la teneur a grimpé pendant l'accouchement, stimule le développement des sentiments affectifs maternels. Le lait, lui-même contient de l'ocytocine qui, reçue par le cerveau de l'enfant, lui procure du bien-être.

La tétée a des répercussions immédiates aux plans immunologique (immunoglobulines colostrales), bactériologique (transfert de bactéries entériques non pathogènes), cardio-vasculaire (modulation de l'activité cardiaque), endocrinien (libération de gastrine, cholécystokinine, insuline qui favorisent la croissance), comportemental (effet sédatif), cognitif (facilitation des apprentissages précoces).

Il y a de grandes différences dans la régularité, l'abondance, la durée de l'allaitement, la façon de donner le sein, selon les cultures et les époques.

Dès les premières semaines, manger cesse d'être une interaction pour devenir une relation. D'abord, pour le bébé le sein et la mère ne font qu'un. Pendant l'allaitement la mère et le nourrisson échangent des regards. Toute une série de stimulus du nourrisson déclenche une réaction d'affection de la mère. Ce sont la grandeur de la tête par rapport au corps, le front bombé prépondérant par rapport au reste de la face, de grands yeux situés au-dessous de la moitié de la tête, la forme ronde du corps, les surfaces du corps molles et élastiques. L'industrie des poupées tient compte de ces caractéristiques.

La mère a une plus grande liberté des gestes envers sa fille qu'avec son garçon (d'où les filles seraient plus calmes, moins exigeantes que les garçons) et la relation particulière mère fille est liée à la relation de la mère à sa propre mère.

Du côté nourrisson, la brillance et le mouvement créent progressivement la perception des contours et, dès la naissance, l'interaction de la parole et du regard forme un puissant lien socio-communicatif qui permet d'identifier la mère parmi d'autres personnes. A 2 mois le bébé perçoit la forme et des éléments du visage de la mère (les yeux étant les éléments les plus explorés), puis à 3 mois il reconnaît le visage de la mère et même sur une photographie, fixant sur elle son regard plutôt que sur toute autre. Selon le modèle de Bonalli dit « l'homme en premier », le bébé sépare dans le monde extérieur les objets en congénères et non-congénères. Dans l'hypothèse modulaire il pourrait y avoir un système inné pré-câblé pour la reconnaissance des visages (chaque cellule impliquée encodant une information qui correspond à une combinaison de caractères particuliers du visage), comme il y a des prédispositions pour le sens de l'espace et celui des nombres. En effet, dès l'âge de 2 mois le bébé fait des différences entre des quantités (par exemple 4 et 12). Il existe un code neural pour le traitement des nombres, et des neurones individuels du sillon intrapariétal répondent à un nombre précis (128).

Dès la naissance le bébé reconnaît sa langue maternelle. La partie frontale du cerveau du bébé peut catégoriser sélectivement les informations du monde sonore. Le nourrisson a la capacité jusqu'à 12 mois d'apprendre phonétiquement une langue étrangère, s'il voit celui qui la parle.

A 3 mois, les aires du langage dans l'hémisphère gauche s'activent à l'écoute des sons.

Le nourrisson détecte des règles de grammaire dans le langage parlé, compétence qu'il perdra à l'âge adulte, ce qui démontre l'irrégularité du développement cognitif de l'enfant, avec des périodes de progrès et des périodes de stases (148). Avant de pouvoir parler, des bébés de 6 mois ont la capacité temporaire d'associer un mot à une catégorie sémantique, s'ils dorment juste après leur apprentissage (chez l'adulte la mémorisation des nouveaux mots s'effectue aussi au cours du sommeil).

A 12 mois le bébé reconnaît les mots grammaticaux de sa langue et à 15 mois il exploite l'ordre des mots pour comprendre les phrases. Avant qu'il puisse s'exprimer par le langage, le bébé montre une conscience perceptive proche de celle des adultes, son cerveau répondant dans un premier temps de façon non consciente (activité neuronale linéaire proportionnelle à la durée de présentation de l'évènement), puis dans une seconde étape (atteinte en 900 ms chez le bébé de 5 moi), de façon consciente (300 ms chez l'adulte), (94).

Tout un répertoire de mimiques génétiquement programmé avant la naissance anime le visage du bébé, la mère et l'enfant étant préparés pour échanger des sourires. Le nouveau-né peut sourire spontanément pendant son sommeil, ce qui déclenche le ravissement de la mère. Le sourire de la mère renforce ses liens avec le bébé, mais ce n'est que vers 5 mois que le sourire de la mère déclenche spécifiquement le sourire du bébé et que vers 7 mois qu'il comprend la mimique du sourire, en réagissant de façon cohérente à une personne lui souriant. Cette apparition du sourire-réponse est l'indicateur d'un stade de l'organisation psychique (coordination de l'axe neuromoteur), de l'axe cognitif (discrimination du signe), de l'axe affectif (émotion). Il témoigne du passage d'un état de passivité du comportement du nourrisson à un type de comportement plus actif, ciment par lequel la mère et l'enfant scellent une unité sociale. Le fait que la réponse souriante n'est pas limitée à la mère prouve que le sourire devient une réponse à un visage humain (front, yeux, nez comme éléments déclencheurs). A 5 mois le bébé fait la différence entre les visages du père et de la mère. Il fait preuve d'empathie et selon P. Bloom, des prémisses d'un sens moral. A 3 ans il analysera les situations en termes moraux (20 bis).

A 7 mois le bébé distingue les expressions faciales du visage. Si la mère est dépressive (dépression post-partum), il le fait moins bien.

A 9 mois, comme les adultes, il discrimine mieux deux visages humains que deux visages de singes. Des lésions de certaines zones du gyrus occipital inférieur (les FFA, *fusiforme face area* et OFA, *occipital face area*) sont cause des troubles de la reconnaissance des visages (prosopagnosie qui peut être aussi congénitale). A 14 mois le bébé répond à des mimiques du front :

par exemple, les rides verticales l'effraient et le font crier. Il comprend et partage les émotions de l'autre, ce qui nécessite une aptitude sensorielle à percevoir les signaux émis par le corps de l'autre et une aptitude neurologique à en faire les signes d'une représentation du moi et de l'autre. Après une période où le bébé est l'autre par contagion émotionnelle (synchronisation des postures ; bâillements, pleurs...), dans une deuxième étape (18 mois) il devient avec l'autre semblable, ce qui lui permet de se découvrir à soi-même, en se distinguant des autres,

Les anomalies du développement de l'empathie sont à la base de différents troubles mentaux (paranoïaques autocentrés, pervers dépourvus d'empathie, mélancoliques habités que par le monde des autres,..).

Quant le bébé saura utiliser le langage des gestes et des mots, il sera capable de produire une représentation gestuée et verbalisée pour agir sur les représentations de l'autre. Quantité de gestes sont innés et permettent la communication. Les mêmes contractions musculaires du visage traduisent la colère, la surprise, le dégoût, etc. chez tous les humains. La lecture de l'émotion est la même quelle que soit la culture concernée, bien que les rites culturels puissent atténuer, déguiser ou exagérer l'expression des émotions. Le sourire peut se transformer en rire qui n'est pas sans analogie avec les pleurs, selon l'intensité du stimulus (comme avec le chatouillement ou le cri).

Dès 18 mois le bébé utilise des notions de syntaxe pour comprendre le sens des mots, alors que le bonobo se fait comprendre en juxtaposant les symboles dans le désordre. L'apprentissage de la lecture repose sur le couplage entre des unités visuelles (graphie) et leurs correspondants sonologiques (phonie).

3. Nécessité de l'amour maternel

Les nourrissons ont besoin pour se développer normalement
de l'amour de leur mère.

Le sourire, les pleurs, les expressions de colère, de peur, de tristesse sont semblables chez les enfants nés aveugles et chez les enfants normaux, ce qui indique que ces mimiques de base sont innées, communes à tous les humains.

De façon innée aussi, le nourrisson a le réflexe de saisir la main et particulièrement pendant la succion. Ce réflexe est très développé chez les prématurés, puis il disparaît. Dès 6 semaines le bébé peut fixer son regard sur un objet attractif et, jusqu'à 30 cm, tenter de le prendre. De même, les bébés de quelques semaines ont dans l'eau des mouvements de nage, ce qui disparaît à 3-4 semaines.

Ayant reçu de la mère, dans ses structures neurales, une empreinte verbale *in utero*, le bébé a une grande aptitude à recevoir les phonèmes de la langue maternelle alors que les phonèmes d'une autre langue le laisse indifférent. A 12-18 mois il associe des sons à des sens.

Dès les premiers jours le bébé dispose d'un répertoire de pleurs. Si la mère se précipite pour lui enfourner le mamelon, elle empêche le réflexe de fouissement et lui colle la langue au palais. Dans le désir de bien faire, elle met le bébé mal à l'aise et gêne la séquence des comportements. La première tétée met en scène un scénario comportemental où l'ontogenèse du nouveau-né s'articule avec l'histoire de la mère. La rescousse de la mère dépend de son émotivité, de sa propre personnalité, de ce qu'elle pense qu'une mère doit faire et de ce que sa mère lui a fait. La rescousse hâtive ou tardive correspond à un déterminisme de la mère. Une absence de rescousse crée une agitation anxieuse du nourrisson, mais une intervention trop rapide l'empêche d'inventer un objet transitionnel (nounours). L'objet transitionnel est à la fois ce qui conjoint et disjoint l'enfant de sa mère.

La bouche devient un lieu de représentation et téter son pouce est une façon de combler un manque par son effet tranquillisant. Par ses pleurs le bébé traduit son désarroi et son besoin et les pleurs doivent être correctement interprétés. Les enfants en bonne santé produisent des pleurs dont la fréquence principale est autour de 300-600 Hertz (atteignant 1000 à 2000 dans certaines maladies). Le bébé accorde à la mère qui le satisfait un sentiment de puissance et de sécurité, mais il exerce aussi sur la mère une puissance qu'il entreprend de traduire par un comportement tyrannique. L'espace entre l'expression du besoin et sa satisfaction confère progressivement à l'enfant la conscience de sa place hors du sein maternel.

Il lui apprend qu'il y a lui, la mère et le sein. La satisfaction des besoins par la mère suscite chez cette dernière un amour que l'enfant va consolider et, d'un autre côté, la mère est pour l'enfant son tout premier objet d'amour, début de relations sociales.

Le bébé a besoin de parents qui le caressent, lui parlent, réagissent à ses humeurs et à sa souffrance. En raison de l'immaturité cérébrale, c'est le cerveau émotionnel qui domine jusqu'à 5 ans. En isolement sensoriel sont manifestés des comportements autocentrés (balancement, évitement du regard, autisme) et il y a atrophie du système limbique, support de la mémoire et des émotions, qui stimule la croissance des neurones corticaux. Au cours des deux premières années de la vie, les synapses se forment intensément entre les neurones corticaux, et un manque de soins pendant cette synaptogenèse (2 millions de connexions par minute entre 0 et 2 ans) peut modifier le cortex et l'hippocampe. Un stress précoce agit en particulier sur les connexions limbiques de l'hémisphère droit qui deviendra incapable d'empathie.

Il existe des mécanismes de renforcement ou de diminution des connexions synaptiques en fonction stimuli extérieurs. Le cortex orbito-frontal (impliqué dans la régulation des émotions, le système de récompense,..) du bébé en situation de maltraitance émotionnelle diminue de volume.

Le manque d'amour peut être à l'origine de troubles à l'âge adulte (difficulté de relations sociales).

Chez l'enfant non stimulé, il y a diminution de la dopamine et augmentation de la cholécystokine, hormone gastro-intestinale de l'anxiété, codée par le chromosome 3. Un enfant en carence affective a des difficultés pour anticiper et utiliser sa mémoire. Son stress active l'amygdale qui accroît une sécrétion de cortisol pouvant endommager certains circuits du cerveau.

M. Ainsworth distingue les bébés sécures, les évitants et les résistants selon la stratégie qu'ils adoptent pour obtenir la meilleure réponse des parents. M. Main y ajoute les non-classables, pathologiques (87). Aux États-Unis il y a moins de 50% d'enfants sécures, en raison de l'omniprésence du numérique et des nouvelles structures familiales. Aussi les enfants de la Silicon Valley sont-ils inscrits par leurs parents dans des écoles respectant les étapes de leur développement, loin des écrans.

Mais la résilience définit les processus biologiques, psychoaffectifs et socioculturels qui permettent un nouveau développement après un traumatisme psychologique. La structure familiale joue un grand rôle dans l'acquisition des facteurs de résilience ou de vulnérabilité.

Le don d'amour à lui seul ne peut annuler, pour un enfant abandonné par sa mère, la signification symbolique de ne pas être aimé par sa mère. Quand l'enfant sera conscient d'avoir été abandonné, il en souffrira, bien que, grâce à l'amour d'une mère adoptive, il n'ait pas matériellement subi l'abandon.

A un moment le bébé constate qu'un individu autre que la mère hante son environnement. En raison de l'évolution récente des sociétés occidentales, le père n'y est plus l'écrasant personnage dont les enfants, sans distinction de sexe, ont à se libérer. Le père peut être celui qui donne le biberon quand le sein fait défaut, qui apaise les insomnies. Pour qu'une mère puisse désigner la place du père à son enfant, il faut qu'elle ait pu elle-même le repérer dans sa propre histoire (152).

Le nourrisson est manipulé de manière différente selon le sexe du parent et les stéréotypes de sa culture. Il y a 4 possibilités : 1. la mère élève seule son enfant, 2. la mère et le père agissent en interaction et semblablement, 3. le père et la mère agissent différemment, 4. le père seul s'occupe de l'enfant. La vasopressine hypophysaire influe sue les sentiments qu'éprouve le père envers ses enfants, comme l'ocytocine le fait avec la mère. Les pères s'occupant de leur enfant plus de 3 heures par jour sécrètent 30% de moins de testostérone que les pères moins présents. La biologie du mâle pourrait donc changer pour répondre aux exigences de la paternité.

A la crèche on constate que les enfants qui se socialisent le mieux sont ceux dont les parents sont associés dans les soins, mais différenciés.

Le fait que des parents n'accordent pas la même valeur à un enfant selon son sexe a contribué à rendre plus fréquente la pratique de l'infanticide dans certaines sociétés.

*

4. Construction de l'identité

A travers le temps le bébé se construit une identité sous l'effet de l'environnement, à l'aide de la mémorisation et de l'apprentissage.

Vers 6 mois commence l'intégration visuelle, tactile et kinesthésique. Les objets perçus par la vue sont portés à la bouche, de sorte que l'enfant arrive à distinguer ce qui dépend de son propre mouvement et ce qui appartient au monde extérieur. A 1 an il apprend la mobilité intentionnelle, la préhension n'est plus un acte réflexe, mais une action soumise au contrôle volontaire. La verticalisation confirme cette évolution par l'acquisition des stations assise (à 6 mois), debout (à 9 mois), et de la marche (à 12-13 mois). La conscience de soi se situe avec la représentation du corps grâce à l'usage du miroir, qui est le stade de formation du moi, première ébauche comme lieu imaginaire des futures identifications narcissiques, puis symboliques du sujet. En mimant les gestes de la mère et de l'autre, vers 18 mois, l'enfant commence à prendre conscience de son identité, se désignant par « je » et non plus par son nom. Avec le développement de la locomotion, l'enfant utilise l'entourage familier comme base de sécurité d'où il peut partir pour explorer le monde. Son cerveau réagit à toute nouveauté et l'excitation élargit le réseau des connexions, enclenchant la plasticité cérébrale. Les réponses de l'entourage au comportement de l'enfant guident le développement de schèmes d'attachement qui, à leur tour, sont à la base de la mise en place de modèles qui régiront les sentiments, les pensées des individus par rapport à leurs relations sociales. Les quatre schémes de base (attachement sécure, attachement anxieux, attachement évitant, attachement désorganisé) sont retrouvés dans toutes les cultures. Un allèle du gène DRD2 *(dopamine receptor D2,* du chromosome 11) impliqué dans la formation des récepteurs de la dopamine a été relié aux attachements anxieux, tandis que le gène des récepteurs 5-HT 2A (*5-hydroxytryptamine receptor 2A,* du chromosome 13) de la sérotonine serait en cause dans les schèmes évitants.

L'influence des soins maternels sur la sécurité de l'attachement n'est pas identique chez tous les enfants. Ainsi, la pratique du bain provoquera bien-être chez les uns, affolement chez les autres. Les bébés réagissent aux différentes stimulations, perçoivent et mémorisent chacun à leur manière le stress de la mère qui doit protéger l'enfant perçu et traité de façon variable selon les sociétés.

Selon Money, entre 5 et 8 ans se constitue chez l'enfant la mosaïque de toutes les caractéristiques qu'il cherchera ensuite chez le partenaire, le modèle de son schème émotionnel. Il n'aimera pas une autre personne, mais sa propre projection (144 bis).

En fait, l'investissement durant l'enfance doit être plus général, la carte de l'amour changeant vraisemblablement en fonction du contexte.

II. L'amour entre adultes

Les individus cherchent le lien humain comme forme de relation qu'ils ont eu avec la mère.

1. Les hormones et la différenciation sexuelle, la maturation du cerveau par vagues successives

Au cours du développement les hormones tracent dans le cerveau des réseaux neuronaux qui, après la puberté, permettront l'accomplissement des actes sexuels propres à chaque sexe, conditionnant le fait qu'un individu désirant devient pour l'autre objet de désir.

A l'adolescence, des modifications corporelles surviennent (développement des glandes génitales, caractères sexuels secondaires,..) annonçant la puberté. Les réseaux du désir commencent à s'éveiller sous l'effet de la libération par l'hypothalamus de la gonadostimuline qui, transportée par le sang à l'hypophyse, y déclenche la sécrétion de gonadotrophine elle-même transportée aux gonades pour leur faire libérer les hormones sexuelles. Sous le contrôle de l'axe thalamo-hypophysaire (gonadotrophines GnR et stimulines LH, hormone lutéinisante, et FSH, *follicle-stimulating-hormone*), elles sont produites par les ovaires (œstrogènes et progestérone) et les testicules (testostérone). Dans le cerveau, ces hormones se fixent sur les récepteurs des stéroïdes portés par les membranes des neurones de l'hypothalamus, du cerveau limbique et du tronc cérébral, jusqu'à la moelle épinière (où ils agissent, par exemple, sur le réflexe pénien).

A la puberté la matière grise atteint son maximum d'épaisseur dans les lobes frontaux, temporaux et pariétaux (régions impliquées dans des fonctions cognitives complexes) et le volume de matière blanche augmente. Le cerveau des filles ne se développe pas de la même manière que celui de garçons. Leur cortex s'épaissit plus vite dans les zones du langage et du contrôle des émotions, alors que celui des garçons s'épaissit dans les zones de visualisation en trois dimensions.

Les adolescents et les adultes n'utilisent pas leur cerveau de la même manière lorsqu'ils ressentent des émotions sociales.

Dès la 6ème semaine du développement, les gonades chez les XY se différencient en testicules sécréteurs de testostérone (provoquant la régression de l'ébauche du tractus génital femelle et la différenciation des caractères sexuels secondaires mâles) et chez les XX elles se différencient en ovaires producteurs d'oestradiol. Chez les XX, en l'absence de testostérone (il n'en est sécrété qu'un peu par les glandes cortico-surrénales), l'appareil mâle dégénère, avec développement du type femelle. Dans certaines régions du cerveau la testostérone est transformée en œstradiol par une aromatase. Cette aromatisation et la production de 5-alpha□dihydrotestostérone dans le cerveau sont des étapes critiques dans le déclenchement des effets comportementaux de la testostérone.

Les hormones stéroïdes influencent la différenciation du comportement et du cerveau pendant une période critique du développement. Déjà, dans le ventre de la mère l'afflux de testostérone chez le garçon fait développer des circuits nerveux différents de ceux de la fille. Des différences morphologiques et biochimiques du cerveau sont liées aux différences de comportements entre sexes, la région la plus importante pour la distinction homme-femme étant l'hypothalamus. Les groupes de cellules de l'aire préoptique sont plus volumineux chez les hommes que chez les femmes, alors que la taille des neurones et des arborisations dendritiques est plus importante dans l'hypothalamus médian des femmes que des hommes. La densité des récepteurs des neurotransmetteurs (catécholamines, sérotonine, vasopressine, opiacés endogènes) varie selon le sexe. Avant la naissance, le cerveau est soumis à l'empreinte masculinisante de la testostérone qui rend l'adulte capable de se conduire en mâle, mettant en harmonie le comportement sexuel avec les organes génitaux correspondants, et après la naissance, elle produit une déféminisation. Au moment de la puberté, à la complexité des interactions neurochimiques s'ajoutent des facteurs environnementaux et sociaux. La différenciation sexuelle résulte d'interactions entre gènes, hormones et milieu social.

A la puberté les différences anatomiques, physiologiques et comportementales se précisent. Les hormones sexuelles agissent sur les structures de l'hypothalamus impliquées dans le comportement sexuel, mais d'autre aspects de ce comportement sont sous la dépendance du néocortex.

Les noyaux hypothalamiques ne sont pas sexuellement différenciés avant l'âge de 2 à 4 ans, ce qui laisse alors un champ d'action aux impacts sociaux et environnementaux. Les stéroïdes affectent le comportement en modifiant l'équilibre des neurotransmetteurs et des neurohormones, et en modifiant les transmissions synaptiques, mais beaucoup d'autres aspects des conduites sont intellectuels, dépendants de déterminants socio-culturels qui transcendent les comportements.

Depuis l'aube de l'humanité des constructions sociales ont été élaborées autour des sexes, à partir d'un partage des tâches. Partout, de la même manière prévaut la domination masculine, qui serait basée au départ, sur l'idée que les femmes appartiennent aux hommes pour qu'ils puissent se reproduire.

La différenciation naturelle du sexe génétique est un point de départ, mais les différentes cultures inventent une multiplicité de déclinaison de la dualité homme-femme. La théorie du genre, issue des milieux féministes américains, insiste sur une « orientation choisie » de la sexualité, et au nom de la lutte contre les discriminations, inverse le rapport entre la norme et la marge devenue nouvelle norme.

2. Le choix du partenaire

Presque toutes les impressions esthétiques s'adressant au corps (masculin ou féminin) sont déclenchées par des signes indicateurs des fonctions sexuelles hormonales, d'où la pratique des nombreux types de leurres.

Pour attirer l'attention, les modalités varient selon les cultures, avec des manifestations différentes, mais la plupart des interventions esthétiques ont pour but de corriger des asymétries et d'exagérer des traits tenus pour beaux. La parure porte sur le corps (peintures corporelles, scarifications, aiguisage des dents, amputations de phalanges, tatouages, percings...) et sur le vêtement. Parures et esthétiques vestimentaires ont un caractère décoratif, mais leur valeur d'insigne les lie à un dispositif de symbolique descriptive (dépouille d'un félin comme marque de courage viril), signe de situation dans un contexte social.

Dans l'attractivité jouent un rôle la vue, le toucher, l'audition, l'odorat. Le microbiote de la peau en dégradant les composés organiques de la transpiration est responsable de ce que nous émettons comme odeurs. La sueur augmente l'acuité avec laquelle nous détectons les émotions.

L'importance des parfums dans toutes les sociétés apporte un argument en faveur du rôle des odeurs dans les relations sexuelles. Des composés de nature stéroïdienne (androstérone AND dérivée de la testostérone, et EST apparenté aux œstrogènes) sont présents dans l'urine et dans les sécrétions axillaires.

Si beaucoup de phéromones sont libérées par la transpiration, d'autres molécules non volatiles sont présentes dans la salive qui contient aussi des hormones à des taux qui reflètent ceux des hormones circulantes. L'androstadiénone, présente chez l'homme, développe en se décomposant un parfum de musc et de bois de santal, attractif sexuellement.

Les nouvelles approches de l'optogénétique et d'imagerie par microscopie *in vivo* permettent de préciser les circuits neuronaux en fonction lors du rapprochement des sexes. L'AND active l'aire préoptique et le noyau ventromédian chez les hommes hétérosexuels, et seulement les aires olfactives chez les femmes. Inversement, l'EST engage les noyaux paraventriculaires et dorsomédians chez les femmes hétérosexuelles et seulement les régions olfactives chez les hommes hétérosexuels. Les centres d'activation dans les cerveaux des homosexuels s'accordent avec leur orientation sexuelle et non avec leur sexe biologique.

En 1989, d'une vaste étude sur des ethnies différentes, le psychologue évolutionniste Buss a constaté que dans un très grand nombre de culture, les hommes placent la beauté au premier rang des caractéristiques disponibles chez les mâles, comme le plus important. Sont belles les femmes qui attirent sexuellement les hommes, c'est-à-dire dans les pays pauvres les femmes qui ont des réserves corporelles, les femmes maigres dans les pays disposant de réserves abondantes. Sur le plan de l'érotisme et de l'esthétique les différentes parties du corps sont différemment appréciées selon les cultures, d'où les différentes techniques utilisées dans l'approche amoureuse (33bis).

La mémoire peut avoir un rôle déterminant dans le choix du partenaire, car elle encode les combinaisons de différents stimuli en les associant avec un sentiment d'amour connu. « *Nous ne nous sommes pas connus, nous nous sommes reconnus* » (Lohengrin). En fonction de ces informations, la décision de ce qui va être la cible amoureuse se fait en grande partie au niveau de l'amygdale envoyant les signaux à l'aire tegmentaire ventrale et au noyau accumbens pour confirmer la préférence.

D'autres zones du cerveau interviennent, rendant unique le comportement amoureux de chacun en fonction de son vécu.

L'intégration de toutes les informations se concrétise par l'activation du système moteur aboutissant à des mouvements d'approche entraînant un déclenchement réponse chez l'autre.

Le baiser (dont l'origine est l'alimentation bouche à bouche), équivalent du léchage des animaux, est un geste inconnu dans beaucoup de sociétés où le nez intervient aussi activement que la bouche. La testostérone est présente dans la salive, même chez la femme, et son taux augmente avant, pendant et après la rencontre de l'amoureux, pour retomber après une séparation de quelques jours. Le désir surgit puis disparaît, alors que l'énamourement dure plus longtemps. Sont sollicités dans le cerveau le cortex cingulaire (responsable de l'attention), le système limbique (centre de satisfaction).

Lors de l'attractivité passe dans le sang une hormone (la phényléthylamine, PEA) secondée par la noradrénaline (excitation) et la dopamine (euphorie), tandis que baisse le taux de sérotonine. S'ajoutent cortisol et endorphines, donnant une attention accrue pour l'objet du désir.

L'image qui est faite de l'Autre est alors si modifiée que l'être échappe à toute considération « normale ».

3. Relation sexuelle et attachement

Le désir est lié au fonctionnement dans le cerveau de systèmes désirants dont la sexualité n'est qu'un accomplissement. Il y a dissociation entre attachement et relation sexuelle.

L'état amoureux s'accompagne chez les deux partenaires d'une transformation du corps (sécrétions hormonales...), mais le désir est dans la tête (195). Nécessaire à l'accomplissement de la sexualité, l'appareil sexuel n'est pas indispensable à l'état amoureux qui reste fonction supérieure de l'Homme. Le désir, né de la mise en place de récepteurs à ocytocine et à vasopressine dans les régions du cerveau qui recueillent les informations sensorielles, pour enclencher les réactions motrices poussant à l'approche de l'objet du désir, n'est pas l'amour. Tout un réseau de régions corticales et sous-corticales participe à l'émergence du désir sexuel.

Selon le modèle théorique de S. Stoléru, le désir sexuel se décline en quatre étapes : 1. cognitive (reconnaissance des stimuli comme étant de nature sexuelle), impliquant le cortex orbito-frontal droit, les cortex temporaux inférieurs, les lobules pariétaux supérieurs, des régions motrices et prémotrices, 2. émotionnelle (montée de l'excitation) associée en particulier à l'insula, l'amygdale, le gyrus cingulaire antérieur gauche, le claustrum, la substance noire, le striatum ventral, 3. motivationnelle (comportement vers l'objet du désir) avec activation du gyrus cingulaire antérieur gauche, du claustrum et du striatum ventral, 4. physiologique (préparation à l'acte sexuel aux plans cardio-vasculaire, respiratoire, hormonal), avec participation du gyrus cingulaire antérieur gauche, de l'insula, du putamen et de l'hypothalamus (176). Dans l'amour c'est la partie antérieure de l'insula qui est activée, tandis que c'est la partie postérieure dans le désir. La fragilité de toute cette mécanique du désir explique l'extrême diversité de tous les dysfonctionnements possibles. Chez les patients manifestant un désir sexuel hypoactif, il y a activation excessive du cortex orbitofrontal médial, impliqué dans le contrôle inhibiteur des comportements. Une diminution de volume de l'amygdale est retrouvée chez des pédophiles. La stimulation magnétique transcrânienne permet d'agir sur une région cérébrale dysfonctionnelle.

« Un très grand amour ce sont deux rêves qui se rencontrent, et, complices, échappent jusqu'au bout à la réalité » (R. Gary, 81). Plus généralement, c'est aussi trouver le bonheur de l'autre, tout en voulant que la vie s'organise selon sa vision personnelle.

Des psychologues cognitifs, proposant à des amoureux 237 motifs de faire l'amour, ont noté que pour les femmes vient en tête le souhait de renforcer le lien émotionnel et pour les hommes l'opportunité. Selon des théories évolutionnistes, le désir sexuel chez l'homme n'est pas soumis à l'attachement, alors qu'il l'est chez la femme qui doit assurer le recrutement d'une aide durable pour sa survie et celle de son enfant.

Le plaisir nait de la rencontre du désir avec son objet. La passion amoureuse est un état favorable à l'imagination et à la création.

Lors de l'orgasme une brutale décharge d'endorphines donne l'impression de bien-être. Selon des mythes anciens, dans l'union en un seul être serait retrouvée l'unité du temps où les humains avaient un pôle féminin et un pôle masculin, avant que les dieux ne les séparent.

Dans la chimie de l'amour, après la phase d'excitation (Eros) due aux catécholamines, le cerveau émotionnel passe dans un état de sérénité, (Philia) mais aussi de dépendance, période de bonheur liée à l'Autre (163). La réduction des endorphines circulant dans le cerveau provoque un effet de manque, l'absence de l'être aimé créant un état d'anxiété et de troubles physiques. La lassitude amoureuse correspond à une baisse de stimulation du système du plaisir, par accoutumance (disparition progressive de l'état affectif par répétition du stimulus qui l'a fait naître).

Au fil du temps la sélection naturelle a favorisé la tendance génétique à former un couple. Dans toutes les cultures, le mariage (mono- ou polygame), permanent ou temporaire, reste une norme et la famille demeure la base de l'organisation sociale. En pratique, la monogamie génétique (relation sexuelle exclusive entre les deux partenaires) est exceptionnelle, faisant place à la monogamie sociale (monogamies successives). La monogamie est présente chez 15 à 29% des Primates. Alors que dans toutes les cultures un certain degré de polygénie est observé, un fort taux de polyandrie n'est connu que dans trois cultures où les ressources sont très limitées et au sein de sociétés dont l'économie repose très largement sur une division du travail.

Au cours de l'évolution, un investissement parental aurait poussé le mâle à aimer ses enfants.

Des comparaisons en imagerie de zones du cerveau, impliquées dans l'amour passion et dans l'amour maternel, montrent que, si beaucoup d'aires se recoupent, certaines s'activent seulement pour l'amour passion, d'autres seulement pour l'amour maternel. Une zone fortement activée dans l'amour maternel est la substance grise périaqueducale (connue pour son rôle dans l'inhibition de la douleur, lors de l'accouchement), alors que dans l'amour passion c'est le gyrus denté de l'hippocampe, riche en récepteurs de la vasopressine. L'imagerie cérébrale confirme que les aires activées lors de l'excitation sexuelle ne sont pas les mêmes que celles activées par les émotions liées à l'attachement.

La chimie de l'attachement, associée à la chimie du stress et de la récompense, déborde le cadre de l'amour passion, englobant l'amour familial, le lien social (où sont impliquées la vasopressine et l'ocytocine).

Des différences dans le promoteur du gène récepteur de l'ocytocine, porté par les neurones de certaines parties du cerveau (palladium ventral), ont un rôle dans la fidélité dans le couple, mais des contraintes culturelles, économiques, familiales vont s'additionner pour maintenir l'attachement du couple. L'administration intranasale d'ocytocine donne confiance à autrui.

La jalousie s'accompagne d'une baisse de sérotonine et d'une décharge d'adrénaline. L'amygdale et l'hypothalamus sont très impliqués dans la jalousie sexuelle chez les hommes, mais non chez les femmes, alors que le sulcus temporal supérieur joue un rôle dans la jalousie émotionnelle chez les femmes, mais non chez les hommes. 85% des femmes considèrent l'infidélité plus grave que l'acte sexuel lui-même.

Le chagrin d'amour est le passage de la passion amoureuse à la passion douloureuse, au cours de laquelle le cerveau doit se défaire du circuit du plaisir. La rupture provoque une réaction liée au système sympathique (tachycardie) ou parasympathique (arythmie) et une réaction hormonale. En réponse au stress, l'hypothalamus libère le RCP (*corticotropin releasing factor*), qui, par l'hypophyse, génère dans la circulation sanguine l'ACTH (hormone adrénocorticotroe) qui fait synthétiser par les glandes surrénales la corticostérone agissant directement sur le système immunitaire. Les zones du système nerveux où sont traitées les sensations du plaisir sont les structures mêmes qui contrôlent les voies de la douleur (substance grise périaqueducale au centre de la moelle et lames superficielles des cornes postérieures en périphérie ; thalamus, système lmbique). L'activation du système du plaisir entraîne une synthèse de noradrénaline et d'endorphines, qui, au delà d'un certain seuil, stimule le locus cœruleus sécrétant du lactate de soude, substance facilitant la douleur physique et morale.

L'investissement total dans une représentation virtuelle peut aboutir à un sentiment d'absolu, un bonheur total dans l'extase mystique. Ceux qui l'ont éprouvé racontent une profonde angoisse qui s'inverse brutalement en une élévation extatique. Le christianisme est porteur de récits d'expériences contemplatives mystiques soit d'individus isolés (anachorètes) soit d'écoles (cénobites).

L'expérience mystique implique une concomitance entre la concentration méditative et son objectif, la contemplation du divin. Pour Jean de la Croix « *l'âme, ne pouvant atteindre Dieu, doit s'anéantir, vider ses propres facultés, volonté, entendement et mémoire et entrer dans la nuit active des sens et de l'esprit* »(42).

Répandue dans le monde animal, la coopération peut s'exercer sans impliquer de lien parental (avertissement d'un danger,..) ou être fondée sur la réciprocité ou motivée par un profit partagé (chasse en groupe) ou par empathie. Avec la monogamie, la coopération (notamment dans la chasse) est la base des systèmes sociaux humains. Pour B. Chapais (37ter), la société humaine, de type multiniveaux (comme celle des babouins hamadryas), se distingue par son système de reproduction unique, l'importance de la parenté dans les rapports sociaux (tabou de l'inceste, exogamie...) et la force des liens intergroupes, à long terme, avec des structures hiérarchiques emboîtées, inconnues chez les autres primates. La monogamie humaine serait dérivée de la polygénie généralisée, et non de la promiscuité sexuelle de type chimpanzé, aux groupes multimâles-multifemelles avec de brèves relations multi-partenaires, sans liens sexuels prolongés.

La monogamie a peut-être émergé chez *Homo erectus* en raison de l'espace territorial entre les femelles (rendant difficile l'entretien par un mâle de femelles dispersées), de la tendance à éviter l'infanticide (la femelle choisissant un mâle pour la défendre avec ses petits) ou à aider aux soins du bébé.

L'HOMME CRÉATEUR D'OUTILS

« Ce n'est pas l'outil qui caractérise l'homme mais sa permanence. »
(Y. Coppens).

On a pu penser que l'homme c'était l'outil. En fait, les loutres de mer utilisent des cailloux pour briser les coquillages. Les Pongidés peuvent se servir des objets comme outils (pierre comme marteau pour casser des noix sur une autre pierre fonctionnant comme enclume, tige pour « pêcher » les fourmis magnans dans leurs nids souterrains ou des termites par les trous d'aération des termitières, branche comme arme, feuilles comme gants pour manipuler des branches épineuses...). Ils peuvent aussi fabriquer des échafaudages en empilant des caisses, ou des instruments en ajustant des bâtons pour atteindre de la nourriture. Dans une étude de 10 groupes de Chimpanzés 46 différences culturelles matérielles et 43 différences culturelles sociales ont été constatées. La transmission d'un savoir-faire n'est pas limitée aux primates, aux cétacés et à des oiseaux. L'apprentissage social est observable aussi chez les insectes sociaux, comme les bourdons qui doivent apprendre dans un premier temps à reconnaître leurs congénères lorsqu'ils butinent, puis les fleurs intéressantes. Les grands singes peuvent anticiper l'intention d'un congénère et agir pour lui mentir (112). Des geais changent discrètement leur nourriture de place si un congénère voleur les a vus pendant qu'ils la dissimulaient. Des corbeaux savent choisir le bon outil pour ouvrir une boite et s'en servir plus tard, troquer un jeton contre une récompense (162).Selon les troupes de singes, les façons, transmises par imitation ou par apprentissage, de casser les noix ou de faire le lit du coucher varient, si bien qu'on a pu qualifier une culture de ces singes d'épisodique, c'est-à-dire vécue concrètement, dans l'immédiat et sans représentations abstraites. Les singes sont incapables d'anticiper à long terme.

Pour les hommes, les affects liés aux désirs fondamentaux (faim, désir sexuel...colère, haine, volonté de pouvoir...) sont, avec le plaisir de la découverte, l'émerveillement devant la beauté, aux sources de la motivation pour l'intelligence créatrice donnant naissance aux cultures humaines (44bis).

Les premiers outils

Les outils du site de Lomekwi (à l'ouest du lac de Turkana, Kenya) datés de -3,3 MA, contemporains du *Kenyanthropus platyops* ou *d'Australopithecus afarensis* ou *d'Australopithecus africanus* montrent que, dans un environnement boisé, des pierres ont été utilisées comme outils avant l'apparition du genre *Homo* et peut-être indépendamment, à plusieurs reprises, par des espèces différentes.

Mais choisir un bâton ou une pierre comme outil et taper avec une pierre sur une autre pierre pour obtenir intentionnellement un éclat ou un tranchant, implique autre chose qu'une simple préhension.

Outre l'intentionnalité qui marque le basculement vers l'humain, sont mis en jeu la représentation mentale de ce qu'on veut obtenir et le contrôle des gestes à effectuer en fonction de la nature de l'objet utilisé. Les pierres taillées de Lomekwi 3 révèlent deux techniques : celle dite bipolaire (le bloc à tailler, maintenu d'une main sur l'enclume, est frappé par un percuteur), l'autre dite sur percuteur dormant (tenu des deux mains, le bloc à tailler est frappé sur l'enclume). Cette culture lithique est antérieure de 700.000 ans à l'industrie lithique de l'Oldowayen caractérisée par les ateliers de taille de l'Omo et les galets aménagés pour obtenir le plus possible de tranchant, afin de procéder à des découpes. Les éclats, plus fins que ceux de Lomekwi, produits par les artisans oldowayens, suggèrent une technique plus évoluée. Les tailleurs de l'oldowayen utilisaient la percussion directe lancée : le noyau rocheux à débiter était tenu d'une main, pour frapper de l'autre avec une autre pierre. Fabriquer des outils oldowayens nécessite l'activité de l'aire postérieure de Broca dans l'hémisphère gauche, impliquée dans le contrôle moteur des mouvements de la main et dans celui de l'articulation des sons (178).

«Ce n'est pas l'outil qui caractérise l'homme mais sa permanence. C'est l'outil dont l'Homme ne peut se séparer qui « fait » l'homme» (40 bis). A l'origine ce serait les alternances rapides du climat, oscillant entre périodes sèches et périodes humides, qui auraient stimulé l'invention d'outils pour survivre.

Avec l'augmentation du volume de l'encéphale et toutes les modifications des circuits neurologiques (nouvelles voies motrices et sensorielles) qui l'accompagnent, le travail de la pierre s'est perfectionné, mais il a fallu des centaines de milliers d'années pour qu'avec les *Homo sapiens* soient fabriqués des objets de pierre nouveaux.

Le développement de la partie postérieure de l'aire de Broca permet d'appréhender l'enchaînement des gestes à effectuer pour réaliser un outil dont l'image a été préconçue. Les neurones miroirs permettent, dans l'imitation, la répétition de la hiérarchie des gestes à effectuer pour obtenir, à partir d'un unique rognon, des séries d'éclats de forme prédéterminée, en vue de fonctions particulières. Ce savoir-faire nécessite, outre une habileté manuelle et un raisonnement planifié, une aptitude à imiter et un apprentissage. La sélection propage alors les gènes des individus les plus aptes à imiter efficacement de nouvelles techniques qui les rendent plus capables de fabriquer de bons outils.

Après la technologie oldowayenne, vers -1,7 million d'années, une technologie sophistiquée apparaît, avec des outils de plus en plus normalisés, les méthodes de l'Acheuléen ayant requis un niveau supérieur de contrôle cognitif de la part du gyrus frontal inférieur et du cortex préfrontal (175).

La fabrication du biface requiert l'activité d'une aire plus antérieure que l'aire de Broca et dans l'hémisphère droit.

Le processus de création se ferait par l'inhibition cognitive qui est une forme de contrôle neurocognitif et comportemental permettant de résister aux habitudes. Quand un individu génère des idées créatrices, sont activées les régions du cortex préfrontal impliquées dans les fonctions de contrôle cognitif. L'accélération des progrès techniques, en comparaison des deux millions d'années qui les ont précédées, viendrait d'une capacité à accumuler les innovations au cours des générations et à coopérer.

Les *H. sapiens*, outre la pierre, travaillent l'os, l'ivoire, et ils utilisent aussi comme outils des bois de renne et des ossements (pelles faites d'omoplates de mammouth...). Ils tissent des objets avec des fibres végétales (filets de pêche de l'Aurignacien : -37.000 à -22.00 ans). Pour chasser le renne, le bison, le cheval, proies les plus fréquentes, ils inventent le propulseur (sorte de crochet en os ou en ivoire, positionné au bout d'un bâton) qui donne à l'arme de jet une plus grande puissance et permet de l'envoyer à 40m en moyenne.

Les arcs et les flèches apparaissent 10.000 ans plus tard. Les nouvelles techniques de chasse sont en rapport avec la modification de l'écosystème (développement des milieux forestiers, élargissement de la gamme des proies : petits mammifères, oiseaux, invertébrés, remplaçant les grands herbivores des plaines herbeuses).

Des populations de Néandertaliens ont changé leur manière de chasser pour s'adapter aux transformations de l'environnement. D'abord cantonnés sur des zones riches en silex, les hommes chassent des animaux peu éloignés de leur habitat. Quand le climat froidit (-75.000 à -60.000 ans), ils pratiquent des chasses collectives de certains animaux migrateurs (au moustérien le renne de type Quina, le bison à denticulés et débitage discoïde). Abattant le gibier en masse, ils dépècent les bêtes dans des sites spécialisés puis transportent la viande sur les lieux de consommation.

Le partage est l'indication d'une coopération très organisée qui permet la réalisation de projets d'une complexité unique dans le monde animal. Selon l'environnement, les Néandertaliens adoptent des modes de vie différents, notamment dans la composition de leur régime alimentaire à base de viande, mais aussi de formes variées de végétaux (graines, tubercules...).

Ils cousent les vêtements avec des aiguilles à chas (Solutréen : 22.000 à -19.000 ans). Ils fabriquent des harpons (magdalénien : -17.000 à -7.000 ans), (fig.15).

Ils manifestent des habiletés grandissantes transmises par un long apprentissage.

Qu'elles aient des causes religieuses (révolution des symboles), alimentaires (restriction des ressources) ou qu'elles soient le fait des découvertes des cueilleurs (et non des chasseurs) maintenant les feux et surveillant les enfants, les premières traces de sédentarisation remontent à 20.000 ans. Le site de Kharaneh IV en Jordanie (à 70 km d'Amman) a livré des restes d'habitats fixes (deux fosses ovales) avec des outils en pierre taillée et des parures.

Emergence d'une agriculture

Au Néolithique la sédentarisation inaugure une économie de production, base d'une hiérarchisation sociale. Elle va de pair avec l'acquisition d'un corps plus gracile et la perte des qualités athlétiques des hommes précédents, grands marcheurs (157).

Alors qu'en Europe vivent les magdaléniens, dans la vallée du Jourdain et entre le Tigre et l'Euphrate les chasseurs-cueilleurs natoufiens (-12.500 à -10.000 ans) reviennent régulièrement dans des camps de base où des trous recouverts d'un toit servent d'habitats. Ils sont groupés en villages dont la population est de l'ordre de 200 à 300 personnes.

Les Natoufiens se nourrissent de Légumineuses et de Graminées dont ils stockent les grains qu'ils transforment en farine avec des pilons pour en faire des bouillies ou des galettes. Ils pratiquent la chasse et la pêche. Ils construisent des édifices à caractère religieux, tel le site monumental de Göbekli Tepe en Turquie, près d'Urfa, daté de -12.000 ans. Des blocs de pierres de plusieurs tonnes, sculptées de bas-reliefs figurant des animaux et des têtes humaines, y sont alignés en cercles autour de piliers centraux, comme au site de Stonehenge en Grande Bretagne.

La domestication des céréales au Proche-Orient s'est produite il y a -10.500 ans et elle concerne deux formes de blé : l'amidonnier et l'engrain, plantes qui ont perdu la capacité de disperser leurs graines au sol. Ces mutations ne peuvent survivre que par intervention de l'homme. Mais ces formes domestiques ne se sont imposées que graduellement. Les formes sauvages ont été cultivées pendant un millier d'années, avant que s'installe la culture des formes domestiques, entre -11.500 et -10 500 ans, vers la fin de la détérioration climatique du Dryas récent (refroidissement en Europe occidentale). Quand les conditions climatiques sont devenues favorables, une transformation socio-culturelle complexe a été à l'origine d'une économie agricole durable (12).

Vers -9500, sur les rives de l'Euphrate l'Homme commence à mettre en culture certaines graminées sauvages sélectionnées (l'amidonnier, l'épeautre, l'orge, le pois chiche, le lin), ce qui va conduire au passage progressif d'une économie de prédation à une économie de production.

Elle nécessite l'innovation de techniques nouvelles (pierre polie, céramique, tissage...) et modélise une société agro-pastorale plutôt égalitaire. C'est le début de la sédentarisation du Néolithique. Avec bien des essais, des échecs, des retours, elle va s'étendre du Croissant fertile à l'Europe, l'Asie, l'Afrique. Le blé et l'orge sont cultivés en Anatolie, les bananes en Asie du sud-est, le riz (comme en Chine dès -9400 ans), l'igname, le palmier à huile en Afrique, le café en Éthiopie, le sorgho et le millet au Sahel, la noix de cola en Afrique de l'ouest, le maïs, le haricot, la courge en Mésoamérique (-3500), la pomme de terre, le manioc en Amérique du sud, le tournesol, le chénopode en Amérique du nord (-2500). Les pierres à moudre de l'ancienne Égypte (-5000 ans ; cultures sebiliennes, méchiennes) sont les indices d'une importante économie agricole.

Le coton était cultivé il y a 8000 ans dans les Andes et en Amérique du Sud.

Les textiles étaient colorés par extraction de pigments de plantes à indigo (vestiges de tissus sur le site de Huaca Prieta au Pérou, probablement utilisés pour envelopper des offrandes rituelles).

Cette révolution donne à l'Homme un contrôle de ses ressources alimentaires, en même temps que se met en place une révolution des produits secondaires (peaux, cuir, lait, laine, fumier, travail de traction).

Le chien était domestiqué depuis -30.000 ans (soit 20.000 ans avant les autres animaux). Ont suivi le mouton (-8700), la chèvre, le bœuf (-10.000 - 7000 ans, à partir de l'aurochs), le porc (-5000 ans), le dindon, l'âne (-3500), le dromadaire (-3000), le cheval, le buffle (-2500), le poulet, le lapin (-1300).

Alors que les chasseurs-cueilleurs du paléolithique vivaient en petits groupes où les épidémies étaient rares et les traumatismes nombreux, au néolithique, la proximité avec les animaux d'élevage ou les commensaux (rongeurs de céréales...) favorise les échanges de germes infectieux et l'apparition de nouvelles maladies chez l'Homme (grippe, tuberculose, lèpre, syphilis...). Elles circulent d'autant plus facilement que les communautés humaines se concentrent. Le taux croissant de mortalité est compensé par l'augmentation du taux de natalité, si bien que l'effectif des populations va croissant. Des grands-mères infertiles peuvent s'occuper des enfants.

Outre l'usage de produits naturels pour les soins (écorces, racines, feuilles...mais aussi sels de potasse), en tisanes ou cataplasmes, des hommes (chamans, sorciers) utilisaient des silex pour perforer le crâne sans atteindre les vaisseaux sanguins, comme le montrent des centaines de trépanations cicatrisées, effectuées avec succès pour faire sortir les démons installés dans le crâne de patients souffrant de maux de tête (réduisant en fait l'hypertension intracrânienne, responsable des céphalées).

En Anatolie, dans le site de Catal Huyuk dont le plus ancien niveau date de -6500 ans et où plusieurs types de populations ont vécu, les maisons deviennent rectangulaires, avec des murs de briques et un toit en terrasse. Les hommes cultivaient des céréales (épâutre, orge), des légumineuses (pois, lentilles), élevaient des chèvres et des moutons, chassaient l'auroch. Ils fabriquaient des récipients en bois et des vases en poterie.

Dans des gobelets à libation de Turquie de -8000 ans et dans certaines pots de Jiahu (Chine) de -6.000 ans, on trouve les traces du premier breuvage à fermentation contrôlée. Déjà la corne à boire que tient la vénus de Laussel (Dordogne) datée de -25.000 ans, serait l'indication d'un breuvage tiré du raisin sauvage. L'art est exprimé par des peintures et des statuettes représentant pour la plupart des déesses mères. Les boissons alcoolisées auraient eu un rôle sacré (par exemple, la bière offerte à la déesse sumérienne Ninkasi) permettant la communication avec les dieux ou les ancêtres.

Vers -7500 ans des populations du Proche-Orient migrent vers l'Europe.

Emergence d'une industrie

La découverte des métaux annonce les révolutions industrielles fondatrices de sociétés nouvelles (capitalisme, syndicalisme).

Il y a 8000 ans les hommes du Moyen-Orient découvrent l'utilisation du métal extrait du sol (minerai) par chauffage, ce qui nécessite une maîtrise parfaite de l'art du feu. Ils font des parures ou des outils en or (Calcholithique : -4000 ans). Les alliages de cuivre et d'étain sont une autre innovation technique (âge du bronze, en Europe, de -2200 à 800 ans) permettant la fabrication de nouveaux outils de travail et de guerre et de nouvelles créations d'orfèvrerie. Cette métallurgie est à l'origine d'une évolution sociale marquée par l'émergence de l'urbanisation et d'une hiérarchisation de la société avec une aristocratie (dont les tombes princières sont un témoignage), remplaçant l'organisation en clan. Se développe en même temps une économie marchande le long de routes caravanières sur de longues distances, avec des circuits d'échange entre cités-états, créant une dynamique d'innovations.

Retrouvés dans des tombes princières en Égypte, Anatolie, Mésopotamie ou en Chine, les premiers objets façonnés en fer le sont à partir de fer météoritique, comme l'indiquent leurs teneurs en nickel et en cobalt. Ce n'est que vers-1400 qu'un nouveau type de fer apparaît, extrait de minerais. Les techniques de la métallurgie du fer appliquées de l'Anatolie à l'Inde il y a -1500 à -1000 ans se répandent en 5 siècles à travers l'Europe, l'Asie, l 'Afrique.

En chauffant le minerai (oxyde de fer) avec du charbon, le fer se sépare en une gangue fusible avec du carbonate de chaux. Le métal recueilli à l'état de fonte, refondue donne du fer malléable. Les techniques d'obtention du fer permettent la réalisation d'outils plus résistants (l'araire en fer remplaçant l'araire en bois, permet de labourer le sol plus profond) et d'armes de meilleure qualité.

Entre -800 et -550 se situe en Europe la première période du fer. C'est la civilisation halstattienne, avec ses cités fortifiées, ses résidences princières, ses sépultures riches en mobilier funéraire, chars d'apparat, armes et bijoux. Le commerce du sel s'y effectue sur de très longues distances.

C'est l'époque de la civilisation mycénienne, des premières migrations des celtes, de la création de Carthage (-900) et de Rome (-800 avec la civilisation étrusque : -800 à -500).

La technique de travail du fer s'améliore dans la période laténienne, seconde période du fer, de -550 à -500, la qualité des armes facilitant l'expansion celtique. Sont inventés le bocard, ensemble de pilons pour casser le minerais, la came, dispositif pour déplacer les objets, le soufflet. La cémentation permet la transformation du fer en acier par chauffage avec du charbon de bois dans des bas-fourneaux en briques réfractaires. Au Haut Moyen-Age la soudure à chaud de feuilles de fer et d'acier permet la fabrication des épées damassées. Les objets et récipients en laiton (alliage de cuivre et de zinc) sont produits dans des creusets en céramique où sont placés du minerai de zinc broyé, du charbon de bois pilé et des morceaux de tôle de cuivre, avant chauffage au-delà de 900 degrés. Dans les hauts-fourneaux du XIIème siècle on utilise encore le charbon de bois qui sera remplacé en 1735 par le coke (provenant de distillation de la houille), puis en 1850 par la houille. En 1784 le brassage de la fonte (procédé de puddlage), puis l'invention du convertisseur (1856) améliorent la production d'acier à partir de la fonte. Le creuset rotatif de Siemens utilisant les gaz qui sortent du haut fourneau (gueulard) restreint la consommation de charbon. Avec la production massive de fer (1709) et l'invention de la machine à vapeur par Watt (1770) a commencé l'industrie moderne du fer et la première révolution industrielle. En 1832 la première ligne de chemin-de-fer voyageurs est inaugurée entre Paris et Saint-Germain–en-Laye. Le Pacific Railway Act (1862) est décidé par le Congrès américain pour la construction de la première ligne de chemin de fer transcontinental reliant l'Est et l'Ouest du continent (3000 Km de voies ferrées).

Ainsi, après l'utilisation des premiers convertisseurs d'énergie artificiels : le vent (bateau à voile -3000 ans, les moulins à vent) et l'eau (moulins à eau), la découverte par J. Watt de la transformation du charbon en énergie mécanique, ouvrant la première révolution industrielle en Angleterre, s'est répandue dans le monde en quelques siècles, alors qu'il avait fallu des millénaires pour l'expansion de la révolution néolithique.

Après le bois, avec l'utilisation des combustibles fossiles : le charbon (au 19ème siècle), le pétrole (au 20ème siècle), les disponibilités énergétiques découvertes par l'homme n'ont fait que croître (centrales nucléaires utilisant la radioactivité, 1950).

L'industriation (selon Musso) a précédé de plusieurs siècles l'industrialisation, les Cisterciens développant l'esprit de production au XIIème siècle, les Franciscains l'esprit de commerce au XIIIème (151).

La première révolution industrielle en Angleterre (1741-1840) avec l'introduction de la machine à vapeur dans les textiles a ruiné les petits artisans. La deuxième révolution se manifeste dans les années 1900 en Allemagne et aux États-Unis avec l'utilisation du pétrole, du moteur à explosion et de l'électricité (T. Edison à découvert la lampe à incandescence en 1879, les centrales électriques à courant continu fonctionnent en 1882, la lampe à fluorescence en 1895). Cette révolution a augmenté la production et la consommation de masse, mais aussi la diffusion des connaissances par emploi des rotatives imprimantes propulsées par la vapeur. Dans les années 1970/2000 débute la troisième révolution industrielle avec l'introduction de matériaux nouveaux (silicones, résines, céramiques), l'électricité d'origine nucléaire, l'électronique, l'automatisation des chaînes de production, la généralisation des moyens d'information (téléphone, télégraphe, radio, télévison).

L'histoire de l'énergie nucléaire commence en 1856 quand Becquerel observe le noircissement d'une plaque photographique au contact de sulfate d'uranium. En 1900 Marie Curie constate que le radium a les mêmes propriétés et Rutherford a montré que les rayonnements émis sont de trois types : alpha, bêta ou gamma. En 1939 Frédéric Joliot, Hans Halban, Lew Koudaroki déposent les brevets de fabrication d'un réacteur nucléaire, mais c'est aux États-Unis que d'octobre 1939 à juin 1942 sont mises en place les installations pour la construction d'une bombe nucléaire (projet Manhattan).

La première bombe est testée à Alamogado. Le 6 août 1945 *Enola Gay* largue la bombe à l'uranium dénommée « *Little Boy* » sur Hiroshima (118.661 morts dans l'année suivant le bombardement). Le 9 août la bombe au plutonium (« *Fat Man* ») détruit Nagasaki (73.884 tués). Le premier Kwh d'origine nucléaire est produit à Idaho Falls avec le réacteur EBR1. Le premier raccordement d'une centrale nucléaire (APS-1) au réseau électrique a lieu à Obninsk (Russie) en 1954. En 2014, le marché nucléaire mondial (437 réacteurs dans 30 pays, dont 99 aux États-Unis fournissant 10,5% de l'électricité dans ce pays, 58 en France y fournissant 77% de l'électricité) produit 10,8% de l'électricité. En 2015 la France et la Finlande ont lancé la construction d'un EPR (réacteur pressurisé européen) de 3ème génération.

D'un autre côté, la curiethérapie (implantation d'une source radioactive dans les tissus) commence aux États-Unis en 1980.

L'utilisation du télégraphe avec le code Morse débute en 1841. La première liaison, selon le concept de T. Puskas, Paris-Marseille-Budapest et Temisvar date de 1879 avec l'utilisation du Hallod (tu m'entends, en hongrois). Marconi envoie le premier télégramme entre l'Angleterre et la France en 1899. C'est en 1921 que commencent les premières émissions radiodiffusées de la Tour Eiffel, station militaire de TSF depuis 1904. Les premiers transitors (radio individuelles) sont sur le marché en 1954. Le téléphone sans fil apparaît en 1976, le GPS (géolocalisation par satellites) en 1995.

Inventé en 1960, le laser (*light amplification by stimulated emission of radiation*), producteur de faisceaux de lumière rectilignes, monochromatiques, de grande intensité, a des applications dans tous les secteurs de l'industrie et de la santé.

Toutes ces évolutions techniques ont entraîné de grandes modifications économiques (mathématisation du monde avec nouvelle production de masse, travail à la chaîne et spécialisation des ouvriers : taylorisme ; accumulation du capital, libre échangisme), sociales (urbanisation croissante, exode rural et immigration pour fourniture de main-d'œuvre, installation de classes sociales), politiques (libéralisme), culturelles (art avec impressionisme, cubisme ; architecture avec les gratte-ciel...).

Le système de libre marché, basé sur l'obsession du profit et la pression concurrentielle pousse à la manipulation pour acheter trop chers des produits inventés pour des besoins créés (4).

Emergence d'un capitalisme agricole

Les révolutions agricoles successives augmentent la productivité, enclenchent la destruction de la petite paysannerie, substituent le capital au coût du travail.

A partir du 17ème siècle, en Europe, toute une série de transformations, ayant pour but l'augmentation de la productivité, modifient les pratiques agricoles.

Une première révolution dans les années 1680/1700 est marquée par la généralisation du système de rotation des terres, avec disparition des jachères, l'amélioration des semences et des races encouragée par les concours agricoles, le perfectionnement des outillages, l'intégration de l'élevage dans l'agriculture. Dans les années 1850/1870 la mécanisation du travail (matériel de travail du sol, des semences, des plantations, des récoltes) et l'utilisation accrue d'engrais artificiels sont les marques d'une deuxième révolution. A partir des années 1965 /70, en 30 ans 2.400.000 chevaux de trait et 200.000 paires de bœufs ont été remplacés par 1450 tracteurs.

Il en résulte une diminution de la main-d'œuvre, principalement saisonnière et un besoin pressant de capital. Une troisième révolution dans les années 1930/50-1985 se distingue par une rapide augmentation des rendements due à l'abus des pesticides (herbicides, fongicides, insecticides) et des intrants chimiques et à une sélection génétique maîtrisée des variétés végétales et des races animales. Mais dès 1980, commence l'exode rural encouragé par la demande de main-d'œuvre de l'industrie, l'émigration dans les colonies, facilité par le développement des moyens de transport.

La fabrication d'organismes génétiquement modifiés (OGM) permet une sélection artificielle plus efficace et plus rapide que la sélection naturelle et un accroissement de la production. En 1980 a été obtenu le premier animal transgénique : une souris produisant une plus grande quantité d'hormone de croissance (donc grandissant plus vite), puis en 1985 des porcs dans le même cas. Plusieurs espèces d'animaux transgéniques fournissent des médicaments : chèvres produisant des anticorps monoclonaux, de l'antithrombine III, de l'a-1-antitrypsine ; porcs producteurs dans le lait de la protéine humaine C active dans la coagulation du sang ; vaches synthétisant dans leur lait l'alpha-lactalbumine humaine et un précurseur de l'insuline humaine ; lapins producteurs d'érythropoïétine, etc. Il existe des fermes d'animaux transgéniques (la première ouverte en 1994, financée par GENZYME). En Europe, c'est en 1983 à l'Université de Gand qu'a été produite la première plante génétiquement modifiée : un tabac. En 1985 une start-up californienne (Calgène Inc.), ayant annoncé l'obtention d'un tabac résistant au glyphosate, de nombreuses firmes se sont lancées dans la transgénèse. C'est l'isolement d'un gène correspondant à un caractère donné et son transfert non naturel dans l'information génétique d'un organisme étranger, de façon qu'il puisse s'y exprimer et se transmettre de manière stable). En 1993, l'équipe de Monsanto met au point un soja résistant au Roundup et Monsanto décide d'acquérir les entreprises semencières pour devenir le numéro 2 mondial des semenciers dans le monde (après Pioneer).

La première vague de production des PGM a été orientée vers la création de plantes résistantes aux herbicides, aux ravageurs ou aux agents pathogènes naturels. Ainsi, le maïs Bt de Monsanto, cultivé aux USA depuis 1990, est porteur d'un gène retiré de la bactérie du sol *Bacillus thuringensis* producteur d'une toxine détruisant les cellules intestinales des insectes. Le maïs Bt 810 synthétise une toxine qui tue les chenilles de la pyrale et de la sésamie, Lépidoptères qui se nourrissent des feuilles de maïs. Une deuxième vague de production porte sur la création de plantes à caractères qualitatifs particuliers recherchés : profils en certains acides gras, augmentation de la teneur en vitamines, résistance au froid ou au sel, production de molécules odorantes nouvelles ou médicamenteuses (exemples : pommes de terre produisant dans leurs cellules de la sérum albumine humaine, colzas synthétisant de l'hirudine, anticoagulant inhibiteur de la thrombine).

On peut memtionner aussi les tabacs exprimant le gène de la lipase humaine ou producteurs d'hémoglobine humaine.

En 2016 les PGM (soja, maïs, coton, colza...) sont cultivées sur 185 millions d'hectares (dont 73 millions aux USA) dans 26 pays (sur 197). Selon l'Iseaaa (Service International pour l'acquisition d'applications agrobiotechnologiques), en 2013 18 millions d'agriculteurs (sur 1,5 milliard) pratiquaient la culture PGM.

Les PGM sont destinés à l'alimentation animale, à la production de produits dérivés (huile de soja, huile de colza..), à la production d'agrocarburants.

Les risques des PGM portent sur l'environnement (les conséquences de la dissémination peuvent tenir à la plante elle-même, au transfert du gène impliqué dans d'autres organismes, au fait que la plante transgénique peut envahir d'autres cultures, à une réduction de la biodiversité, à une atteinte aux insectes pollinisateurs, à la création de formes de résistance), sur la santé (encore inconnue) et sur l'économie. La culture des PGM a des conséquences sur l'avenir des exploitations agricoles (dépendance accrue des agriculteurs aux semenciers en situation de monopoles...), d'une part, les relations N-S, d'autre part (concurrence des PGM avec les plantes non OGM localement produites, piratage des ressources des pays en développement).

L'écriture

Pour les nécessités du commerce et la diffusion de la communication, l'écriture, marquant le début de l'Histoire, est inventée indépendamment dans plusieurs régions.

Après 15.000 ans de représentations picturales de la préhistoire sur les parois des grottes, les premières traces d'écriture, se révèlent (-6000 ans) dans les temples sumériens des villes d'Uruk et de Laagash, sous forme de pictogrammes (signes représentant un objet ou une idée). Ils sont remplacés (-5700 ans) par l'écriture cunéiforme composée d'empreintes (600 différentes) faites par un calame (roseau aiguisé) sur de l'argile. En Chine les signes stylisés sont tracés à l'encre avec un pinceau sur de la soie. En Égypte où plusieurs systèmes graphiques (sur des roches, des récipients en céramique, des sceaux, des vases) existent dès 3250 avant notre ère, soit 400 ans avant l'écriture, un lien est créé avec le langage. L'écriture figurative hiéroglyphique est faite avec un calame sur papyrus par des scribes, pour la comptabilité et la rédaction des faits historiques. Elle va durer 3000 ans, jusqu'à la période romaine. Elle se simplifiera sous forme d'écritures cursive puis démotique qui, plus faciles, ne seront plus réservées aux seuls scribes.

Des ensembles de signes, pouvant être associés en diverses combinaisons pour former des syllabes et des mots, apparaissent vers -3400 ans. Le système phonétique (-1600 ans) rend l'accès au message plus facile.

L'HOMME, ÉTERNEL MIGRATEUR

Outre les nécessités de la recherche de nouveaux territoires de ressources ou de conditions de milieu plus favorables, l'homme a la curiosité de toujours aller plus loin, de vouloir connaître au-delà de son horizon, de répondre aux défis de l'espace et du temps.

Les migrations terrestres

Dès la protohistoire des voies de communication se sont multipliées entre zones de peuplement, assurant l'échange de biens matériels et le transfert d'idées.

L'ADN mitochondrial d'un fémur néandertalien daté de -124.000 ans, dans une grotte de Hohlenstein-Stadel (près d'Ulm en Allemagne) suggère que des hommes modernes sortis d'Afrique se seraient hybridés avec des Néandertaliens européens il y a 270.000 ans.

Lors des (premières ?) sorties d'Afrique il y a 100.000 ans, *l'Homo sapiens* aurait pu prendre pour route migratoire des cours d'eau à travers le Sahara vers la Méditerranée, dont le corridor vert d'Irharhar, le plus à l'Ouest. A partir d'une population fondatrice sortie d'une Afrique devenue inhospitalière entre -74.000 et -60.000 ans, les hommes modernes armés d'armes de jet de plus en plus meurtrières et du feu, parvenus sur les rivages de l'Asie du Sud-Est il y a plus de 70.000 ans (grotte de Zhien dans le sud-est chinois), réussissent à atteindre l'Australie il y a 45.000 ans, puis la Tasmanie (-40.000 ans).

Il y a 45.000 ans un groupe de chasseurs-cueilleurs de l'Est de l'Europe a divergé génétiquement avec un groupe de chasseurs-cueilleurs partis vers l'Ouest. Il y a 25.000 ans la branche de l'est à divergé en un groupe donnant les agriculteurs du Levant, ainsi qu'un groupe de chasseurs-cueilleurs du Caucase, qui a mêlé ses gènes à ceux des groupes de l'ouest. Ils ont contribué à fonder la tribu des Yamma, cavaliers nomades, diffusant en Europe les langues indo-européennes. Le groupe du Caucase a exporté ses gènes jusqu'en Inde. La défense du territoire aurait produit des conflits qui auraient entraîné la sélection de comportements hypersociaux. La coopération de groupes d'individus non apparentés aurait transformé les hommes modernes en une force irrésistible de grands prédateurs (133).

Après les migrations d'*H. erectus* et d'*H. sapiens*, avec le début du réchauffement climatique (-20.000 ans), profitant du recul de l'inlandsis, au Mésolithique l'Homme avance sur de nouveaux territoires.

Il y a -25.000 ans pendant la dernière période glaciaire (-100.000 à -12.000 ans), une migration en provenance de Sibérie le conduit en Amérique du Nord par la Béringie (isthme qui reliait la Sibérie à l'Alaska). Puis il y a 15.000 ans, à la première fonte des glaciers, une autre migration le mène par les côtes en Amérique du sud en 500 ans. Vers -11.5000 ans il y a un nouvel apport sibérien chez les Amérindiens du nord, par des populations proches des Koriaks (sibériens nomades actuels) mais pas des groupes arctiques (Eskimos, Inuits, Kets). Une troisième migration vers -8000 ans le refait pénétrer en Amérique. Madagascar et les îles du Pacifique seront colonisées 10.000 ans plus tard.

Homo sapiens a pu coloniser toutes les terres atteignables, grâce à sa grande capacité de coopération (hyperprosocialité de C. Marean), qui serait « sa marque de fabrique » et à l'invention d'une nouvelle technique : les armes de jet efficaces (arcs, flèches, sarbacanes), accroissant la portée des projectiles pour abattre des animaux migrants, et peut-être accélérée par un changement climatique (134).

Vers -7500 des populations du Proche-Orient migrent vers l'Europe où le Néolithique va progressivement s'étendre de -6.000 à -2000 ans, avec le développement démographique, les migrations accompagnant ou suivant les cultures selon les régions. Ce n'est plus la façon de tailler la pierre comme au Paléolithique qui fait référence, mais ce sont les formes et les décorations des poteries. Deux voies de migration sont alors empruntées : de la Turquie vers l'Europe et l'Allemagne par la vallée du Danube, de l'Orient vers l'Europe occidentales par les côtes de la Méditerranée.

Une importante discontinuité génétique indique à -4800 ans une autre migration importante d'Orient par la péninsule ibérique en Europe de l'Ouest. Ces migrants introduisent la culture campaniforme (-2500 à –2000) dont la caractéristique est le gobelet de céramique en forme de cloche renversée.

Alors que la poterie reste une économie locale, avec la métallurgie du bronze puis du fer, impliquant des lieux différents d'approvisionnement, de production et de distribution, l'évolution sociale vers une hiérarchisation traduite dans les tombes, et surtout tout un réseau de communication se développent. De la Turquie, l'industrie du cuivre (-7500) associée à l'usage de la pierre polie et des céramiques cordée et campaniforme, diffuse vers la Grèce (-4500) et les Balkans, les Alpes et l'Italie (-3200), l'Espagne.

Dès la protohistoire des voies de communication et d'échange ont été établies entre les zones de peuplement. A partir du 2ème millénaire avant J.C une « route du jade » relie la région du Yunnan à la Birmanie.

Quand la Chine commence à regarder vers l'Occident (à partir de l'an 73) commence à se mettre en place un trajet commercial de 7.000 km, (nommé « route de la soie » par F. von Richtofen, 1877) par où circulent aussi la porcelaine, la laque, l'encens et les épices.

Partant de la « Cité de la paix perpétuelle » (actuelle Xi'an) comptant alors plus de 2 millions d'habitants, les caravanes, contournant le désert du Taklamakan soit par le nord au pied des Montagnes célestes soit par le sud le long de la cordillère du Kunlun, se retrouvent à l'oasis de Kachgar. De nouvelles pistes en partent vers l'Inde et la Perse, à travers les montagnes du Pamir, de l'Indou Kouch, du Karakoran, des villes de Samarcande, de Boukhara, puis de la rive sud de la Caspienne jusqu'à Antioche et la Méditerranée (50). Outre les biens matériels tels que la boussole, la poudre à canon, le papier-monnaie, sont aussi véhiculés vers l'Europe le bouddhisme, le nestorianisme, le manichéisme, tandis que plus tard l'islam pénètrera en Chine. Deux cents ans après, Gengis Khan « Souverain universel », rassemblant la presque totalité de l'Asie et une partie de l'Europe orientale, préfigure une mondialisation qui se disloquera au XVème siècle sous l'essor de la puissance ottomane (prise de Constantinople, 1453). Mais le vénitien Marco Polo a été reçu à la cour de l'empereur Kubalaï Khan et le Ouigour nestorien Rabban Bar Sauma, mandaté par l'arrière-petit-fils de Gengis Khan, est reçu par Philippe le Bel et le pape Nicolas IV. Alors que la Chine de la dynastie Ming se referme sur elle-même et que l'islam des Turcs isole la chrétienté de l'Asie, les routes maritimes *via* l'Océan Indien et la mer Rouge sont préférées par les commerçants utilisant des navires bien équipés et rapides, sans les aléas du transport terrestre. Dans les années 1970 le percement du canal de Suez réduira le temps de trajet de l'Europe occidentale vers les Indes et l'Asie.

A la fin du XIXème siècle, le chemin de fer transsibérien sur plus de 9000 Km reliera Moscou, Vladivostok et Pékin.

La Compagnie d'État China Railway Corporation, après 4 ans de préparation, a réalisé un train de fret reliant (sur 12.000 Km à travers la Chine, le Kazakhstan, l'Allemagne, la Belgique, la France), Londres (18 janvier 2017) et la cité industrielle de Yivu au sud-est de Shanghai (10 avril 2017).

La version moderne de la route de la soie, selon le président chinois, serait de bâtir dans une soixantaine de pays une multitude d'infrastructures de transport (ferroviaires, autoroutières, portuaires) en intégrant l'Asie du sud-est, l'Océanie, l'Afrique. Cet axe de communication principal de l'empire chinois reconfigurera les équilibres stratégiques du monde.

Les expéditions maritimes

Les expéditions maritimes ouvrent la voie à la découverte de nouvelles espèces, à la colonisation et à une nouvelle conception du monde.

Après l'exploration des terres, la curiosité poussera de plus en plus loin les expéditions maritimes.

Les progrès dans l'art de la navigation (position de la latitude grâce l'astrolabe, puis du quadrant, calcul de la longitude par mesure précise du temps) au XV et XVIèmes siècles, liés au profit d'un commerce étendu, à l'évangélisation, mais aussi à la soif de nouvelles connaissances, le plaisir de la découverte (découverte de l'Amérique en tant que continent par les voyages de C. Colomb, 1492 ; doublement du cap de Bonne Espérance par Vasco de Gama, 1497 ; tour du Monde par Magellan :1519-1522) sont à l'origine de grandes innovations. La découverte de l'Amérique bouleverse la conception du monde par les nouvelles données agricoles et culturelles (première mondialisation). Elle a un effet considérable sur l'acclimatation et la diffusion de nouvelles espèces cultivées, sur l'introduction d'espèces adventices, sur la modification de la flore et de la faune. Dès 1494, introduit en Espagne, le maïs se répand dans tout le bassin méditerranéen, comme la tomate originaire d'Amérique du sud, qui, de Marseille atteindra la région parisienne en 1793. Suivront la courge, le potiron, le piment, l'aubergine, le fraisier et le haricot d'Amérique centrale. L'aumônier (A. Thèves), d'une mission envoyée au Brésil par François premier, décrit l'arachide et introduit les semences de tabac que Nicot fera connaître à Catherine de Médicis (1560). La pomme de terre découverte par Pizarre (1538), introduite en 1577 par des corsaires, ne sera cultivée en France qu'au 18ème siècle, grâce aux efforts de l'apothicaire Parmentier (1737-1813). Il la plante dans la plaine des Sablons, malgré le peu d'encouragement de l'Église qui ne perçoit sur cette culture qu'une petite dîme. Viendront du Moyen-Orient les blés, le riz, l'olivier, les agrumes, des arbres fruitiers. Dès le 16ème siècle l'arachide et le manioc du Brésil et du Paraguay sont introduits par les Portugais en Afrique et en Inde.

Le cacao d'Amérique équatoriale passe en Afrique au 19ème siècle et l'hévea du Brésil en Extrême Orient. Le café d'Abyssinie est à l'origine du café de l'Amérique du sud et des Antilles. Par contre, originaire de l'Inde, la canne à sucre transportée par les Arabes en Espagne, atteint le Brésil avec les Espagnols en 1525.

La guerre pour la possession de territoires est une importante cause de déplacements de populations. Ainsi, au Vème siècle en est-il avec les invasions des Huns d'Attila. Partant des steppes d'Asie centrale, l'empire hunnique s'étendait de la Chine et la Perse jusqu'au Danube, à l'Allemagne et aux rivages de la mer Baltique. L'armée d'Attila, destructrice de l'empire romain occidental, envahit la Gaule (451), mais sera battue aux champs Catalauniques (près de Troyes). Ensuite, les Mongols étendent leur empire vers l'Asie sous Gengis Khan puis vers l'Europe avec son fils Ogodei, l'expansion mongole faisant face à l'Orient musulman et à l'Occident chrétien (1223). Après avoir détruit Kiev (1240) et brulé Cracovie, l'armée mongole vainc les troupes hongroises (1241) du roi Bela IV et ravage les régions du Danube.

Comme exemple de migration pour raisons économiques, on peut rappeler l'histoire des premiers colons américains. En 1620 le vaisseau Mayflower aborde en un point de la côte du Massachusetts, près de Cape Cod, en un lieu que les 35 migrants protestants vont nommer Plymouth (lieu de départ anglais du vaisseau). Ils sont considérés comme les premiers fondateurs des États-Unis d'Amérique. A partir du XVIème siècle 50 millions d'immigrés vont s'installer aux USA. Une vague d'immigration massive y a lieu de 1840 à 1920. Un million d'émigrants blancs américains, pour installer des fermes dans les prairies à bisons, ont massacré ou déporté le million d'indiens qui était réparti en tribus dispersées en Amérique du Nord. Ce génocide a été accéléré par la construction du chemin de fer (1830) ouvrant la porte à la Conquête de l'Ouest Avec la ruée vers l'or (commencée en 1849), il s'est poursuivi (guerre contre l'apache Géronimo, 1886) après la guerre de Sécession (1861-1865).

Au milieu du XIXème siècle, une première vague de migration de masse (1877) venant d'abord d'Irlande, de Grande-Bretagne, d'Allemagne puis d'Italie, d'Asie (premiers Chinois en 1870) envahit l'Amérique. Après l'arrivée des Russes (1909-1919), le flux originaire d'Asie et d'Amérique latine s'accroît.

D'autres routes, comme celle des esclaves, lors de la traite orientale des Noirs, alimentent les marchés musulmans, par voie terrestre (transsaharienne) ou maritime (mer Rouge, Océan Indien). Après la découverte du Nouveau Monde, la déportation en Amérique dans les cargaisons de navires négriers (traite atlantique), a eu des conséquences importantes dans l'histoire du Monde. P. Frankopan (75bis) analyse l'importance dans l'économie mondiale de la route des esclaves du IXème au XIéme siècle, empruntée par les Vikings. Ils descendaient vers la mer Noire et le Danube, en s'emparant de slaves qu'ils revendaient à l'empire khazar, à Prague, à Venise et aux Arabes. Frankopan considère de même dans l'histoire de la mondialisation, l'importance d'une route des fourrures (des steppes d'Asie centrale, le long de la Volga et du Dniepr, vers l'empire arabe, au début du premier millénaire), d'une route de la peste, (des steppes d'Asie vers l'Europe pour y décimer un tiers de la population, au XIVème siècle), de l'argent (d'Amérique du Sud vers l'Espagne, au XVIème siècle), du pétrole (à partir de l'Iran, au début du XXème siècle), du blé (des plaines d'Ukraine vers l'Allemagne, en 1941). On pourrait aussi parler de routes du café, du cacao, du coton, du caoutchouc, du sucre. Originaire de Nouvelle Guinée, dès le XIIIème siècle avant J.C., la canne à sucre passe en Perse et en Grèce. Au VIIIème siècle, des esclaves noirs sont importés d'Afrique orientale par les Maures qui vont répandre le sucre sur les pourtours de la Méditerranée. C. Colomb apporte la canne à sucre de Madère à Saint–Domingue et aux Canaries. Selon l'OIT on comptait 45 millions de migrants internationaux en 1965, selon les Nations Unies 120 millions en 1990, selon l'OIM 150 millions en 2000.

Les guerres, les conditions socio-économiques, les modifications climatiques provoquent des flux migratoires dont l'ampleur va aller croissant (selon le Haut Commissariat aux réfugiés des Nations Unis, 65,8 millions de personnes déplacées dans le monde dont 22,5 millions de réfugiés). Les migrants ne sont plus des guerriers qui viennent de près mais des civils qui viennent de loin, avec leur histoire et leur culture rendant difficile une intégration dans les pays d'accueil.

Les vagues migratoires, dues aux conflits, à la misère, aux changements climatiques, bousculent l'équilibre social et politique des pays européens.

Les migrants favorisent une urbanisation croissante. Ainsi, Lagos, capitale économique du Nigéria, qui comptait 325.000 habitants en 1950 en abritera 15,8 millions en 2020, sans que suivent les infrastructures, 60% des habitants vivant dans des bidonvilles

Selon la Banque mondiale il y aurait aujourd'hui 250 millions de migrants (3,5% de la population). Le Haut Commissariat aux réfugiés évalue en 2014 à 50 millions le nombre de migrants forcés dont 16 millions de réfugiés à l'extérieur de leur pays et 34 millions de déplacés au sein de leur pays.

Dans les prochaines années cent millions d'Africains seraient prêts à venir tenter leur chance en Europe ou dans la péninsule arabique. Aujourd'hui 96% des migrants partent de la Libye.

En 2050 la population africaine représentera 25% de la population totale de la planète, ce qui provoquera un des plus grands déplacements de population de l'histoire (174).

L'HOMME ÊTRE PARLANT

L'hominisation s'est faite par une maîtrise de la nature avec l'outil et, grâce à un environnement social, par le langage.

Des Chimpanzés peuvent apprendre le langage des signes, les associant à des actions concrètes, première étape vers le langage.

Des mutations, ayant entraîné des modifications anatomiques (descente du larynx, modifications de la cavité suborale et de la langue) et neurologiques, avec une mobilisation de circuits neuronaux utilisés pour d'autre tâches, en même temps que l'acquisition d'une nouvelle adaptation auditive et le développement cortical d'une représentation de l'appareil oral, ont permis l'émergence de sons articulés : le langage articulé, nouvelle forme d'intelligence. *Homo habilis* a un début de descente du larynx et un approfondissement du palais libérant la langue. Mais, plus que la modification du larynx, c'est l'évolution cognitive qui a permis à l'homme d'articuler des mots ayant un sens. Alors que pour Chomsky le langage est apparu brusquement chez l'homme comme une mutation génétique, il est probable, au contraire, que son apparition a été graduelle, précédée par la gestuelle et par un protolangage rudimentaire, dépourvu de syntaxe. Comme l'agriculture et l'écriture, le langage serait apparu en plusieurs points du globe en développement parallèle à la manipulation d'outils. La structure du langage a dû se développer en un long processus au cours duquel le cerveau et les différents aspects du langage ont exercé des pressions de sélection les uns sur les autres (119).

Des mutations de FOXP2 (*forkhead box P2*) du chromosome 7, rendent incapable de produire certains mouvements du visage nécessaires à la parole. La séquence du gène FOXP2 humain diffère de celle du Chimpanzé par deux substitutions de bases qui ont changé la protéine et par plusieurs substitutions qui modifient le moment et l'endroit d'utilisation de cette protéine dans l'organisme. La nouvelle forme de FOXP2 serait apparue il y un demi-million d'années.

La source d'émission de la voix est constituée par les cordes vocales mises en vibration par l'air que les poumons insufflent vers la trachée. Leurs vibrations entraînent des variations de la pression de l'air qui produisent un son à une certaine fréquence. Le son émis au niveau de la glotte, se propage à travers les cavités buccale et nasale, ce qui module l'amplitude des composantes fréquentielles du son, donnant à la voix son timbre particulier, propre à chaque personne.

L'identité d'une voix est constituée de deux composantes propres à chaque individu : le timbre et la prosodie, musique de la voix (accentuation, intonation, rythme, accentuation).

En raison de caractéristiques physiologiques différentes, les voix d'homme sont caractérisées par une faible hauteur (de 70 à 160 hertz) et un timbre grave. Aujourd'hui des voix de synthèse sont données aux machines imitant les voix d'une personne naturelle (139). Les deux éléments de base du langage sont les sons continus (voyelles) et les sons bloqués (consonnes).

La plupart des différences entre le langage humain et la communication verbale d'autres espèces tient surtout aux capacités cognitives liées à la taille du cerveau. Une mutation du gène ASPM (*abnormal spindle-like microcephaly*) au locus 1q31.3, entraîne une microcéphalie, mais d'autres régions du génome ont aussi influencé la forme du cerveau humain. Des sections d'ADN, dites séquences accélérées humaines (HAR), sont des séquences régulatrices commandant l'activation ou l'inhibition de gènes adjacents qui interviennent dans le développement du cerveau (161). Ainsi HART1 (*hightly accelerated region 1A* ; gène sur le chromosome 20) est actif dans des neurones qui participent au plissement du cortex cérébral. Un dysfonctionnement de ces neurones engendre la lissencéphalie (cerveau lisse).

Depuis la première observation de Broca (1861) d'un malade comprenant tous les mots mais ne pouvant prononcer que « tau », atteint d'une lésion de l'hémisphère frontal gauche (aire Broca impliquée dans la production des sons), on sait qu'interviennent aussi dans le langage l'aire de Wernicke (dans la partie postérieure du lobe temporal gauche) impliquée dans la compréhension du langage, ces deux zones cérébrales étant connectées par le faisceau de fibres nerveuses dit arqué et une troisième région dans le cortex pariétal inférieur : territoire de Geschwind, à l'intersection des cortex visuel, auditif et somato-sensoriel.

La langage existe sous forme rudimentaire chez d'autres Primates et il n'atteint sa maturation chez l'enfant que vers 5-6 ans. Enfin, ce sont les neurones pyramidaux du cortex moteur qui envoient les signaux aux muscles de la bouche et du larynx.

L'imagerie cérébrale montre qu'il y a une distribution encore plus étendue des aires du langage, avec participation de la partie moyenne du gyrus temporal inférieure (aire 37 de Brodmann), et que de grandes variations interindividuelles sont nombreuses. Demain, des scanners géants (comme celui de l'usine Alstom-GE de Belfort), affichant 11,5 teslas contre 1,5 pour les IRM actuels, permettant d'observer l'activité de quelques milliers de neurones, aideront à la compréhension de l'organisation spatiale des neurones dans les différentes aires du cerveau et à la découverte du code neural.

Aucune communication animale non verbale n'est ni symbolique ni flexible comme le langage. Le langage articulé permet une nouvelle façon de pratiquer des formes d'information et de communication, d'associer des phonèmes à une réalité matérielle ou abstraite, d'élaborer des stratégies communes, de se représenter autrement la réalité. Des singes peuvent pousser des cris d'alarme spécifiques selon les prédateurs, ou user d'un grand répertoire de gestes particuliers, mimique que nous utilisons aussi. Les babouins produisent des vocalisations comparables aux voyelles et les macaques sont équipés pour prononcer des sons. Chez le Chimpanzé 39 comportements culturels distincts ont été recensés.

Mais seul, le langage articulé est une communication à base de symboles (les mots) manipulés selon des règles symboliques (phrases) qui ont pour le sujet une signification (un contenu sématique) et qui permet avec quelques mots de faire un grand nombre de phrases. Il existe plus de sept mille langues. Le langage permet d'aller au delà de la communication animale, au-delà de l'information à l'imaginaire. *« Si chaque sujet a un corps, la façon dont il en parle est toujours à entendre comme la façon dont il s'en sert ou n'arrive pas à s'en servir dans son lien à l'Autre »* (H. Bonnaud, 25).

Par le langage l'Homme perd l'instinct dont les caractéristiques sont la répétition à l'identique sous la pression d'un besoin.

Avec le langage l'Homme manifeste une part de l'indétermination qui lui revient. « *L'homme est déterminé à n'être pas déterminé* » (F. Ansermet, 8).

« L'être humain a donc la particularité par rapport au reste du monde, d'être un sujet de l'inconscient, c'est-à-dire le produit, le résultat, l'effet de la parole sur le corps vivant » (M.E. Sanselme-Cardenas, 169).

Les mots sont la matière même de l'être parlant, d'où les cures par la parole, thérapie désignée par S. Freud comme voie de salut pour les névrosés et refoulés, et encore très demandée. Pour Lacan (Séminairee 20, Encore 1972) introduisant la notion de jouissance, *« le corps parlant c'est une substance jouissante qui ne se résume pas à l'image qu'on se fait de lui. C'est par la jouissance que l'homme se sert de son corps pour parler »*. Le parlêtre est l'individu parlant en son être particulier de jouissance. J.A. Miller (2014) pour qui le corps parlant parle en termes de jouissance, distingue deux sortes de jouissance du corps parlant : 1) la jouissance autiste du corps qui provient de l'évènement du corps qui crée la rencontre originaire du vivant et de la parole, 2) la jouissance de la parole, à situer du côté de la jouissance des objets du corps ou des bords du corps (bouche, anus ..). C'est une jouissance du corps articulée au sens, qui donne naissance aux idéaux du bien, du vrai, du beau (142).

Aujourd'hui, sous la pression d'impératifs techniques, la langage tend à se réduire à des signaux (messages destinés à prescrire un comportement) plutôt qu'à échanger des signes (démarche de dialogue), la simplification du langage s'accompagnant d'une simplification de l'écriture (18).

Même au téléphone la parole disparaît, chassée par les SMS et les messageries instantanées.

Connu depuis l'Antiquité, le langage sifflé, pratiqué actuellement par 70 populations du monde entier vivant principalement dans des montagnes reculées ou des forêts denses, est une déformation des mots. Les sons sont générés non plus par des vibrations des cordes vocales, mais par écoulement d'air comprimé dans la bouche et modulé par les lèvres. En raison des caractéristiques acoustiques du sifflement, le son se propage jusqu'à dix fois plus loin que la parole criée. Le cerveau humain peut reconnaître des mots et des phrases dans un signal qui comporte moins d'information que celui produit par la voix.

L'HOMME, APPRENTI PERMANENT

L'être humain a un besoin inné de nouveauté pour tester ses capacités, en affrontant toujours de nouveaux défis.

Sur le plan anatomique, à partir d'*Homo habilis* le cerveau des différentes espèces qui se sont succédées a grandi plus vite que le corps, perdant la relation de proportionnalité entre cerveau et taille du corps qu'ont les grands singes. A la naissance il n'a que 10% à de son volume final (ce qui permet la parturition) contre 50 à 60% pour les singes, sa maturation ne s'achevant que vers 30 ans. Il pèse alors 2% de la masse corporelle et consomme 20% de l'énergie par unité de temps. Il est 4 fois plus gros que celui du Chimpanzé.

Les capacités d'apprentissage sont présentes chez la plupart des Vertébrés, mais avec la complexification du cerveau humain, les découvertes successives de techniques devenant des innovations dans la pratique, l'apprentissage prend une importance considérable. Chaque trait culturel (utilisation d'outils, modes vestimentaires, culinaires, croyances, formes d'art...) se comporte comme un gène, d'où le nom de mème qui lui a été donné par R. Dawkins (1976). Un mème est une information stockée dans le cerveau, qui influence le comportement et se transmet d'une génération à l'autre par la culture du groupe auquel l'individu appartient. Tout comme l'évolution des gènes par mutations, les copies des mèmes peuvent être transformées au cours des générations. Une sélection sociale favorise les mèmes qui renforcent un intérêt commun ou une mode commune. Ainsi, l'homme ajoute aux gènes transmissibles par la fécondation, les mèmes transmissibles par apprentissage. Les humains ont une culture cumulative qu'ils acquièrent de leurs parents ou des enseignants et ils peuvent manipuler les informations pour les utiliser éventuellement de manière plus efficace. Ce n'est pas le cas des singes dont les techniques d'épouillage ou de brisure des noix n'évoluent pas au fil des générations.

Des changements culturels peuvent alors conduire à des modifications de la fréquence des allèles de certains gènes dans les populations.

Quand, au Néolithique, les hommes pratiquent l'élevage et boivent le lait frais d'animaux domestiqués, la sélection favorise l'expansion d'un gène codant pour une enzyme (la lactase transformant le lactose en glucose et galactose), permettant la digestion du lactose.

Ce gène est encore conservé de nos jours chez les populations pastorales consommatrices de lait frais. Mais quand l'homme invente la fabrication de fromages par fermentation qui supprime en grande partie le lactose, la capacité de l'activité de la lactase se perd chez la plupart des adultes.

Cependant, une mutation génique a prolongé à cinq reprises l'activité du gène de la lactase : trois des mutations se sont produites dans les populations pastorales consommatrices de lait frais en Afrique subsaharienne, une autre en Péninsule arabique dans des populations de chameliers et de chevriers. La dernière, présente chez plus de 75% des européens est apparue il y a moins de 5000 ans.

De même, quand l'homme a commencé à détruire les forêts pour cultiver les sols, les racines des arbres n'absorbant plus les eaux, se sont développées des mares stagnantes favorables à la reproduction d'un moustique, vecteur du *plasmodium,* protozoaire agent du paludisme, se multipliant dans les globules rouges. La sélection naturelle a maintenu alors dans les populations de zones humides, des gènes mutants, apparus en Afrique il y a 3.000 ans, codant pour une forme anormale de l'hémoglobine (allèle S, associé à une anémie dite falciforme, parce que les globules rouges ont une forme en faucille), mais qui permet la résistance au *plasmodium* (qui ne peut se nourrir d'hémoglobine anormale), c'est-à-dire évitant la maladie invalidante dont sont frappés les porteurs des gènes non mutés. Un trait culturel est bien devenu facteur d'évolution de la fréquence des allèles. Il existe en Asie du Sud-Est une autre mutation de l'hémoglobine (hémoglobine E) qui confère une résistance au paludisme sans les effets secondaires d'obstruction des capillaires par les globules en faucille. Bien que plus favorable que la mutation S, elle n'a pas pénétré en Afrique, parce qu'elle représente un avantage relatif moins important du fait de l'existence déjà sur place d'une forme de résistance au paludisme.

Tous les impacts environnementaux liés à l'alimentation, aux produits chimiques, tels les perturbateurs endocriniens, aux influences socio-économiques, affectives, etc., peuvent avoir soit un effet direct sur les mutations géniques soit un effet épigénétique sur l'expression des gènes, manifesté pendant plusieurs générations.

Depuis l'étude de la cohorte Overkalix (320 individus nés en 1989, 1905, 1920, 1935 en Suède) on sait que chez l'homme les maladies cardio-vasculaires et le diabète dépendent de l'abondance ou de la restriction alimentaire pendant la puberté des grands-parents paternels. Le grand-père transmet l'information à ses petits-fils mais pas à ses petites-filles. La grand-mère paternelle la transmet à ses seules petites-filles. Des enfants de mères ayant consommé plus de 500 microgrammes de folates ont plus d'eczéma que ceux de mères en ayant pris moins de 200.

Les petits-enfants de grands-mères fumeuses ont plus de chances d'être asthmatiques, même si leur mère ne fume pas. D'une étude sur 114.000 juifs nés entre 1928 et 1945 dans les pays où s'est déroulée la Shoah, il ressort que des perturbations ayant affecté la mère, peuvent activer ou inhiber l'expression de gènes impliqués dans l'apparition de la schizophrénie.

Des altérations de l'environnement précoce en période prénatale ont un impact épigénétique transmissible par des modifications des cellules germinales, ce qui ouvre une vision nouvelle en sciences psychologiques, sociales, juridiques et éthiques.

Les modes de vie, dépendants des cultures et transmissibles par imitation ou apprentissage, exercent donc par des mécanismes épigénétiques (épimutations) une influence à long terme sur des régulations fonctionnelles de l'enfant en développement, puis de l'adulte. Des maladies chroniques de l'adulte peuvent avoir une origine précoce, liée aux milieux utérin, social, environnemental. Un traumatisme infantile peut entraîner une déméthylation d'un gène pouvant persister à l'âge adulte. L'Homme n'est pas que le produit de ses seuls gènes, il est devenu aussi le produit de traits culturels qu'il a reçus et qu'il transmet par apprentissage à une génération qui a, en outre, la potentialité de les perfectionner (effet cliquet). Selon M. Tomasello (2004), comparant les capacités cognitives des primates et des enfants, chaque génération d'hommes hérite des outils matériels et intellectuels des générations antérieures, en développant des modes spécifiques de représentation cognitive, et il ajoute de nouvelles modifications qui seront remplacées à leur tour. Aucun animal n'est capable d'une telle évolution culturelle cumulative que l'homme a acquise par un apprentissage basé sur l'imitation, l'instruction et la collaboration. L'augmentation de la taille des populations et le langage articulé ont facilité la culture cumulative des innovations.

L’HOMME, AVIDE DE TRANSCENDANCE

Avec la conscience de soi apparaît l’angoisse de l’existence, l’impossibilité de résistance à la mort, que des mythes puis des religions contribuent à canaliser en donnant leur interprétation du monde perçu.

Les mythes sont des explications de l’inexplicable, transportées dans l’espace et dans le temps (83 bis). Ils évoluent avec les populations, selon des lois comparables à celles de l’évolution des espèces, leurs diffusions planétaires accompagnant les migrations humaines. Trois familles de mythes sont anciennes : les chasseurs cosmiques (transformation d’une nymphe en constellation, telle Callisto en Grande Ourse), les mythes de type Pygmalion (animation donnant la vie à un objet, telle la sculpture de Pygmalion transformée en Galatée), les mythes de type Polyphème (chasseur bloqué par un monstre, tel Ulysse s’échappant en crevant l’œil du cyclope Poyphème). La diversification du mythe originel produit, selon les influences géographiques, des variantes dont les traits caractéristiques (mythèmes) peuvent être analysés par les méthodes phylogénétiques des biologistes qui permettent d’établir les liens de parenté entre espèces vivantes (97).

Le mythe des Chasses cosmiques, présent des deux côtés du détroit de Béring (émergé entre -25000 et -14000 ans), absent d’Indonésie, de Papouasie et d’Australie, remonterait donc au paléolithique et plusieurs migrations successives en Amérique du nord ont chacune apporté une version différente. L’arbre de la Chasse cosmique regroupe les versions grecque et algonquine, ce qui recoupe le fait que ces peuples partagent l’haplogroupe X2, ensemble de gènes hérité d’ancêtres eurasiens communs il y a 30.000 ans. Les récits de type Polyphème ont progressé de la Méditerranée vers le nord, d’une part, et vers les Pyrénées, d’autre part, puis, en effet retour, vers le Caucase. Les mythes de type Pygmalion s’organisent en un gradient du Nord au Sud de l’Afrique.

Depuis l’aube de l’humanité l’art (ars en latin) et la technique (techné en grec) sont liés.

L’Homme a besoin de transcendance, d’aller au delà de l’humaine condition, de se surpasser et de s’évader de l’immanence (matérialité), de vivre au-delà de la réalité et de la mort, de chercher au-delà des limites du rationnel. Ses capacités d‘imagination lui ouvrent les portes de mondes invisibles, de l’utopie, de l’Art.

Les pierres-figures, cailloux retouchés au silex, de sites paléolithiques (comme ceux trouvés en Israël, datés de -280.000 ans) évoquant des figures animales ou humaines, sont peut-être les premières expressions artistiques.

L'usage de l'ocre pour s'orner le corps remonte à -700.000 ans (site d'Isernia la Pineta en Italie).

Les rites funéraires des Néandertaliens sont l'indice de recherche d'un sacré, d'une volonté de dépasser la mort inéluctable. Les restes d'ossements de la grotte de Gough (dans le Somerset) datés de -14.700 ans, suggèrent des pratiques rituelles symboliques des Magdaléniens, plutôt qu'un cannibalisme nutritionnel.

Pour apaiser les angoisses de la condition humaine, les tentatives d'explication du monde et de l'existence des hommes sont trouvées dans l'imagination de dieux (polythéisme), puis d'un dieu (monothéisme), présent ou à venir, maîtres des phénomènes naturels et des comportements des hommes. Le phénomène religieux, faisant appel à un divin transcendant, est présent à toutes les époques et dans toutes les cultures. Des siècles durant, mythique et rationnel ont demeuré, coexisté. Semblables aux mortels, les dieux s'occupent de tout, jusqu'à l'hégémonie de religions monothéistes où d'autorités religieuses tentant de subordonner le rationnel au mythique.

Les religions ont succédé à la mythologie, avant qu'une pensée rationnelle basée sur l'observation et la réflexion commence à émerger, libérant l'emprise théologique sur les connaissances, le « temps de Dieu » se dissociant alors du «temps de la société » (92 bis). D'après le paléontologue S.J. Gould (84), depuis l'origine de l'humanité les cultures humaines se seraient bâties à partir de la spiritualité (la foi, la religion) et à partir de l'exploration scientifique. Il propose une coexistence pacifique entre ces deux approches du monde, à condition qu'elles ne se recoupent pas. Mais le mythe revient en force avec les intégrismes religieux (102), le créationnisme, les grandes peurs injustifiées (crainte de la vaccination ...).

Les parois de grottes de la région de Kimberleg (Australie) sont riches en fresques datées de -40.000 ans. Les peintures rupestres sur les grottes sont l'indice d'une communication non verbale avec l'Autre, non seulement d'une certaine perception de la réalité mais aussi d'une forme de représentation qu'on retrouve dans la même unité des thèmes (la chasse et la fécondité, c'est-à-dire la mort et la vie, combinaison fréquente chez les premières sociétés de chasseurs-cueilleurs) sur tous les continents.

C'est l'indication d'un même système de symbolisation. L'art pariétal préhistorique s'est perpétué quasiment à l'identique durant 22.000 ans.

Faute d'écriture, l'image est la seule manière de figurer un système de pensée. Les premières œuvres d'art significatives datent de l'Aurignacien (-40.000 à -29.000 ans), où une explosion de l'expression artistique marque la naissance de l'art figuratif qui aurait contribué à renforcer l'identité du groupe dans une même spiritualité marquée par l'animisme.

De curieuses figures d'humains à tête de chien (theranthropes) dans l'art rupestre saharien (-5000 ans) pourraient témoigner la représentation d'un processus de transformation chamanique.

La confection de flûtes par les Néandertaliens montre l'existence dès cette époque d'une musique qui devait accompagner des danses, servir d'intermédiaire avec le monde des esprits et, au besoin, avoir un but thérapeutique. Des restes de mammouths d'Ukraine portent des traces de percussion.

Selon J.P. Changeux, « *l'activité artistique semble avoir précédé l'émergence de la connaissance rationnelle* » (37). L'art, transformation consciente d'un donné par l'intermédiaire d'outils, extériorisation de la pensée, témoin d'une culture, lié à l'émotion esthétique de la Beauté, est le propre de l'Homme. Cette émotion résulte de l'intervention de réseaux de neurones du système visuel ou auditif, du cortex préfrontal et du système limbique de récompense. Une stimulation magnétique transcrânienne du cortex préfrontal dorsolatéral augmente le plaisir ressenti à l'écoute d'une musique. L'accès de la perception d'une recombinaison du ressenti à la conscience, qui fait aussi intervenir des souvenirs, déclenche l'embrasement (« ignition ») de « *l'espace de travail neuronal* » (J.P. Changeux et S. Dehaene). Des sources d'inspiration multiples nourrissent des créations toujours nouvelles. Pour Damasio, la créativité est motivée par les sentiments de toutes sortes, provoqués par des évènements réels ou imaginaires.

L'activité créatrice de l'artiste entre en empathie avec l'observateur. Spécificité du cerveau humain, la sensibilité artistique est acquise au cours de circuits culturels propres à chacun.

Le volume du cerveau du nouveau-né est 4 à 5 fois moindre que celui de l'adulte composé de 86 milliards de neurones et de 600 millions de synapses par mm3. Après la naissance 90% des connexions nerveuses, sélectionnées par leur activité, s'établissent en fonction des influences extérieures ou des motivations internes du sujet. La plasticité synaptique est liée à des modifications de la structure et de la composition des compartiments pré- et post-synaptique, modulées par les astrocytes, les cellules microgliales et des populations de cellules non neuronales dans le système nerveux central.

Les liens entre le rêve, les névroses et la création artistique font l'objet d'études de psychanalystes. La création peut être une sublimation de la pulsion sexuelle ou une délivrance d'insatisfaction psychique par une construction réparatrice. L'extraordinaire complexité combinatoire du cerveau et sa plasticité sont épigénétiques. Aujourd'hui, sur les murs des cités une sorte d'art (*street art*) s'épanouit sous forme de graffiti ou de fresques, explorant différentes techniques (bombe, collage, mosaïque...). Selon J. P. Changeux, imaginant une neuroscience de l'art (37 bis), « *la nouveauté, la cohésion des parties sur le tout et la parcimonie qui consiste à expliquer beaucoup avec peu, seraient à la base de l'émotion esthétique* » (37).

D'abord lié au divin, l'art devient en Europe, à la Renaissance, expression d'un plus grand besoin de liberté. Inspirée de l'art grec et romain de l'Antiquité, la Renaissance, commencée en Italie au XIVème siècle, se propage dans toute l'Europe au XVIème, concernant tous les arts : l'architecture, la sculpture, la peinture, la tapisserie, la broderie, la bijouterie, la céramique.

Brunelleschi utilise le premier la perspective et l'emploi des rapports mathématiques dans la construction des bâtiments. L'homme a toujours projeté la construction d'énormes édifices (mégalithisme présent dans de nombreuses régions du monde, pyramides à degrés précolombiennes, pyramides d'Egypte...). Avec l'utilisation de l'acier les premiers gratte-ciel ont été bâtis dans les années 1890. (le *New-York Tribune building* de 78 m de haut, en 1873). Aujourd'hui la tour Burj Khalifa de Dubaï, avec 163 étages, atteint 828 m et la *Kingdom Tower* dont la construction finira en 2019, sera encore plus grande. Le projet M.O.T.H.E.R japonais atteindrait 1312 m. La plus haute tour de France en projet serait la tour Link à la Défense, de 244 m avec 52 étages, 24 ascenseurs, 17 terrasses-jardins, 3 jardins d'hiver, 3 auditorium. Elle pourrait accueillir 10.000 personnes.

Pour les peintres des XIV et XVèmes siècles, dans l'organisation de l'espace (scénographie) toute perspective se construit à partir d'un point de vision fixe destiné à assurer la continuité entre l'espace dans lequel il se trouve et celui de l'image.

Au 17ème siècle la peinture est d'inspiration mythologique, religieuse ou historique et les portraits sont le plus ressemblants possible.

Selon les époques, les peintres de l'Occident traduisent en différents courants (71 bis) les effets de la lumière (expressionisme), ou le choix de couleurs éclatantes pour estomper le dessin (fauvisme), ou l'expression du mouvement (futurisme). Ils peuvent s'inspirer de l'inconscient ou du rêve, des thèmes psychiques de Freud (surréalisme), de questions métaphysiques (peinture métaphysique), abolir la perspective pour faire entrer une troisième dimension (cubisme). La peinture, langage non verbal, d'abord figuratif et narratif, par des compositions de plus en plus épurées devient ainsi abstraction absolue, dans une évolution idéologique de la représentation (suprématisme de K. Malevitch).

Il en est de même pour la sculpture manifestée dès -30.000 ans (Vénus stéatopyge de Willendorf en Autriche ; Venus de Lespugne, gravée dans l'ivoire : -23.000). Au naturalisme intégral succède une stylisation jusqu'à la réduction du corps féminin à une fourche.

A la codification par le hiératisme de la puissance du monarque-dieu pharaon, succède une représentation de la beauté du corps humain des grecs, avec l'amorce du mouvement (déhanchement classique de Polyclète et Praxitèle).

Après les sculptures soumises aux obligations théologiques du Moyen-Age, à la Renaissance revient la glorification de la Beauté Humaine (par exemple, David de Donatello, 1430-33, David de Michel-Ange, 1501-1504, Age de l'Airain de Rodin, 1877), puis « *la beauté des sculptures devient une construction intellectuelle* » (J. Tcharny, 180 bis). Pour Brancusi « *ce n'est pas la forme qui est réelle, mais l'essence des choses. Partant de là il est impossible à quiconque d'exprimer quelque chose de réel en imitant la surface des choses* » (*in* M. Tabart, 179 bis). « *C'est la spiritualisation absolue de la sculpture en opposition avec l'abstraction* » (J. Tcharny, 180 bis) : exemple la Maïastra, 1910.

Les premières images photographiques permanentes prises avec une chambre noire, sont obtenues par J.N. Niepce en 1826 (image de la cours du domaine du Gras, à Saint Loup-de-Varennes).

Arago présente à l'Académie, en 1839, l'appareil photographique dit daguerréotype, amélioration par L.J. Daguerre de l'invention de Niepce, qui inquiète les peintres portraitistes dont certains vont devenir photographes. En 1840 W.F. Talbot permet la diffusion multiple des images, par l'invention du procédé négatif-positif (calotypie).

L'évolution de la photographie (159bis) va se poursuivre par des innovations (réduction du temps de pose, amélioration de la stabilité de l'image, simplification des appareils) dans les domaines de l'optique, de la chimie, de la mécanique, de l'électricité, de l'électronique, de l'informatique : photo couleur (1935), tirage sur papier de la photo couleur (1950) qui se répand dans l'usage public, photo numérique du XXIème siècle, où l'image est transformée en une série de points (pixels) et le film remplacé par des capteurs électroniques de l'image. Par l'esthétisme de l'image, la photographie devient une part de l'art contemporain (159ter) et une source d'information (photojournalisme).

Après la lanterne magique du 17ème siècle et les projections de films animés d'E. Raynaud (1892), les frères Lumière donnent (1895) la première représentation publique d'un film (sortie de l'usine Lumière à Lyon). Avec Méliès le cinéma devient le premier art de la révolution industrielle. Après plusieurs siècles d'évolution (49 bis), toute une industrie qui exploite la production et la projection de films d'abord muets, puis parlant (dès 1912) et en couleur (procédés Technicolor puis Eastmancolor), diffuse le cinéma au plan international, à un public populaire. La pellicule passe au numérique dans les années 1995.

Dès 1950 le cinéma entre en concurrence avec la télévision (49 bis) inventée en 1926 (premières émissions en France en 1931, reprises en 1944 après la guerre, en réseau national en 1949), ubérisée par les plateformes numériques, qui, avec les médias, par son emprise sur les esprits, influence les comportements et représente un quatrième pouvoir.

L'HOMME, FORCE GÉOLOGIQUE

L'homme provoque des changements climatiques, géochimiques
et biologiques qui justifieraient la distinction d'une période géologique :
l'Anthropocène, accompagnant une sixième période
d'extinction massive des espèces.

En 1922 le géologue A.P. Pavlov décrit les temps actuels comme une période nouvelle : l'Anthropocène. Le terme est popularisé en 2000 par le chimiste de l'atmosphère P.J. Crutzen et, lors d'une réunion à Oslo en 2016, des chercheurs demandent l'officialisation de ce concept. Or, la création d'un intervalle dans l'échelle des temps géologiques doit être définie par un évènement majeur à l'échelle du globe, enregistré dans les sédiments et le nom de cette nouvelle subdivision doit être ratifié par l'UISG (Union Internationale des Sciences géologiques).

Dès 2008 un groupe de travail de l'Anthropocène a été créé au sein de la sous-commission de stratigraphie du Quaternaire. Il a proposé la limite inférieure de l'Anthropocène au 16 juillet 1945, date de l'essai nucléaire aux États-Unis et période de grande accélération de la quantité de dioxyde carbone dans l'atmosphère. En août 2016 au 35ème Congrès international de Géologie il a été demandé de valider l'Anthropocène.

Les activités humaines agricoles, industrielles, les expériences nucléaires, les transports, l'urbanisation, le chauffage, la climatisation, l'accroissement de la consommation du charbon, du pétrole, du béton, etc., par émissions d' oxyde d'azote, de dioxyde de carbone, de dioxyde de soufre, de particules fines, de composés organiques volatils, de métaux lourds, d'hydrocarbures aromatiques, ont pour conséquences des modifications des cycles du carbone, de l'azote, du phosphore et du soufre, des pollutions (produits organiques, plastiques, métaux lourds, déchets nucléaires....) de tous les milieux, provoquant les décès de 6 millions de personnes par an, l'acidification des océans, de graves atteintes à la biodiversité et un réchauffement climatique avec une pénurie d'eau pour 3 milliards d'hommes, un certain nombre de morts (Le Grand Smog de Londres en décembre 1952 aurait fait plus de 4.000 décès ; les particules fines feraient en France 48.000 victimes par an, soit 9% de la mortalité nationale).

Par conjonction des activités humaines et d'un puissant épisode d'El Nino, la concentration de CO2 dans l'atmosphère a atteint en 2016 le record de 403,3 ppm (parties par million de molécules de gaz) contre 400 en 2015, le taux d'accroissement dans les 70 dernières années étant cent fois plus élevé qu'à la fin de la dernière période glaciaires.

En 2050 70% de la population habitera dans des villes qui pourront rassembler jusqu'à 110 millions de personnes

En deux siècles 7% des espèces d'Invertébrés ont disparu et un tiers des Vertébrés terrestres sont en déclin en raison de la perte de leur habitat potentiel (114bis). Selon la FAC (Organisation des Nations unies pour l'alimentation et l'agriculture), 90% des stocks de poissons qui sont suivis, sont pleinement exploités ou surexploités contre 75% en 2005. Les stocks de certaines espèces se sont effondrés ; les captures mondiales de poissons diminuent de 1,2 million de tonnes par an depuis le milieu des années 1990. Pour nourrir les poissons d'élevage une pêche industrielle s'est développée, tournée vers les petits poissons pélagiques (sardines, anchois..) et les crevettes de l'Antarctique (entre 1976 et 2004 les stocks de krill ont diminué de 50 à 80%), pour les transformer en farine servant aussi de nourriture pour les volailles et les porcs. Or, ces petits poissons sont à la base de la chaîne alimentaire dans les océans où flottent 269.000 tonnes de plastique. Ce polymère, dérivé du pétrole, est très difficilement biodégradable (sauf par la larve du papillon *Galleria mellonella*).

Selon l'ONU les forêts tropicales assurent la subsistance de 70 millions de personnes qui les habitent et de 1,6 milliard de personnes qui en dépendent. Elles sont surexploitées et 13 millions d'hectares disparaissent chaque année, reconvertis en terres agricoles ou fermes d'élevage. La production d'agrocarburants (en 2014, 3 millions de tonnes de biodiesel à base d'huile de palme, utilisés en Europe) s'ajoute à la demande de l'agroalimentaire pour accélérer la déforestation. D'après des clichés par satellite, entre 2000 et 2012 2,3 millions de km2 de forêts ont disparu.

Chaque fois que 1.000 milliards de tonnes de carbone sont ajoutés dans l'atmosphère, soit en 25 années au rythme actuel, la température moyenne mondiale augmente de 0,6°C. En 2015, plus de 50 millions de personnes ont été touchés par la sécheresse. Actuellement 30% de la population mondiale subissent chaque année des vagues de chaleur qui durent au moins 20 jours par an.

Au rythme actuel des émissions de gaz à effet de serre, en 2100 74% de la population subirait des canicules mortelles, surtout dans les zones tropicales (Afrique, Amérique centrale, Indonésie, sud de l'Inde).

La hausse des températures dans l'Arctique est plus importante que partout ailleurs dans le monde. La fonte de la calotte glaciaire donne naissance à des langues de glace flottante, libérant de l'eau douce, alors que le déclin de la banquise est la fonte de l'eau gelée de la surface de l'océan. L'étendue de la banquise, de 7,9 millions de km2 en 1980, est réduite à 4,7 millions en 2016, et l'épaisseur de la glace, de 3,60 m en hiver 1980, est passée à 1,90 m en 2008.

Cela entraîne une élévation du niveau de la mer et des répercussions sur tout le système climatique. Un nouveau système océan-atmosphère-glace de mer est en voie de formation. De 2,2 mm en 1993, la hausse du niveau des océans est passée à 3,3 mm en 2014.

A la fin du siècle elle pourrait être de 26 à 98 cm. La fonte accélérée de la banquise ouvre de nouvelles voies navigables en Arctique, mettant à portée l'Europe du N et l'Amérique, ce qui soulève des revendications territoriales accrues par le fait que d'immenses ressources fossiles (gaz, pétrole) et minérales seraient à découvrir.

Or, la moitié de la population mondiale vit le long des côtes. En Asie du Sud-est des villes comme Bangkok, Ho Chi Minh ville, Jakarta pourraient se trouver au-dessous du niveau de la mer à la fin du siècle, d'autant qu'elles s'enfoncent dans le sol au fur et à mesure qu'elles pompent l'eau de leur sous-sol. New York risque d'être une des mégapoles les plus touchées. 10.000 à 20.000 îles pourraient disparaître d'ici la fin du siècle. Une hausse de 1m provoquerait une perte de 8% des terres émergées pour les îles Marshall, Kiribati et Maldives (6% aux Pays-Bas). D'où les projets de cités édifiées sur l'eau, comme le complexe Lilypad de trois marinas, et d'habitations végétalisées, prévoyant d'abriter 50.000 personnes. Le groupe japonais Shimizu a imaginé une sphère aquatique de 500 m de diamètre, avec 75 étages, soudée à une dérive de plusieurs km de longueur. Tirant son électricité des variations de température de l'eau, cette ville presque entièrement immergée, offrirait tout le confort dans 850 appartements 350 chambres d'hôtels, 50.000 m2 de bureaux et de magasins.

Le dégel du pergélisol arctique accélère le réchauffement climatique par ses émissions de gaz (gaz carbonique et méthane dont les concentrations sont reparties à la hausse depuis 2007) à effet de serre.

En deux ans la hausse des températures a provoqué le blanchissement de 1500Km de la Grande Barrière de corail d'Australie qui abrite plus de la moitié des 1400 espèces de coraux dans le monde. Si les genres *Acropora* et *Pocillopora* sont menacés, le genre *Porites* devrait résister.

Aussi, la Chine (29% des rejets mondiaux annuels) dont l'intransigeance avait été un des facteurs de l'échec de la conférence de Copenhague de 2015 sur le climat, face aux mouvements citoyens contre l'extrême pollution du sol, des eaux et de l'air, pour limiter les émissions de gaz à effet de serre, entend limiter le recours massif au charbon et investir dans des centrales utilisant des énergies renouvelables. Les centaines de milliers de miroirs de la centrale solaire Noor o1, faisant converger les rayons solaires vers le sommet d'une tour de 250m de haut, à Ouarzazate produiront 580 mégawatts d'électricité, soit la capacité d'un demi-réacteur nucléaire. Déjà Noor o1 produit 160 MW.

De nombreuses propositions sont faites pour dater la limite inférieure de l'empreinte des activités humaines sur le globe terrestre. Pour la paléoclimatologue W. Ruddiman la limite inférieure de l'Anthropocène serait à -5000 ans, correspondant à un accroissement du taux de méthane du au développement de la culture du riz, à la domestication animale et à la déforestation.

Pour S. Lewis et M. Maslin la mise en contact de l'Ancien et du Nouveau Monde en 1610 a provoqué des changements climatique, chimique, paléontologique (6ème extinction des espèces) liés au mélange des biotes, entraînant une homogénéisation du biote terrestre.

L'Anthropocène succède à l'Holocène qui n'est plus daté de -11700 à nos jours, mais de -11700 à -1610. Il devient l'Holocénien, dernière période du Pleistocène, époque du quaternaire (s'étendant de -2.500.000 à -12.000 ans) durant laquelle les hominoïdes ont évolué et les *sapiens* sont apparus.

Troisième partie

De l'Homme réparé à l'Homme augmenté

L'amélioration peut porter sur le corps malade ou sain (dépendant de manipulations techniques) ou sur l'esprit (dépendant aussi de l'homme lui-même).

Maîtrise de la procréation

La contraception

La contraception est un moyen efficace de limitation volontaire des naissances.

La première phase du cycle menstruel (28 jours) de la femme commence dès le premier jour des règles. Pendant cette phase préfolliculaire, l'hormone hypophysaire FSH (*follicle stimulating hormone)* est prédominante par rapport à l'hormone lutéinisante LH. L'œstradiol est alors sécrété en quantité croissante par les cellules de la granulosa et les cellules thécales d'un follicule ovarien, ce qui inhibe la production des gonadotrophines hypophysaires. Il y a accroissement de la taille d'un follicule ovarien (follicule de de Graaf) contenant un ovocyte (phase de maturation du follicule). Aux 12-14èmes jours du cycle, la teneur plasmatique en œstradiol atteint un taux maximal ainsi que la teneur en LH. L'ovulation termine la phase de maturation. Elle est suivie de la phase lutéinique marquée par le développement, dans la cavité du follicule, d'un corps jaune sécrétant la progestérone. En réponse aux hormones produites par l'ovaire au cours des périodes pré- et post-ovulatoires la muqueuse utérine passe par une phase proliférative puis une phase progestative qui préparent l'utérus à recevoir l'œuf fécondé (nidation). S'il n'y a pas fécondation, les modifications de l'endomètre sont détruites (menstruation), le corps jaune s'atrophie, la diminution de la production d'œstradiol active la production des hormones hypophysaires : la GnRH (*gonadotrophine releasing hormone*) produite par les neurones du noyau arqué de l'hypothalamus règle la décharge de deux hormones antéhypophysaires : la folliculostimuline FSH et la lutéostimuline SH. Le cycle ovarien recommence (181).

Le principe de la contraception hormonale féminine est de réduire la sécrétion des gonadotrophines par des œstrogènes et des progestatifs, le plus souvent associés (pilules mini-dosées œstroprogestatives), qui bloquent l'étage hypoythalamo-hypophysaire, suppriment l'ovulation, rendent l'endomètre impropre à la nidation et modifient la glaire cervicale. La pilule capable d'inhiber l'ovulation a été mise au point en 1956 par J. Rock et G. Pincus.

En France la première pilule (Anovlar) contraceptive a été commercialisée en 1964. Elle reste le moyen de contraception le plus utilisé en France chez les 15-19 ans (60%) et les 23-29 ans (48%).

Pratiquement, la pilule, sur des plaquettes de 21 comprimés, est absorbée par voie orale quotidiennement à heure fixe à partir, pour la première fois, du premier jour des règles.

A la fin de la plaquette, on reprend les comprimés 7 jours après le retour des règles. Il existe aussi des pilules microdosées, seulement progestatives et des plaquettes séquentielles où les premiers comprimés sont des œstrogènes, puis à partir du 7 ou du 14ème des mélanges qui contiennent de plus en plus de progestérone. Les pilules de générations successives (2, 3, 4èmes) tentent de réduire les effets secondaires (nausées, maux de tête, acné, prise de poids, risque de thrombo-embolie...). Le risque de cancer reste sujet à discussion. Alternative à la pilule et moins contraignants, les patchs contraceptifs œstroprogestatifs transdermiques, appliqués sur la peau, changés une fois par semaine pendant 3 semaines puis arrêt durant la 4ème semaine, diffusent en continu les hormones, comme le font les implants contraceptifs progestatifs, petits bâtonnets implantés sous la peau de l'avant-bras pendant 3 ans. Une contraception définitive est possible en empêchant l'ovule d'atteindre les trompes de Faloppe, soit par ligature des trompes par laparoscopie ou laparatomie, soit par obturation progressive, obtenue par insertion à partir du vagin d'un mini-implant.

En cas de contre-indications (diabète, obésité, maladies cardio-vasculaires...) pour la contraception hormonale, la contraception mécanique peut être réalisée par pose de stérilets intra-utérins inertes (à effet mécanique inflammatoire et vasculaire, empêchant la fécondation) ou avec du cuivre (à action cervicale toxique sur les spermatozoïdes) ou à la progestérone. En France, leur taux d'utilisation est passé de 19% à 26% en 2016 et l'usage du préservatif a doublé entre 2010 et 2016 chez les 20-24 ans.

En attendant des essais concluants de contraception hormonale ou immunologique masculine (anticorps dirigés contre des antigènes de membranes des spermatozoïdes), le préservatif reste le procédé le plus utilisé. La vasectomie (ligature des canaux déférents) est une méthode de contraception médiocrement réversible, utilisée aux USA dès 1960, pratiquée par 50 millions d'hommes dans le Monde (14% en Chine, 13% au États-Unis, 21% en Grande Bretagne, quelques centaines en France).

DEMAIN, les nombreuses recherches en cours sur la question auront abouti à la mise au point de nouveaux contraceptifs masculins (mécaniques ou hormonaux) et féminins (vaccins antigonadotrophines...) fiables, sans effets secondaires et sans contre-indications, réversibles.

La procréation médicale assistée

Avec la procréation artificielle (PMA : procréation médicalement assistée), l'âge, le stock de gamètes, la limitation de la période fertile à 10% de la vie féminine, l'ovulation unique par cycle, les aléas de la rencontre des gamètes n'imposent plus de restriction à la reproduction.

La fertilité de la femme dépend d'une coordination hormonale réglée aux niveaux hypothalamo-hypophysaire et ovarien, de la rencontre d'un ovocyte mature et d'un spermatozoïde ayant acquis la capacité au cours du transfert dans les voies génitales femelles et d'avoir la réaction acrosomique au contact de l'œuf, de la possibilité de nidation du jeune embryon (blastocyste) dans un endomètre utérin préparé par une réaction équilibrée d'hormones (œstradiol et progestérone). Les causes organiques de la stérilité féminine (40% des cas de stérilité dans un couple) peuvent être décelées en appréciant l'ovulation (échographie préovulatoire ; dosages plasmatiques d'œstradiol et de progestérone), la qualité de la glaire (sécrétions des glandes du col de l'utérus), l'absence d'obstruction des voies génitales (hystériographie, cœlioscopie). On peut y remédier par traitement hormonal (s'adressant soit à l'étage hypothalamique ou hypophysaire soit à l'ovaire lui-même) ou chirurgical dans le cas des stérilités tubaires.

L'infertilité de l'homme (40% des cas de stérilité dans une couple) peut être due à l'obstruction du tractus génital, à des problèmes d'érection et d'éjaculation, à des troubles hormonaux, à des défauts de spermatogenèse, à une altération des spermatozoïdes. La fertilité est appréciée après examen clinique des organes génitaux, dosages d'hormones (FSH, LH, testostérone), analyse de la quantité (normalement plus de 20 millions de spermatozoïdes par millilitre) et de la qualité du sperme (mobilité, morphologie), étude du comportement du sperme dans le mucus cervical (test post-coïtal).

L'insémination artificielle

L'insémination artificielle (IA) et la grossesse pour autrui (GPA) permettent de lutter contre les infertilités d'origine médicale, mais aussi contre celles dues à l'âge ou à l'homosexualité de couples en désir d'enfant.

On peut pallier à la stérilité d'un couple, selon le cas, par insémination artificielle (dès 1803) ou par fécondation *in vitro* (dès 1978). De grands progrès ont été faits dans les procédés de conservation du sperme par congélation, le recueil d'ovocytes (par ponction folliculaire sous échographie par voie abdominale ou vaginale), après injection d'hormone choriogonadotrophine (hormone élaborée par le trophoblaste embryonnaire), puis congélation ultrarapide. L'insémination *in vitro* peut être faite avec le sperme du conjoint (IA) ou celui d'un donneur (IAD) en l'utilisant directement (nombreux spermatozoïdes) ou par injection de l'ovule avec un seul spermatozoïde (*cytoplasmic sperm injection*).

Après la fécondation, l'embryon est cultivé dans un milieu à 37°C jusqu'au stade 4-8 cellules et il est implanté dans l'utérus 42 h après l'insémination. En France 1 bébé sur 30 naît sans rapport sexuel.

Pour des couples infertiles (3000 en attente d'un don en France), un marché des gamètes (sperme et ovules) est en pleine prospérité, avec les offres de sociétés concurrentes qui assurent de même l'organisation tant clinique que juridique, de location d'utérus (GPA) dans des cliniques spécialisées.

Pour éviter la transmission d'une maladie génétique d'origine mitochondriale, un bébé à trois parents a été conçu au Mexique, en 2016. Le noyau d'un ovocyte de la mère porteuse de la mutation en cause, a été transféré dans l'ovocyte énucléé d'une femme saine, fécondé *in vitro* par le sperme du père.

Après fécondation, l'embryon résulte de trois ADN différents (ADN nucléaire de la mère, ADN mitochondrial de la donneuse, ADN nucléaire paternel).

Des greffe d'utérus réalisées en 2013 et 2015 ont permis à des patientes de donner naissance à des enfants. En 2002, des cellules utérines en culture ont reconstitué une paroi sur laquelle des embryons humains obtenus par FIV (fécondation *in vitro*) ont pu commencer leur développement.

En 2016 une équipe britannique a obtenu le développement d'un embryon humain pendant plus de 13 jours (contrairement à la règle éthique actuelle) dans une matrice et un milieu proche du milieu utérin. Des fœtus d'agneaux se sont développés pendant 4 semaines dans une poche en plastique alimentée par cordon ombilical.

DEMAIN les progrès de la néonatologie, de la génétique et de la reproduction médicalement assistée auront complètement bouleversé les lois de la reproduction totalement déconnectée de la sexualité (39 bis). La vitrification d'ovocytes dans l'azote liquide (actuellement interdite en France), en prévision du moment où une femme voudra devenir mère, sera généralisée.

Des ovaires artificiels (maillage de gélatine contenant des follicules ovariens prélevés, par exemple, avant le début d'un traitement provoquant la stérilité) rendront possible une grossesse chez des femmes traitées, par exemple, pour des leucémies.

Les accouchements se feront sans douleur, ce qui rendra les mères moins susceptibles de présenter des symptômes de dépression dans la période post-partum. Des utérus artificiels permettront la survie des prématurés (actuellement aucun bébé né avant 24 semaines ne survit, la durée normale d'une grossesse étant de 40 semaines). Dans un premier temps, l'utérus artificiel sera un incubateur thérapeutique, puis il deviendra, dans un deuxième temps, machine utérine d'utilisation pratique.

Des spécialistes de néonatologie ont testé sur des agneaux un système qui a mimé la gestation pendant 4 semaines, 105 à 120 jours après le début de la gestation, soit l'équivalent à 22-24 semaines d'aménorrhée chez la femme.

Des chercheurs japonais ont pu transformer (par modification génétique) des cellules de peau de souriceaux femelles en cellules germinales primordiales à partir desquelles, en fonction de la composition du milieu de culture, ils ont obtenu des spermatozoïdes ou des ovules.

Ces derniers, greffés dans des ovaires de souris adultes, ont permis d'obtenir des embryons viables et reproducteurs. Il est envisageable de faire de même avec des sujets humains, ce qui permettra à un couple d'homosexuels d'être des parents biologiques.

Le clonage

Le clonage permet de passer de la reproduction à la réplication.

Depuis la naissance d'une brebis (1996) obtenue à partir d'un embryon résultant de la fusion d'une cellule somatique (cellule de glande mammaire) avec un ovocyte énucléé, des clonages de nombreux animaux domestiques ont été réalisés, mais le clonage des Primates s'est heurté à des difficultés, une mauvaise reprogrammation du noyau arrêtant très tôt le développement embryonnaire. Cependant, une équipe chinoise vient d'obtenir le clonage de macaques à partir de noyaux de cellules foetales, mais avec un très faible rendement (2 réussites sur 109 essais).

Il y a deux types possibles de clones : 1. ceux obtenus à partir du développement des premières cellules non différenciées, isolées d'un embryon et donnant des individus génétiquement identiques, comme le sont de vrais jumeaux, 2. ceux obtenus par transplantation nucléaire (directe ou par fusion cellulaire) dans un ovocyte énucléé. Le clonage peut être à visée reproductrice (interdit chez l'homme par les comités d'éthique) ou thérapeutique (obtention à partir d'un embryon créé à cette fin, de cellules souches pour des transplantations compatibles). Pour le CHT (*clone human therapy*) il y a, selon les pays, interdiction générale de recherches sur l'embryon humain, interdiction de création d'embryons humains pour des fins de recherches ou autorisation de recherches sur l'embryon humain sous contrôle strict.

DEMAIN, les recherches sur l'embryon humain seront généralisées, autorisées dans des conditions précises.

De plus, chaque individu pourra disposer de son clone numérique, aussi réaliste que l'original, l'animer dans un jeu vidéo ou dans les réseaux sociaux.

CONNAISSANCE DU GÉNOME ET MANIPULATIONS GÉNÉTIQUES

Les tests génétiques

Des tests de prédisposition génétique concernant la détermination précoce de plus de 1500 maladies sur 12.000 sont disponibles à des prix abordables. Plus d'une centaine de tests à visée oncologique reposent sur la mesure de l'expression d'une série de gènes dans un échantillon de tumeur.

I. Tests génétiques pré-implantatoires et prénatals

Des tests génétiques pré-implantatoires et prénatals permettent, de fait, une pratique eugénique socialement acceptée.

Après la fécondation *in vitro*, des tests préimplantatoires (DPI) sur l'embryon de 4-8 cellules permettent, avant l'implantation dans l'utérus, de vérifier des anomalies éventuelles du nombre de chromosomes ou des mutations susceptibles de causer un risque élevé de maladie. Il existe plusieurs cadres pour évaluer et adopter des tests génétiques et analyser les avantages et les effets néfastes possibles. Aux États-Unis, la méthode dite ACCE (*Analytic validity, clinical validity, clinical utility and associated ethical, legal and social implications*), initialement appliquée pour procéder à un test prénatal, a été remplacée par le modèle EGAPP (*evaluation of genomic application in practice and prevention*) qui consiste, essentiellement comme le précédent, en une série de 44 questions censées permettre de porter un jugement sur l'utilité du test. L'outil d'évaluation GETT fait un catalogue de 72 questions.

Des tests prénatals permettent à partir d'un prélèvement de sang maternel (qui contient un peu d'ADN fœtal) de dépister des anomalies génétiques, comme la trisomie 21 qui est la principale cause du mongolisme (1/700). L'amniocentèse ou la biopsie de villosités choriales pour l'analyse chromosomique, standardisées dans les années 1960 et proposées pour les femmes à risque âgées de 35 à 38 ans, provoquant 0,8 à 3% de fausses couches, il y a intérêt à rechercher l'ADN dans les cellules foetales sous la forme libre dans le plasma du sang maternel et à le séquencer. Un gène

Dyrk1A (*dual specificity tyrosine-phosphorylation-regulated kinase 1 A)* au locus 21q22.13, code pour une kinase. Sa présence en trois exemplaires dans le cerveau entraîne un trouble du développement mental.

Le dépistage génétique peut avoir un intérêt de santé publique si la maladie est grave, fréquente, si le test est simple, d'un coût acceptable et si les objectifs sont bien définis à l'avance.

Afin d'éviter l'infanticide, la connaissance du sexe (dictée pour des motifs de pathologie génétique ou pour discrimination sexuelle) peut être faite aussi par sélection préimplantatoire ou post-implantatoire (par biopsie du trophoblaste, par exemple), ou par tri des cellules fœtales dans le sang de la mère. Préalablement à la fécondation, on peut aussi procéder à une sélection préconceptionnelle en suivant un certain régime ou plus sûrement en triant les spermatozoïdes porteurs du chromosome Y pour un garçon, deux X pour une fille, avec des trieurs de cellules donnant 70% de réussite.

Le DPI donne la possibilité de concevoir des « bébés médicaments » susceptibles de fournir des cellules souches à un membre malade de la fratrie.

II. Les tests périnatals

Les tests périnatals permettent la détermination
et la prévention précoces de maladies génétiques.

En France le test de Guthrie (sang prélevé au talon au 3ème jour du nourrisson, sur du papier buvard) est utilisé en routine pour la recherche de la phénylcétonurie, de l'hypothyroïdie congénitale, de l'hyperplasie des surrénales, de la drépanocytose et de la mucoviscidose. Au Kansas le test To SCAN du Children'Mercy Hospital séquence les régions codantes de 514 gènes en cause dans de graves maladies, pour en préciser le diagnostic et parfois les prévenir. Par exemple, la phénylcétonurie est due à l'absence de synthèse de phénylhydroxylase qui hydrolyse la phénylalanine présente dans l'alimentation, en tyrosine. La phénylalanine accumulée dans le sang est toxique pour le système nerveux et elle provoque des troubles neurologiques. Pour prévenir les troubles mentaux des enfants atteints, il suffit de donner un régime hypoprotidique, pauvre en phénylalanine (qui reste un acide aminé indispensable). La mucoviscidose (fibrose kystique) est due aux mutations d'un gène CFTR (*cystic fibrosis transmembrane conductance regulator)* du chromosome 7 (déficit du canal transmembranaire CFTR) entrainant des anomalies de production de mucus.

Le DNN (dépistage néonatal) se fait par dosage dans le sang d'une enzyme pancréatique : la trypsine immunoréactive. Quand sa valeur dépasse la norme (seuil de 65 microg), on recherche la mutation du gène (la plus fréquente : delta F 508, correspond à 50% des malades) et l'expression phénotypique par dosage du chlore et du sodium dans la sueur.

Le risque d'être porteur d'une mutation de ce gène est de 1 sur 25 pour un européen, de 1 sur 90 pour un asiatique.

III. Application des biotechnologies de l'ADN recombinant

Les applications des biotechnologies de l'ADN recombinant sont nombreuses dans le domaine de la santé, en particulier pour le diagnostic et le traitement des cancers.

Des tests, chez l'enfant ou l'adulte, de prédisposition génétique, hautement prédictifs dans le cas de maladies dues aux mutations d'un seul gène (comme, par exemple, dans la maladie de Huntington, maladie dégénérative du système nerveux central, présente chez 5,7 européens sur 100.000 et 0,4 asiatiques sur 100.000, due à des mutations du gène HTT, *huntingtin,* au locus 4p.22.3), peuvent être utiles pour préciser le diagnostic et le traitement de certaines maladies (comme des cancers). *Illumine Trugenome predisposition screen,* fondé sur un séquençage global, traite 1600 gènes pour détecter les éventuelles mutations chez des parents hétérozygotes. Le site américain 23andMe propose d'analyser (d'après le profil de 700.000 snips sur l'ADN), les risques statistiques pour 250 maladies. Les personnes porteuses de mutations des gènes suppresseurs de tumeurs BRCA1 (*breast cancer 1*) sur le bras long du chromosome 17, BRCA2 (sur le bras long du chromosome 13), PALB2 (*partner and localiser of BRCA1* du chromosome 16) ont un risque de 50 à 80% d'avoir un cancer du sein avant 70 ans (au lieu de 10% dans la population générale). La multiplication des offres d'analyse génétique par des compagnies commerciales va s'amplifiant, risquant d'enfermer le sujet dans l'illusion d'un avenir déjà advenu. La valeur analytique d'un test doit être bien considérée (sa fiabilité, la signification de sa sensibilité, son utilité, les conséquences de son information). L'analyse de l'ADN plasmatique contenu dans un prélèvement sanguin peut devenir une méthode confirmée pour le suivi de certains cancers en cours de traitement.

Des projets, comme celui de la start-up californienne Grail, sont en cours pour un dépistage précoce (test pan-cancer) de cancers encore asymptomatiques (par exemple, par analyse d'éventuelles cellules tumorales circulantes chez des patients atteints de bronchopneumopathie chronique obstructive). En cancérologie le marché potentiel des tests génétiques est considérable (parmi nos 22.000 gènes plus de 350 sont associés à des cancers). Des tests établissent la présence d'une mutation dans un gène ou ils recherchent des marqueurs de prédisposition à un trait multifactoriel. Les quelque 200 types de tumeurs pouvant affecter tous les tissus du corps, résultent de l'acquisition ou du maintien par les cellules de caractères anormaux : indépendance vis-à-vis des signaux de croissance, résistance aux agents inhibiteurs de la croissance et de la mort programmée (apoptose), acquisition d'un pouvoir réplicatif illimité, capacité de susciter la genèse de vaisseaux sanguins et de métastases.

Ces propriétés sont la conséquence de l'altération de l'expression ou de la séquence d'oncogènes et de gènes suppresseurs de tumeurs. L'expression des gènes est sous la dépendance de facteurs de transcription et de facteurs épigénétiques agissant sur sa régulation. Les altérations épigénétiques, notamment les hyperméthylations de promoteurs de cellules cancéreuses peuvent être détectées de façon simple, non invasive, à partir de cellules collectées dans les fluides corporels, ce qui permet d'intervenir rapidement et de choisir le traitement.

L'analyse de transcriptomes complets de tumeurs à l'aide de modèles statistiques et d'algorithmes d'apprentissage non supervisés, permet une génomique comparative révélant la grande hétérogénéité de certains cancers.

Soit l'exemple des cancers du sein. L'épithélium mammaire est constitué de 3 types de cellules : des cellules luminales, des cellules myo-épithéliales et des cellules souches. C'est à partir de ces dernières ou de leurs descendants immédiats (progéniteurs) que se développent les deux lignées de cellules matures différenciées : la lignée luminale fournissant les cellules productrices du lait pendant la lactation, la lignée myo-épithéliale produisant les muscles lisses. Les altérations, possibles (sur au moins 70 gènes), portent sur les cellules souches ou les progéniteurs, ce qui donne des tissus de cellules immatures où les capacités de différenciation sont limitées (tumeurs basales) ou de cellules progressant le long du lignage luminal (tumeurs luminales). On ne connaît pas l'origine des cancers de type HER2 (= ERbB2 = neu) dont la thérapie peut être un anticorps monoclonal ('hercepticine = trastuzumab, omnitaig, erbitux) qui se lie aux récepteurs HER2 (*human epidermal growth factor receptor2*) ou HERB1, arrêtant la division cellulaire. Les cancers du sein sont donc de plusieurs types moléculaires distincts, avec des phénotypes et des évolutions cliniques et spécifiques différents, d'où la recherche de leur génome, transcriptome et protéome. Jusqu'en 1990 les cancers du sein étaient classés selon les données histologiques. Aujourd'hui plusieurs sous-types sont reconnus sur une base génétique (par exemple, parmi les 5 sous-types majeurs, le luminal A, correspondant à des cancers exprimant des récepteurs hormonaux et d'évolution plutôt favorable, traités par hormonothérapie. Les gènes exprimés sont associés aux récepteurs des oestrogènes (ER alpha, *epidermal receptor)* et à la différenciation luminale (GATA3).

L'amplification de ER alpha (dans 20% des cancers du sein) est prédictive de la réponse au tamoxifène (thérapie anti-oestrogène). Le luminal B est moins différencié que A. Le type basal, très prolifératif, exprime des gènes codant pour la régulation du cycle cellulaire. Dans les cancers héréditaires (25% des cas), BCRA1 (*breast cancer susceptibility type 1)* du chromosome 17 donne 65% des probabilités d'avoir un cancer avant 70 ans, BRCA2 45%. Dans les cancers invasifs, de mauvais pronostic, le récepteur du facteur de croissance épidermique EGFR a un haut niveau d'expression.

Les GTP-ases ARF1 (*ADP-ribosylation factors)* par la voie Pi3K (phosphatidylinositol 3-kinase) et ARF2 par la voie MAPK *(mitogen activated kinase*), induisent la migration et la prolifération cellulaires stimulées par le récepteur de l'EGF (*epidermal growth factor).*

Les rarissimes cancers sécrétoires sont caractérisés au plan moléculaire par le gène de fusion ETVG-VTRK3 résultant de la translocation entre le gène ETCV6 (*ets variant 6)* du chromosome 12 avec le gène NTRK3 (*neurotrophic receptor tyrosine kinase 3*) du chromosome 15.

Selon l'Institut du cancer (Inca), le dépistage permet d'éviter 15 à 21% des décès par cancer du sein, soit 150 à 300 décès pour 100.000 femmes participant régulièrement au dépistage pendant 7 à 10 ans. Le principal inconvénient est le surdiagnostic, car le diagnostic ne permet pas de distinguer les cancers qui vont évoluer de ceux qui n'évolueront pas.

Les hommes porteurs de mutations de BCRA2 ont un taux de cancer de la prostate (l'un des plus fréquents : 97,7 pour 100.000 ; mortalité : 10,5 pour 100.000) plus élevé que les non mutants. La prostate est constituée de différentes unités glandulaires autour de l'urètre, composées de cellules épithéliales reposant sur une lame basale et maintenues par un stroma fbro-musculeux, de cellules souches et de cellules neuro-sécrétrices. Les cellules épithéliales sécrètent le liquide spermatique contenant diverses protéines, glycoprotéines et le PSA (qui liquéfie le sperme par hydrolyse des seminogelines I, II et de la fibronectine), expriment le récepteur des androgènes (AR) et sont androgéno-dépendantes pour leur survie. Le stroma prostatique sécrète des facteurs de croissance : EGF (*epidermal growth factor*), FGF (*fibroblast growth factor*), TGF (*transforming growth factor*) qui sont des régulateurs de la réponse hormonale de la prostate et maintiennent les équilibres cellulaires. Le récepteur des androgènes y joue aussi un rôle essentiel, car un traitement antiandrogénique répond à une majorité de cas des cancers.

La prolifération des cellules épithéliales basales et luminales augmente la quantité de PSA (antigène spécifique prostatique) dans le sang. L'augmentation du taux de PSA (= hK3, *human kallicréine 3)* sanguin est corrélée à la transformation tumorale de la prostate. Le PSA est un récepteur des androgènes, codé au locus Xq11-12, jouant le rôle de facteur de transcription. Le promoteur de ce gène de 8 exons contient 2 éléments de réponse aux androgènes proximaux : ARE I, ARE II, et plusieurs ARE (*anchrage response element*) distaux répartis en ARE III constituant l'enhancer. En l'absence du ligand, l'AR est maintenu sous forme inactive dans le cytoplasme, lié à des protéines incluant des protéines de chocs thermiques (*heat shock proteins* HSP40, HSP90..) et des protéines chaperonnes (p23, *FK506 binding protein 4* : FKBP-4 ; *small glutamine-rich tetratricapeptide repeat containing protein alpha* : SGTA).

Dans le mode d'action génomique, la fixation du ligand (testostérone ou de la dihydrotestostérone) dans le cytoplasme de la cellule, permet la dissociation de HSP90 et le recrutement de HSP27 qui favorise la translocation du récepteur dans le noyau où il se fixe sur les séquences ARE, déclenchant l'activité des gènes cibles d'AR. L'activité du récepteur des androgènes est modulée par interactions avec d'autres protéines co-régulatrices activatrices ou répressives.

Dans le mode d'action non génomique la liaison du ligand au AR active des cascades de signalisation aboutissant à l'activation de facteurs de transcription.

Les protéines HSP90, CHIP (*carboxyl terminal of Hsc-70–interacting protein)* induisent la destruction des récepteurs d'androgènes. Un autre co-facteur, le suppresseur de tumeur PTEN (*phosphatase and tension homolog deleted on chromosome 10)* module le niveau d'accumulation de AR. L'histone chaperonne nucléophosmine (NPM1) est aussi fortement exprimée dans les tumeurs (127 bis). Elle module l'activité transcriptionnelle du récepteur d'androgènes.

L'intérêt du dépistage par dosage sanguin du PSA fait l'objet de débats, une élévation de la valeur du PSA ne devant pas conduire systématiquement à une biopsie ou un traitement.

La première ligne de traitement du cancer consiste en une privation androgénique soit par désensibilisation des récepteurs hypophysaires de la gonadolibérine (LHRH) soit par des antiandrogènes. Ce sont des antagonistes stéroïdiens (acétate de cyprotérone..) ou non stéroïdiens (enzalutamide qui limite le transport nucléaire, altère la liaison aux ARE et le recrutement des co-activateurs ...).

Bien que 80% des patients répondent à la première ligne d'hormonothérapie, tous présentent ensuite une reprise évolutive par résistance à la castration due à différents mécanismes moléculaires (par exemple, surexpression du AR par amplification du gène, mutations, variants de l'épissage stimulant l'expression de gènes androgéno-dépendants impliqués dans la progression tumorale) maintenant les activités du AR, en dépit de faibles taux d'androgènes (171 bis).

L'International Cancer Genome Consortium (ICGC), réunissant 88 équipes de recherches dans le monde, analyse, depuis 2008, le génome de 25.000 tumeurs et l'ensemble des facteurs qui régulent l'expression de leurs gènes, pour comprendre les mécanismes de leur développement, à l'aide d'algorithmes graphiques particuliers: les chaînes de Markov cachées. La France a lancé (2016) le projet France médecine génomique 2025, pour séquencer 235.000 génomes par an, à partir de plateformes de séquençage territoriales, et traiter les données dans des centres de calcul, afin d'améliorer le traitement des maladies rares et des cancers.

Des biopsies liquides (recherches d'ADN tumoral circulant dans le sang et de cellules tumorales circulantes) permettront dans un avenir proche, de diagnostiquer précocement par prise de sang, de nombreux cancers, et de guider les traitements grâce au suivi de leur évolution.

Avec le séquençage d'ADN à haut débit, on peut identifier une mutation responsable du cancer et appliquer une thérapie ciblée.

Des virus oncolytiques commencent à être associés au traitement d'immunothérapie contre certains cancers. Un virus PVSRIPO, mélange de poliovirus sabin 1 et de rhinovirus type 2, est en cours de développement contre des gliomes. L'association de virus Ta (*talimogene laherparepvec*) et de l'anticorps anti-PDI *(protein disulfur isomérase*) a donné de bons résultats sur des patients atteints de mélanomes.

Les tests génétiques peuvent être à visée non médicales : recherche de paternité, recherche d'ascendants, recherche en justice pénale. Avec la méthode de microdissection au laser, on peut révéler le profil ADN d'un individu, à l'échelle d'une cellule. Les tests commencent à permettre l'indication de traits physiques (par exemple, 37 marqueurs, soit 8 gènes interviennent pour déterminer la couleur de l'iris ; testés sur plus de 6000 hollandais, 5 marqueurs se sont révélés fiables à 93% pour identifier des yeux marrons, à 91% des yeux bleus).

On peut tracer des portraits robots génétiques. La société *Human longevity inc.* (HLI) propose de reconstituer le visage en 3D à partir d'un échantillon d'ADN et de préciser l'origine ethnique, avec une bonne approximation et une précision croissantes avec l'agrandissement de sa base de données réunissant informations génotypiques et phénotypiques.

En criminalistique, les États se sont dotés de banques de données génétiques (exemple le système Codis aux États-Unis). La création du réseau européen STADNAP (*standardization of DNA profiling*) pour homogénéiser les protocoles d'analyse et constituer une banque internationale de données, indique bien le projet d'une utilisation généralisée des tests génétiques en criminologie. Lancé en 2017 le projet VISAGE (*visible attributes through genomics*) réunit 8 pays européens.

IV. La thérapie génique

Le principe de la thérapie génique est de traiter des maladies associées au dysfonctionnement ou à l'absence d'un gène, en remplaçant, inhibant ou exaltant l'expression de ce gène.

La monogénothérapie somatique (introduction dans les cellules somatiques d'un enfant ou d'un adulte d'un gène non transmissible à la descendance) est seule envisageable et autorisée actuellement pour l'homme.

Le transfert du gène considéré doit être efficace (pourcentage de cellules-cibles atteint), stable (persistance de l'information acquise), exact (sans modification de l'information) et il ne doit pas porter atteinte à l'expression correcte des autres gènes. L'ADN transféré est encadré de séquences promotrices pour obtenir son expression prolongée. L'utilisation de virus vecteurs, dont une partie du génome est remplacée par le gène à transférer, est la plus courante, le choix du vecteur viral dépendant du tissu-cible. Le transfert peut se faire au moyen de cellules du malade, préalablement génétiquement modifiées *in vitro* (autogreffes de cellules corrigées). Ainsi, dès 1990 un enfant souffrant d'un grave déficit immunitaire (enfant bulle) par manque d'une enzyme : l'adénosine déaminase (ADA) a été traité par prélèvement d'1 milliard de ses lymphocytes T qui lui ont été réinjectés, après avoir reçu le gène de l'ADA. Une vingtaine d'enfants semblablement condamnés pour leur déficit immunitaire ont été sauvés. Des enfants atteints de leucémie aiguë lymphoblastique ont été traités par une injection de millions de lymphocytes T prélevés chez un donneur sain et dans l'ADN desquels a été introduit le gène CAR (*chimeric antigen receptor*) qui permet la fabrication de protéines de surface reconnaissant les cellules cancéreuses. Au bout de trois mois les cellules cancéreuses étant éradiquées, une transplantation de moelle osseuse saine a reconstitué le stock de cellules immunitaires saines. Mais des effets secondaires peuvent être graves (choc de cytokines engendrant des inflammations traitées par un anticorps monoclonal : tocilizumab). De même, un enfant atteint de drépanocytose (qui frappe 7% de la population mondiale, soit 520 millions de personnes, surtout des Noirs) a été traité avec succès par prélèvement dans sa moelle osseuse de cellules souches, introduction dans les cellules en culture, par un vecteur viral du gène de l'ADA associé à un promoteur, chimiothérapie de l'enfant pour détruire ses cellules souches et injection de 3 millions de cellules modifiées, par kg de son poids.

Rappelons qu'en 1979-1980 M. Cline avait subi l'opprobre de la communauté scientifique pour avoir tenté (sans succès, en raison d'un mauvais procédé de transfert dans les cellules en culture) de guérir deux femmes thalassémiques. Des patients atteints de forme sévère d'hémophilie A et B sont guéris par transfert dans le foie (via un vecteur viral modifié, dit

AAV) des gènes F8 et F9 du chromosome X, codant respectivement pour le facteur de coagulation VIII (hémophilie A) et IX (hémophilie B).

Le syndrome de Wiskott-Aldrich (1 cas sur 250.000) est un déficit immunitaire primaire lié à l'X, causé par l'absence de la protéine WASp (*wiskoot-aldrich syndrom protein*) régulatrice du cytosquelette d'actine dans les leucocytes. Le transfert de gène par un lentivirus dans les cellules souches hématopoïétiques s'est révélé efficace et sans effets secondaires.

Un enfant de 7 ans atteint d'épidermolyse bulleuse (décollement de la peau, avec formation de bulles entre les couches de l'épiderme, dû aux mutations du gène COL TA1 *: collagen type VII alpha 1 chain*) a été guéri par prélèvement de cellules intactes de sa peau, culture de ces cellules avec injection du gène par un virus vecteur, apparition de cellules souches qui se développent en un une peau génétiquement modifiée suffisante pour une greffe à la place des parties atteintes du corps.

Onze enfants atteints d'amyotrophie spinale due à des mutations du gène SMN1 (*survival of motor neuron 1*, au locus 5q13) indispensable à la survie des neurones moteurs de la moelle épinière, peuvent rester assis, avaler et parler, grâce à l'injection d'un virus modifié capable de traverser la barrière hématoencéphalique pour porter le gène normal dans les neurones.

La mucoviscidose est due aux mutations d'un gène CFTR, (*cystic fribosis transmembrane regulator*) codant pour une protéine qui contrôle le transfert des ions chlore et sodium à travers les membranes cellulaires. Des essais de thérapie génique avec des aérosols donnent des résultats encourageants.

La rétine est formée de plusieurs couches de cellules, la plus externe exposée à la lumière incidente contenant les photorécepteurs : cônes (permettant la vision des détails des images et des couleurs) et bâtonnets (permettant une vision nocturne). Les photorécepteurs reposent sur un épithélium pigmentaire qui adhère à une membrane (membrane de Bruch) située sur la choroïde, tissu de vaisseaux sanguins apportant l'oxygène et les nutriments aux photorécepteurs. La macula est la zone de la rétine située dans la partie centrale, au fond de l'œil. Elle contient un pigment jaune (la xanthophylle) et en son centre (la fovea) il n' y a que des cônes. De nombreuses mutations géniques (plus de 70 gènes concernés) sont responsables des rétinites pigmentaires conduisant à la cécité. L'injection directe dans l'œil du gène RPE65 (*retinal pigment epithelium specific 65 KDa protein) via* un virus inactivé pour le transporter dans les cellules photoréceptrices, donne des résultats encourageants dans le traitement de l'amaurose congénitale de Leber qui touche les photorécepteurs. Des essais de traitement sont faits par injection directe dans l'oeil d'un virus porteur du gène mitochondrial ND4 (*mitochondrially encoded NADH : ubiquinone oxydoreductase core subunit 4).*

Une version de la thérapie génique, l'optogénétique, consiste à utiliser des opsines sur des cônes dormants (ayant perdu leur segment externe capteur de lumière). Les opsines peuvent aussi être insérées directement dans les cellules ganglionnaires directement connectées au cerveau *via* le nerf optique. L'opsine (par exemple la ReaChR, *red-activable channel rhodopsin*) sensible à la lumière rouge, doit être associée au port de lunettes de stimulation lumineuse.

Le syndrome d'Usher de type 1G est caractérisé par une profonde surdité dès la naissance, due à une désorganisation des cellules ciliées, sensorielles, de la cochlée (oreille interne), associée à des troubles de la vue et parfois de l'équilibre. Il touche en Europe 1 personne (garçons et filles) sur 50.000 (en Allemagne 1/12.500). Des mutations du gène USH1G (*usher type 1G*) du chromosome 17 sont en cause. Une injection locale du gène USH1G encapsulé dans un vecteur viral, à des souris modèles naissantes, a permis le retour à une audition partielle, ce qui ouvre des perspectives sur des applications possibles chez des humains atteints de presbyacousie (perte progressive des cellules ciliées à cause du vieillissement ou de traumatismes sonores).

Jusqu'alors de résultats modestes, la thérapie génique va progresser avec l'emploi de la nouvelle technique du CRISPR (*clustered regurlary interspaced short palindromic repeats)*-Cas 9 *(caspase 9*). Son principe est d'accoler les séquences-guides répétées d'un ADN palindomique à l'ARN complémentaire de l'ADN que l'on veut exciser, et d'associer l'ensemble à une protéine caspase 9 qui fixe le complexe sur l'ADN et en coupe les deux brins au niveau recherché, ce qui permet d'intégrer un gène de remplacement en ce point précis.

On peut ainsi éliminer un gène muté et le remplacer par une séquence normale. Il existe trois types de système CRISPR qui ciblent l'ARN ou l'ADN exogènes. Le plus utilisé pour l'édition de gènes à des fins thérapeutiques est le type II composé de trois éléments : le crARN composé d'un ARN provenant de la transcription de l'ADN sauvegardé dans la matrice CRISPR et d'une partie d'une répétition, d'un second ARN (tracARN, *trans-activating crARN*) présentant une complémentarité partielle avec la répétition, de la nucléase Cas9. Les crARN et tracrARN sont fusionnés en un seul complexe ARN guide (ARNg) qui induit le clivage par la caspase. Cette dernière se lie en premier à une séquence spécifique de 3 à 5 nucléotides (motif PAM, *protospacer adjacent motif*) situés après la séquence ciblée par l'ARNg, puis au complexe formé entre l'ARNg et l'ADN (190).

Des essais cliniques en Chine et en Amérique sont faits avec cette technique pour traiter des cancers du sang (leucémies aiguës lymphoblastiques), des lymphomes, des cancers du poumon, de la prostate, de la vessie.

La transgénèse germinale (modification du génome des cellules germinales) est interdite par les Comités d'éthique. Pourtant, des chercheurs chinois ont tenté (2016) de corriger, aux premiers stades de la fécondation, six embryons humains porteurs de mutations génétiques. Pour certains était en cause une déficience du gène HBB (*hemoglobin subunit bêta*) de la bêta-globine, au locus 11p15.4, responsable de l'anémie bêta-thalassémique et pour les autres un défaut du gène G6PD (*glucose6phosphate déshydrogènase*), au locus Xq28, conduisant à une destruction des cellules du sang.

Le taux de réussite aurait été bon, mais les embryons ont été détruits. Des expériences ont suivi (en infraction aux règles admises dans plusieurs pays) sur des embryons viables, créés volontairement porteurs de mutations, pour les réparer.

Une équipe internationale ayant utilisé pour des fécondations *in vitro* des spermatozoïdes porteurs d'un gène défectueux MYBPC3 (*myosine binding protein c, cardiac),* au locus 11p11.2, responsable de cardiomyopathie hypertrophique, augmentant le risque de mort, ont pu, par la technique du Crisp-Cas9 utilisée au moment de la fécondation, corriger la mutation sur 42 des 58 embryons.

L'embryon humain peut bien être génétiquement modifié pour obtenir des êtres « parfaits ».

DEMAIN, dans une médecine de précision, en raison des progrès des séquençages à un coût abordable, la pratique des diagnostics prénatals sera largement utilisée. Les thérapies seront personnalisées grâce à la prise en compte du niveau d'expression de la protéine PD-1 (*programmed cell death protein* 1), à des stratégies vaccinales, à l'emploi de lymphocytes modifiés pour exprimer un récepteur dirigé contre un antigène tumoral. Différentes techniques d'analyse du sang permettront de diagnostiquer précocement des cancers et de suivre en temps réel l'effet des traitements administrés. Des algorithmes calculeront couramment le volume des tumeurs à partir d'une impression 3D. Les études épidémiologiques des génomes des populations permettront de préciser les causes de maladies multifactorielles et d'agir en conséquence. L 'analyse de la salive (plus de 30.000 protéines identifiées à ce jour) permettra le diagnostic précoce de maladies et de la plupart des métastases cancéreuses. La première biobanque salivaire en France (à l'hôpital de Montpellier) a pour objectif le diagnostic précoce de la maladie d'Alzeihmer (bien qu'il n'existe à ce jour aucun traitement).

S'instaurera un eugénisme d'Etat (89), comme ce fut le cas en Israël avec l'éradication de la maladie de Tay-Sachs = idiotie amaurautique infantile (accumulation de ganglioside GM2 dans les lysosomes des neurones, due à des mutations du gène HEXA : *hexosaminidase subunit alpha*, sur le chromosome 15, en 15q23), suite à l'encouragement des futurs époux à pratiquer le test pour éviter les mariages entre porteurs du gène muté.

L'eugénisme est déjà pratiqué pour lutter contre des handicaps. En outre, il ne s'agira plus d'éviter des maladies, mais d'augmenter les capacités physiques et cognitives des enfants.

Les techniques du transfert génique, permettant le remplacement d'un gène par un autre à son bon emplacement, s'étant diversifiées, les règlementations actuelles concernant la thérapie génique (portant sur les produits, le confinement des lieux de traitement, l'évaluation des conséquences pour le personnel soignant,...) seront assouplies.

Actuellement, les seuls pays autorisant des modifications génétiques sur des embryons humains sont la Chine, le Royaume-Uni, le Japon et les États-Unis, mais la thérapie germinale progressera, assurant un eugénisme généralement bien accepté. Après les OGM viendra le temps des HGM (humains génétiquement modifiés).

MÉDECINE RÉGÉNÉRATIVE

Le remplacement d'un membre ou d'un organe lésé peut se faire par greffe ou par prothèse ou par transplantation. L'ingénièrie tissulaire utilise les techniques de bio-impression et de bio-assemblage.

Les greffes sans immuno-suppresseurs

Grâce à une analyse préalable de la compatibilité tissulaire et à l'emploi d'immunosuppresseurs, le remplacement d'organes dysfonctionnels par des greffes d'organes sains est possible. Des greffes de cellules immunitaires du donneur, conjointes à la greffe de tissus ou d'organes, évitent les effets secondaires des immunosuppresseurs.

On peut remplacer un organe défaillant par la transplantation d'un organe sain d'un individu génétiquement différent mais de la même espèce (allogreffe) ou par transplantation d'un organe d'une espèce différente (xénogreffe). Les progrès chirurgicaux et immunologiques sont tels que des centaines de milliers de greffes d'organes dans le monde sont effectuées portant sur le rein (première greffe en Suéde, en 1959), le cœur (première en Afrique du Sud, en 1967). Ont suivi le foie (première en 1963 aux États-Unis), le pancréas (première aux USA, 1966), les poumons (1963 puis 1981 aux USA), le cœur-2poumons (aux USA, 1981; cœur-1 poumon, 1983). Premières greffes de main à Lyon en 1998, d'une partie de la face au CHU d'Amiens en 2005, puis au CHU Henri Mondor de Créteil en 2007, d'utérus en 2014, de deux bras au CHU de Grenoble en 2017.

Depuis la découverte de la ciclosporine, de nombreux types d'immunosuppresseurs sont disponibles pour inhiber le rejet de greffe, en agissant aux différents niveaux de la réponse immunitaire. Certains (la ciclosporine, décapeptide cyclique produit par le champigon *Tolypocladium inflatum* ; le tacrolimus, macrolide cyclique produit par le champignon *Streptomyces tsukuboensis*) inhibent la synthèse d'interleukine IL-2 et d'autres cytokines. La stimulation du TCR des lymphocytes inhibe des phosphorylations qui conduisent à l'augmentation du calcium intracellulaire et à l'activation de la calcitonine (sérine thréonine phosphatase) qui déphosphoryle le facteur de transcription NFAT (*nuclear factor of activated*

T cell). Le complexe calcitonine+NFAT migre vers le noyau et se fixe sur des séquences régulatrices des gènes de cytokines, comme Il-2.

Mais interviennent aussi d'autres facteurs, tels NT-kB, AP-1, OCT-1.

Leur l'activation dépend d'un autre signal (co-stimulation) indépendant du taux de calcium. Les glucocorticoïdes diminuent l'expression des gènes codant pour les cytokines qui interviennent dans la progression du cycle cellulaire (passage de la phase G1 à la phase S).

Des immunosuppresseurs (rapamycine produit par un *Streptomyces hygroscopicus* et son dérivé 2-OH-éthylrapamycine) inhibent des effets de IL-2, en stoppant la transduction d'un signal, ce qui supprime l'activation des CDK (*cycline dependant kinases*) et conduit à l'interruption du cycle cellulaire. Des antagonistes des récepteurs de l'IL-2 (anticorps monoclonaux) sont immunosuppresseurs. On peut aussi utiliser des anticorps antilymphocytaires ou bloquer la synthèse d'ADN des lymphocytes en stoppant la synthèse des bases purines (par l'azathiopsine) ou pyrimidiques (par le leflunomide). Dans la pratique on utilise des cocktails d'immunosuppresseurs dans des tri- ou tétra-thérapies. Une trithérapie courante est l'association d'un corticoïde, d'acide mycophénolique et d'un anticalcineurine, mais elle cause de sérieux effets secondaires.

Pour éviter leurs effets secondaires variables selon les sujets, mais toujours contraignants, des greffes sans usage d'immunosuppresseurs sont réalisées en injectant après la greffe, des cellules hématopoïétiques de la moelle osseuse du donneur au greffé privé de ses lymphocytes (par irradiation ou traitement chimique destructeurs de la moelle osseuse). Elles produisent des cellules immunitaires apparentées au donneur. Des essais ont été réussis sur des transplantations rénales et aussi sur une transplantation hépatique. D'autres pistes de tolérance induite sont tentées (par exemple, par culture de cellules dendritiques CD-Tol inhibant la réaction immunitaire).

La pénurie des donneurs d'organes, pour une demande qui ne cesse de croître, entretient un trafic illicite d'organes, aussi lucratif que celui de la drogue (une greffe sur 10 provient d'un trafic), touchant les pauvres des pays où sévit le tourisme de transplantation (164 ter).

L'avenir est dans la production de chimères inter-espèces (par exemple, porcs humanisés, générateurs de pancréas humain).

Les cellules souches

Des cellules souches peuvent restaurer durablement la fonction d'un tissu ou d'un organe par injection dans l'organisme (thérapie cellulaire).

Le greffon dans une allogreffe fait l'objet d'un rejet cellulaire (lymphocytes T) et humonal (anticorps provoquant parfois, dans le cas des greffes de rein, une inflammation des artères du greffon, considérée comme un troisième type de rejet).

Les cellules souches peuvent être a) pluripotentes, pouvant donner, selon la composition des milieux de culture, tous les types de cellules de l'organisme (cas des cellules embryonnaires ES, faiblement immunogènes, prélevées sur des embryons humains de 5 à 7 jours, surnuméraires de fécondation *in vitro*, ou b) des cellules pluripotentes induites par reprogrammation génétique (CSPi) ou c) multipotentes, ne se différenciant que dans un nombre limité de types cellulaires (cas des cellules souches mésenchymateuses présentes dans la moelle osseuse, le tissu adipeux et dans des organes adultes ; cellules hématopoïétiques du cordon ombilical).

Les cellules souches peuvent être prélevées sur le patient (cellules autologues tolérées au plan immunitaire) ou sur un donneur (cellules allogènes nécessitant l'utilisation conjointe d'immunosuppresseurs).

Sont pratiquées des greffes de cellules souches hématopoïétiques dans le traitement des leucémies, lymphomes, myélomes, d'hépatocytes pour les hépatites fulminantes, de cellules souches mésenchymateuses pour traiter la fibrose du foie et la cirrhose. Pour traiter des diabètes du type instable, la greffe d'îlots de Langerhans sans ou avec encapsulation (la capsule filtrant les anticorps circulants, en laissant passer les nutriments) donne d'aussi bons résultats que la greffe de pancréas entier. Ont été testées des implantations de neurones dopaminergiques et cholinergiques chez des Parkinsoniens. Chez ces derniers, pour compenser la perte de neurones dopaminergiques dans le striatum, les premiers essais de thérapie cellulaire ont été faits (2010) avec des tissus mésencéphaliques humains fœtaux ou avec autogreffes de la glande médullo-surrénale. Ils ont été abandonnés en raison d'apparition de dyskinésie (effet secondaire).

On sait reprogrammer des cellules différenciées (par exemple des cellules épithéliales) en cellules souches, en leur injectant par la voie de virus défectifs les gènes oct4, Sox2, Klf4, Myc.

Mais on sait aussi transformer directement des cellules différenciées en un autre type cellulaire, sans division préalable et sans passer par le stade de cellule souche. Cette transdifférenciation cellulaire, d'abord obtenue chez la souris à partir de cellules appartenant à un même tissu (transdifférenciation de cellules exocrines du pancréas en cellules endocrines bêta) a été étendue à la conversion de fibroblastes en neurones (par combinaison des facteurs de transcription Ascl1 : *achaete-scute family BHLH transcriptor factor1,* N-oct3 : *octamer-binding transcriptor factor3*, Myt1 : *membrane associated tyrosine and thréonine specific cdc2 inhibitory kinase*), en cellules cardiaques ou en hépatocytes fonctionnels. La combinaison Ascl1, Brn2, Myt1, associée au facteur de transcription Neuro D1 (*neuronal differenciation 1*), permet la conversion de fibroblastes humains fœtaux ou postnatals en neurones.

L'utilisation de cellules souches cutanées pour des greffes de grands brûlés est pratiquée depuis 1970, celle de cellules souches hématopoïétiques pour le traitement d'hémopathies malignes, d'hémoglobinopathies et de déficits immunitaires depuis 1980. Des cellules souches embryonnaires différenciées en culture en progéniteurs cardiaques, avec des cellules mésenchymateuses provenant du patient, enrobées sur une matrice de collagène, forment un patch applicable sur la zone cardiaque lésée par un infarctus. Ce procédé de régénération qui réactive aussi les cardiomyocytes différenciés préexistants, tenté dès 2015, a été repris avec succès à l'Hôpital Mondor de Créteil. La difficulté est la disparition rapide des cellules transplantées, d'où la recherche de biomatériaux (tels les nanotubes de carbone) protégeant les cellules et créant un environnement favorable à leur prolifération.

Depuis 2007 on sait que la transplantation de cellules neurales peut permettre la réparation de tissu cérébral lésé. En 2015 des greffes de neurones issus d'embryons, implantés dans le cerveau de souris adultes souffrant d'un déficit visuel, se sont intégrées au réseau existant et ont rétabli une vision normale, la transplantation étant plus efficace si elle est effectuée une semaine après la lésion (et non pas immédiatement).

Depuis 2010 des essais cliniques sont réalisés pour tenter de réparer des lésions de la moelle épinière. Ils sont faits avec des cellules souches humaines embryonnaires ou des cellules souches humaines du système nerveux central (fibroblastes olfactifs) ou des cellules souches mésenchymateuses prélevées dans les tissus du patient ou des cellules souches embryonnaires humaines produisant des cellules progénitrices d'oligodendrocytes (OPC) ou de cellules AST-OPC1. En 2016 un tétraplégique a retrouvé l'usage de ses bras par injection de 10 millions de cellules AST-OPC1. Des injections de centaines de millions de cellules souches autologues stoppent l'évolution des atteintes neurologiques de la sclérose en plaques.

Normalement, l'os se régénère en cas de lésion (fracture...) par synthèse de la matrice extracellulaire par les ostéoblastes et remodelage, les ostéoclastes éliminant la vieille substance osseuse. Dans certaines conditions pathologiques l'autoréparation doit être assistée. On peut le faire par auto- ou allogreffe de fragments osseux ou, comme dans l'essai européen Reborne (2011), par implantation dans la zone à traiter, de cellules souches mésenchymateuses de la moelle osseuse (à l'origine des ostéocytes) du patient, seules ou avec un biomatériau tels que des granules biphasés d'hydroxyapatite et de phosphate tricalcique bêta.

Les substituts osseux sont d'origine humaine (prélèvement sur des cadavres), végétale (exosquelette calcifié d'algues rouges converti en hydroxyapatite HA), animale (exosquelette de certains coraux, os spongieux de bovin).

Ils peuvent être synthétiques (sulfate de calcium, bioverres composés de calcium, de phosphore et de dioxyde de silicium, céramiques phosphocalciques tels que le phosphate tricalcique TCP sous la forme cristalline bêta, l'hydroxyapatite, la combinaison HA+TCP, etc . Des matériaux composites peuvent être faits de céramique de phosphate de calcium associée à du collagène, de polymères d'acide acrylique et d'hydroxyde de calcium, d'HA ou de TCP associés à des hydrogels.

Les causes majeures de cécité sont les atteintes rétiniennes touchant les cellules ganglionnaires (glaucome dû à l'excès de pression intra-oculaire par non évacuation de l'humeur aqueuse) ou les photorécepteurs (dégénérescence maculaire, rétinopathies pigmentaires), empêchant la conversion de l'information lumineuse en un influx nerveux atteignant le reste du système visuel. 30% des rétinopathies pigmentaires (dégénérescence de l'ensemble cônes-bâtonnets et épithélium pigmentaire) sont dus à des mutations des gènes RHO (*rhodopsin* ; locus 3q21.1), USH2A (*usherin* ; locus 1q41) RPGR (*retinis pigmentosa GTP-ase regulator* ; locus Xp11.4). Outre les approches pharmacologiques (facteurs neurotrophiques, protéine de viabilité des cônes et bâtonnets RdCVF : *rod derived cone viability factor*...) et les essais de thérapie génique, les efforts des chercheurs portent sur la transplantation soit de cellules pigmentaires (jouant un rôle nourricier pour les photorécepteurs) soit de photorécepteurs sains de l'hôte ou de cellules dérivées de cellules souches de sa moelle osseuse.

Chez le nématode *Caenorhabditis elegans* la transdifférenciation de cellule rectale en neurone a montré la nécessité d'intervention de plusieurs facteurs génétiques de transcription, mais aussi de facteurs épigénétiques, tels des enzymes agissant sur les histones, pour maintenir la stabilité du résultat.

.

Des puces microfluidiques renfermant des cellules vivantes d'un organe (poumon, foie, intestin ...), sur un support (le plus souvent de polydiméthylsiloxane) logées dans des compartiments perfusés en continu, cultivées en 3D, permettent des études plus pertinentes que les classiques cultures cellulaires 2D. En effet, elles miment pendant plusieurs semaines les conditions d'un tissu humain vivant. Elles permettent d'étudier la toxicité générale d'un médicament.

DEMAIN, avec l'acquisition des techniques de production industrielle des cellules souches, la multiplication des banques de cellules souches, la maîtrise de la vectorisation, la suppression des risques de tumorisation, l'ingéniérie cellulaire (transfections, transplantations) aura un grand développement en médecine régénérative.

Des banques de cellules conserveront pour un prix modique le sang du cordon ombilical de chaque enfant, pour réparer ultérieurement, en cas de besoin, un organe lésé, avec ses propres cellules.

Des sociétés proposeront à chacun un prélèvement de ses cellules pour en obtenir des cellules souches maintenues à sa disposition. L'utilisation de cellules souches autologues génétiquement modifiées élimine le risque de réponses alloréactives, mais elle nécessite un traitement par des drogues favorisant le développement des cellules corrigées. Ce traitement provoque des effets secondaires (atteinte des muqueuses, capacité de procréation) qui seront neutralisés.

Des xénogreffes de cochons humanisés seront possibles, sans crainte de transmission de virus endogènes, grâce à leur désactivation permettant d'obtenir des cochons indemnes de ces séquences.

Les prochaines générations d'organes sur puces pourraient utiliser des cellules provenant de cellules iPs du patient lui-même, ce qui permettra un traitement personnalisé.

En outre, la multiplication de minilaboratoires itinérants permettra une prise en charge pré-hospitalière de plus en plus précoce (par exemple, pour les victimes d'accidents vasculaires cérébrals).

Le monde de production de masse des objets cédera la place, avec la 3D, à un monde d'objets personnalisés, produits localement.

La réalisation d'organoïdes, première étape vers la réalisation d'organes

Des mini-organes permettent de tester des médicaments, en attendant de remplacer des organes déficients.

Les cellules souches en culture, par échange de signaux, ont la capacité de s'auto-organiser en organoïdes par différenciation cellulaire. Les organoïdes sont des structures semblables à des mini-organes, avec leurs types cellulaires spécifiques, manifestant *in vitro* les mêmes activités que celles des organes correspondants *in vivo*. Ainsi, dans une suspension de cellules souches embryonnaires de souris en culture flottante (méthode SFEBq : *serum-free floating embryoid body-like quick aggregation*), se différencient des agrégats de cellules en progéniteurs neuronaux qui, en 3 à 4 jours, s'organisent spontanément en une sphère creuse. Elle est formée d'une couche de cellules (neuroépithélium). La paroi s'invagine alors comme le fait une vésicule optique au cours du développement embryonnaire et la couche interne se différencie en une rétine multicouches. A partir de cellules embryonnaires humaines ont été obtenus des mini-thyroides, des mini-intestins (2009), des mini-bourgeons hépatiques (2013), des mini-reins (2013-2014), des mini-estomacs (2015), des mini-poumons (2015) et des mini-tumeurs ont été réalisées à partir de cellules tumorales colo-rectales.

Un mélange de cellules humaines issues d'iPS, de cellules mésenchymateuses et de cellules vasculaires produit des bourgeons hépatiques fonctionnels chez la souris.

L'ingéniérie tissulaire est « *l'ensemble des techniques et des méthodes s'inspirant des principes de l'ingéniérie et des sciences de la vie, utilisées pour développer des substituts biologiques pouvant restaurer, maintenir ou améliorer les fonctions des tissus* » (120 bis).

La biofabrication (utilisation d'un procédé pour engendrer un produit présentant une fonction biologique) concerne la bio-impression (impression en deux ou trois dimensions de tissus biologiques vivants) et le bio-assemblage (production de structures hiérachisées - micro-tissus, organoïdes..- organisées en 2D ou 3D, grâce à un assemblage automatisé d'éléments cellularisés).

L'impression 3D (fabrication d'un objet par ajout de matière, couche par couche) utilisant comme matériau le plus courant le polyamide, mais pouvant aussi imprimer des métaux, a de nombreux domaines d'application. La bio-impression consiste « *à déposer couche par couche ou point par point, des cellules, des composants de la matrice extracellulaire (MEC), des facteurs de croissance et des biomatériaux grâce à une technologie d'impression pilotée par un ordinateur à partir d'un fichier numérique* » couplé à une imprimante (78 bis).

On peut fabriquer des modèles d'organes 3D. Après modélisation sur ordinateur, les données sont transmises à une imprimante 3D alimentée par des cellules souches (enrobées dans un biomatériau) sous la forme de sphéroïdes à la place de l'encre. Les imprimantes jet d'encre piézo-électriques permettent l'impression de cellules vivantes (de peau ou de cartilage) selon des motifs prédéfinis. Dans le principe de bio-impression assistée par laser (LAB, *laser assisted bioprinting*) il y a projection par pression de vapeur d'un gel enrichi de cellules sur une surface, puis fixation. Le modèle d'organe est ensuite cultivé dans un bioréacteur.

La bio-impression tissulaire permet la création de modèles cellulaires et tissulaires (pour tester l'action pharmacologique de drogues) et la fabrication de produits pour la médecine régénératrice et réparatrice. La bio-impression *ex vivo* consiste à créer des tissus de complexité variable à l'aide des bio-imprimantes multi-têtes, pour imprimer différentes encres biologiques répondant à la complexité des tissus.

La bio-impression *in situ* consiste à bio-imprimer directement cellules, matrice extracellulaire et facteurs de croissance, au niveau de la perte tissulaire, pour y favoriser la régénération du tissu lésé.

Un mini-cerveau 3D de 4mm, avec ses différentes régions dont un cortex antérieur, s'est construit en 60 jours à partir de cellules souches pluripotentes humaines. Des mini-vessies en 3D ont été réalisées en 2017.

Un tissu de foie réalisé en 3D produit la même albumine et synthétise le même cholestérol qu'un foie réel. Un coeur en silicone a été imprimé en 3D, de volume et de poids proches de ceux de l'organe humain.

Une vertèbre cervicale en poudre de titane, imprimée en 3D a été implantée à un garçon atteint d'une tumeur osseuse.

Pour tester des principes actifs, des mini-organes ayant les caractéristiques fonctionnelles de cœur, de foie, de poumon ou de vaisseaux sanguins sont placés sur des puces de 5 cm.

DEMAIN, avec la maîtrise des techniques de milieux de culture orientant la différenciation cellulaire et du maintien en survie des cellule greffées, avec l'assouplissement des règlementations, avec l'arrivée dans les blocs opératoires de bio-imprimantes couplées à des systèmes d'imagerie, avec la combinaison de plusieurs techniques de l'ingéniérie tissulaire, cette dernière aura de multiples possibilités d'application pour restaurer, maintenir ou améliorer les fonctionnements des tissus.

En médecine régénérative l'utilisation d'organoïdes autologues sera fréquente. On pourra remplacer un organe par un autre imprimé à partir des propres cellules du patient. Le marché de l'ingéniérie tissulaire est déjà estimé à 73 milliards de dollars en 2025.

LA QUATRIÈME RÉVOLUTION INDUSTRIELLE

Effaçant les frontières entre les sphères du physique, du numérique et du biologique, la quatrième révolution industrielle est caractérisée par sa rapidité, son amplitude, son impact systémique sur les entreprises (172). Des prothèses de toutes sortes alliant la collaboration d'ingénieurs, d'informaticiens, d'électroniciens et de médecins, permettent de rétablir ou de remplacer la ou les fonctions d'un membre ou d'un organe.

Le souci de soigner ou de remplacer des dents, pour des raisons physiologiques ou esthétiques, est manifesté par les bridges de dents reliées par un fil d'or, les couronnes en or et les dents sculptées dans l'ivoire ou le bois que l'on peut observer sur des crânes égyptiens remontant à -2500 ans. Le premier plombage (mélange de bitume et de fibres végétales) connu, sur le site toscan de Riparo Fredian, est daté de -13.000 ans. Les premiers dentiers sont faits de dents humaines prises sur des cadavres. Aujourd'hui les prothèses en métal ou en résine sont fixes ou amovibles, totales ou partielles, ou vissées par du métal fixé dans l'os (implants).

L'idée d'utiliser des pierres précieuses comme loupes pour compenser des défauts de vision remonte à l'Antiquité. Après l'emploi de lentilles dans les bésicles, pince-nez, face-à-main, monocles, puis montées sur des lunettes à branches tenant aux oreilles (1752), sont venus les lunettes à double foyer et les verres progressifs. Les lentilles de contact sont en hydrogel, adaptées à tous les types de vue.

Chez des patients devenus aveugles, mais dont le nerf optique est intact, des rétines artificielles sont fabriquées. Les implants rétiniens sont placés sur la rétine (épirétiniens) ou derrière la rétine (sous-rétiniens). Plusieurs modèles d'implants épirétiniens sont disponibles. Par exemple, une microcaméra intégrée dans une paire de lunettes, transmet les informations visuelles à un ordinateur qui les convertit en codes de signaux électriques transformés en courants électriques par un récepteur placé sur l'œil, qui les envoie à l'implant (puce de 3x3mm, portant des centaines d'électrodes) se substituant aux photorécepteurs déficients. L'information visuelle est ensuite acheminée *via* le nerf optique jusqu'au cortex visuel primaire qui contient des cartes rétinotopiques respectant l'organisation spatiale rétinienne et visuelle. Chez les patients, la stimulation de la rétine par l'implant produit la perception de points lumineux (phosphènes) dont l'organisation spatiale est censée reproduire l'objet à visualiser.

Mais la résolution spatiale de ces phosphènes reste encore insuffisante et elle ne permet qu'un léger bénéfice visuel dans la reconnaissance d'objets multicouches.

Pour traiter des lésions cornéennes, des implants de collagène moulés en cornées artificielles donnent de bons résultats. Contre la cataracte, le cristallin est remplacé par une lentille synthétique. Cette opération, la plus fréquente dans le monde, peut aussi remédier au glaucome (dû à la compression de la rétine par le liquide de l'intérieur de l'œil).

Pour des patients qui ont totalement perdu la vue, mais dont le fond de l'œil fonctionne et qui perçoivent la lumière, l'ostéo-odonto-kérato-prothèse est envisageable. Un fragment de dent dans lequel est logée une lentille en plexiglas, faisant office de cornée, placé pendant 3 mois dans la joue du patient, est colonisé par les cellules, puis mis en place sur l'œil.

Les appareils acoustiques, pour pallier aux déficiences de l'appareil auditif, ne cherchaient qu'à amplifier le son. Après le cornet acoustique (1800), les différents essais d'appareils ont porté sur la réduction de la taille, la durée de l'autonomie, l'amélioration du son. La vraie progression a été le passage d'un appareil amplificateur à celui d'un ordinateur numérique (1988) intra-auriculaire.

Pour les personnes atteintes de surdité sévère ou les enfants sourds de naissance, le principe de l'implant acoustique est d'envoyer au nerf acoustique resté intact des impulsions électriques dont les caractères sont déterminés par ceux du son. Un microphone et un microprocesseur captent et transmettent les sons sous forme numérique à l'implant qui les convertit en impulsions électriques transmises à des électrodes (remplaçant les cellules ciliées sensibles de l'organe de Corti) situées dans la cochlée (oreille interne). Un suivi par un orthophoniste est nécessaire, après l'opération chirurgicale.

L'idée de remplacer un membre par un appareil artificiel remonte à -2600 ans, avec les prothèses égyptiennes d'orteil, en bois ou en cuir. Une jambe de bois vieille de 2.300 ans a appareillé un membre d'une communauté agropastorrale des oasis du Tarim (entre la Chine et l'Afghanistan). Après les crochets remplaçant les mains et les pilons pour les jambes du moyen-âge, la première prothèse articulée du genou remonte à 1960, la première hanche en céramique à 1974, la première jambe commandée par microprocesseur à 1997, le premier bras bionique à 2005.

Dans les prothèses myoélectriques les contractions des muscles restants sont mesurées par des électrodes qui envoient les signaux électriques aux moteurs qui activent les articulations de l'appareillage. La technologie des mains myoélectriques nécessite l'apprentissage de la contraction volontaire de certains muscles du moignon qu'il faut détourner de leur usage initial, pour les utiliser selon un schéma préétabli, pour commander directement la prothèse. Des prothèses de jambe ou de bras peuvent être connectées à la pensée (par des senseurs implantés dans les zones du cerveau contrôlant les mouvements spécifiques).

Elles reproduisent au plus près les mouvements normaux. Les jambes intelligentes permettent de marcher sur un plan incliné, de monter ou descendre des escaliers, de danser. Des mains artificielles intelligentes, reliées par des capteurs au nerf du bras, grâce à l'implantation de fines électrodes, pourvues du sens du toucher, permettent de lacer des chaussures et de manipuler délicatement des objets. Des prothèses de main dotée d'un œil permettent aux amputés de saisir et de déplacer des objets sans les abîmer. Des bras mécaniques peuvent saisir des objets non pas avec des doigts articulés, mais avec un ballon rempli de granules qui enveloppent les objets pour les saisir. Des jambes bioniques commandées par la pensée permettent à un amputé une marche assurée, la montée d'escaliers et, une fois assis, la mise en place correcte de la jambe.

Créés pour l'armée, les premiers exosquelettes ont été des amplificateurs, puis ils sont devenus des exosquelettes d'assistance dans le domaine de la santé. Les exosquelettes motorisés sont constitués de déclencheurs (moteurs hydrauliques) alimentés par une batterie, de capteurs et d'un ordinateur qui active les déclencheurs. Ainsi HAL5 (*hybrid assistive limb*) d'un poids de 23 kg, recouvrant les jambes, le torse et le dos, est formé de coquilles lumineuses au niveau des articulations, d'une batterie sur la hanche, d'une unité de contrôle sur le dos et d'électrodes à la surface de la peau qui reçoivent les signaux du cerveau et les envoient à l'unité de contrôle. Elle les interprète et commande les déclencheurs qui effectuent les mouvements. EMY (*enhancing mobility*) permet aux tétraplégiques de marcher par la seule commande de la pensée, grâce à un implant dans le cerveau. HULC (*human universal load carrier*) est un exosquelette en titane, de 24 kg, sans capteurs, actionné par les déplacements naturels de l'utilisateur auquel il est adaptable. Il permet de porter 100 kg pendant 20 km et la pile dure 72 h. C'est aussi le cas d'Hercule, premier exosquelette français, dont les jambes mécatroniques supportent une structure dorsale permettant de soulever et de porter une grosse charge sans effort. TALOS (*tactical assault light operator suit*) pour les soldats, est un exosquelette à maillage nanotechnologique protecteur, avec antennes, capteurs, caméras permettant une vision à 360°, ultra-connecté, recevant en permanence des informations et en donnant.

Les exosquelettes permettent d'améliorer les performances physiques de l'Homme. Depuis l'Antiquité l'homme à chercher, notamment dans le domaine sportif, à augmenter ses capacités physiques autrement que par le seul entraînement, soit par un mode d'alimentation particulier, soit par l'absorption de substances dopantes (hydromel chez les Grecs, macération de feuilles de sauges chez les Romains, feuilles de coca chez les Incas, noix de Kola en Afrique, ginseng en Chine).

Le code du sport (2006) définit le dopage comme *« l'utilisation de substances ou de procédés de nature à modifier artificiellement les capacités d'un sportif ou à masquer l'emploi de substances ou de procédés ayant cette propriété »*.

Avec les progrès scientifiques et la mondialisation du sport-spectacle, source de profit financier, la liste des produits dopants de plus en plus efficaces ne fait que s'allonger. L'augmentation de la masse musculaire peut être obtenue par des anabolisants naturels (testostérone, IGF1 : *insulin-like factor 1)* ou de synthèse (stéroïdes), Les bêta-2-agonistes stimulent, en outre, la respiration. Des stimulants (amphétamines, cocaïne, éphédrine), des bronchodilatateurs suppriment la sensation de fatigue et procurent une euphorie de surhomme. Des produits (EPO : érythropoïétine naturelle, NESP : *novel erythropoiesis stimulating protein, synthétique*) augmentent le nombre de globules rouges, donnant une meilleure oxygénation des muscles. Sont aussi utilisés des hormones de croissance (GH : *growth hormone* et HCG : *human chorionic gonadotropin*), des facteurs de croissance, des modulateurs hormonaux (raloxifène). Tous ces produits sont illégaux et ont des effets secondaires graves, parfois mortels. De nombreuses substances stimulent les capacités mentales (dopage intellectuel). Pour réduire le stress, augmenter l'attention, faciliter la mémorisation, augmenter la concentration, ces produits sont naturels (caféine, cocaïne, cocktail de vitamines, DMAE : diméthyl aminoéthanol présent dans le poisson) ou synthétiques (amphétamines, tranquillisants, anxiolytiques).

Les bêta□bloquants agissent sur les récepteurs bêta1 (activité cardiaque) et bêta2 (vasoconstriction des fibres lisses des vaisseaux sanguins). Le lemodofinil augmente les capacités cognitives et la facilité de création.

Pour dispenser les diabétiques (dans le monde, 30 millions de type 1, marqué par la destruction des cellules productrices d'insuline) des piqures au bout des doigts et des injections quotidiennes d'insuline réalisées par des stylos ou des seringues, il existe divers types de pompes à insuline. Les systèmes externes permettent l'administration sous-cutanée du médicament, les appareils internes sont constitués de microprocesseurs qui mesurent les niveaux de glucose dans le sang et répondent automatiquement par des perfusions d'insuline. Ce sont des dispositifs électroniques portés en permanence (généralement à l'extérieur du corps), débitant l'hormone en continu, 24h sur 24, à partir d'un réservoir et par un cathéter (à changer tous les 2-3 jours), selon une programmation conforme aux besoins de chacun. Un capteur, se présentant comme un cheveu glissé sous la peau, mesurant le taux de glucose interstitiel ou un capteur fixé sur le bras par une minuscule aiguille et mesurant le taux de glucose sanguin, peuvent être raccordés à la pompe ou à un lecteur de glycémie. Le capteur peut envoyer les informations à un smartphone qui contient l'algorithme actionnant la pompe quand besoin est.

Diet Sensor est une application disponible sur iPhone permettant aux diabétiques de s'alimenter sans passer de temps à compter les glucides.

Un scanner miniaturisé analyse et compte les glucides, lipides, protéines et calories de chaque aliment grâce à un spectromètre. Le scanner est relié à une base de données en 19 langues qui comporte 600.000 produits alimentaires. L'approche unihormonale utilise l'insuline et repose sur des analyses informatiques complexes pour réduire le risque d'hypoglycémie, l'approche bi-hormonale utilise l'insuline pour baisser la glycémie et le glucagon pour l'élever, et elle repose également sur des algorithmes complexes.

Les atteintes cardio-vasculaires sont corrigées par plusieurs types de stimulateurs cardiaques (circuits électroniques alimentés par une pile et déclenchant une stimulation électrique au muscle cardiaque, quand son rythme devient inférieur à un seuil), des prothèses des valvules cardiaques (soit mécaniques, faites de carbone pyrolique ou de titane, soit de tissus animaux porcins ou bovins) et des pontages coronariens. La première implantation d'un cœur artificiel chez l'homme remonte à 1969. Les essais avec le cœur Carmat (poids 900 gr ; batteries extracorporelles au lithium : 9 kg) du Dr. Carpenter ont commencé en 2013.

En cas de dysfonctionnement sévère des reins, on peut procéder à des dialyses (épurations extra-corporelles du sang) péritonéales ou à des hémodialyses. Dans le premier cas, un petit tube au-dessous du nombril fait écouler le dialysat dans la poche péritonéale. Quand le sang des petits vaisseaux du péritoine est épuré, le liquide est évacué. Dans l'hémodialyse deux tuyaux sont fixés dans le bras du patient : par l'un le sang est pompé vers la machine où il traverse une tubulure baignant dans la solution de dialyse et dont la paroi est perméable à certaines substances ; le sang échange ses déchets contre des substances bénéfiques et il fait retour au sujet par le second tuyau. Le premier essai d'un appareil de dialyse portable remonte à 1976. Depuis 2000 les recherches portent sur la miniaturisation d'un appareil composé d'un filtre assurant la fonction glomérulaire du rein, associé à un bioréacteur de cellules tubulaires assurant la partie cellulaire du fonctionnement rénal.

Après une laryngectomie totale, un larynx artificiel, constitué d'une bague en alliage de titane reliant la trachée à la base de la langue, avec une valve mécanique dans la partie haute de la langue pour permettre de diriger l'air vers la trachée et les aliments vers l'œsophage, a permis à un patient de respirer et de manger normalement.

DEMAIN, les prothèses bioniques, autoréparables, à des prix abordables, grâce à de nouveaux biomatériaux, à leur utilisation avec des cellules souches et à une miniaturisation croissante (les microprocesseurs gravés en transitors de 10 nanomètres, contre 10 mm en 1951), seront de plus en plus performantes.

Elles seront esthétiques et des microgénérateurs (comme des cellules photovoltaïques organiques) leur fourniront l'énergie nécessaire. Leur usage (malgré les risques d'infections difficiles à traiter) sera généralisé pour supprimer la pénibilité dans certaines entreprises (bâtiment, manutention de poids lourds...) et redonner leur autonomie à des handicapés moteurs. Des neuroprothèses, combinant un capteur sur le cerveau, enregistrant l'activité du cortex moteur, relié à un ordinateur envoyant les ordres à un stimulateur implanté près des électrodes fixées dans la moelle épinière, permettront à des paralysés d'effectuer des mouvements.

Des biopiles enzymatiques généreront l'énergie électrique à partir de glucose et d'oxygène (substrats présents dans l'organisme) permettant d'alimenter des dispositifs tels que des stimulateurs cardiaques ou des robots implantables. De nouveaux défibrillateurs sans sonde intracardiaque seront utilisés.

Les textiles qui jouent un rôle de filtrant (masques respiratoires), de protection (pansements), de renforcement d'organes (hernies) participeront à la cicatrisation, supporteront la régénération des tissus, préviendront les complications post-opératoires (infections). Ces textiles sont bioactifs par incorporation de principes actifs en surface ou dans la masse.

L'INTELLIGENCE ARTIFICIELLE

Les progrès sur les réseaux de neurones artificiels ont permis des avancées sur la réalisation de systèmes autonomes capables de percevoir, d'apprendre et de décider en fonction de leurs propres raisonnements (premier pas vers l'intelligence artificielle forte). L'IA concerne tous les secteurs économiques et sociaux.

Pendant la Seconde Guerre mondiale, des hommes ont tenté de complexifier le codage des messages pour les rendre indéchiffrables, première étape qui a fait prendre conscience d'un rapprochement possible de la machine et du cerveau.

Issue de l'idée très ancienne que la pensée pouvait être mécanisée, l'intelligence artificielle (IA) peut être définie selon M.L. Minsky *« comme la construction de programmes informatiques qui s'adonnent à des tâches qui sont, pour l'instant, accomplies de façon plus satisfaisante par un être humain, car elles demandent des processus mentaux de haut niveau tels que l'apprentissage perceptuel, l'organisation de la mémoire, le raisonnement critique »* (143).

Le développement de l'intelligence artificielle repose sur la combinaison de trois facteurs : la complexification des algorithmes, l'augmentation de la puissance de calculateurs, le stockage et la gestion de masse des données (nous accumulons tous les deux ans l'équivalent de l'ensemble de ce que l'humanité avait produit auparavant) depuis la collecte jusqu'à l'analyse.

Un algorithme (du nom du savant persan Algoritmi, du IXème siècle) est une suite mécanique de tâches à exécuter étape par étape, selon un mode d'emploi précis, pour faire quelque chose (une addition, la recherche d'un mot dans le dictionnaire, une pâtisserie....).

Les premiers ordinateurs fonctionnent avec des entrées/sorties en cartes perforées et impression papier, avec le langage de programmation FORTRAN (*Formula Translator*). Le premier modèle mathématique d'un neurone biologique : le neurone formel est donné par M. McCulloch et W. Pitts en 1943. En 1950 A. Turing propose l'expérience connue sous le nom de test de Turing pour qualifier une machine de « consciente » et évaluer son intelligence. Stimulés par la guerre froide, les chercheurs obtiennent en 1954 la première traduction automatique de phrases de russe en anglais. C'est le décodage du code allemand Enigma qui a permis de passer de l'informatique traditionnelle à l'intelligence artificielle. Les bases de l'IA sont créées en 1956, lors d'un atelier de travail à Dartmouth College (USA), par McCarthy, M.L. Minsky (réalisateur de réseaux de neurones artificiels), C.E. Shannon (fondateur de l'électronique numérique, en établissant le lien entre algèbre booléenne et circuits électroniques), N. Rochester.

Le premier système logique de reproduction du raisonnement humain est le Logic Theorist (1956) de A. Newell et H. Simon qui peut faire la démonstration automatique de théorèmes et qui est le premier programme informatique en intelligence artificielle. La programmation y est facilitée par le langage IPL (*Informatic processing language*, 1956).

Les premiers systèmes experts apparaissent en 1974. Le système MYCIN est conçu pour aider au diagnostic et au traitement des maladies bactériennes du sang. Le logiciel Deep Blue d'IBM bat aux échecs Kasparov (1997). Dans le système de santé, Watson est capable de repérer des corrélations entre des symptômes et des maladies qu'aucun humain ne peut déceler, faute de pouvoir utiliser des millions de cas. En 2017 le programme informatique Libratus, fondé sur un algorithme probabiliste, bat quatre champions de poker, s'améliorant après chaque partie et faisant preuve d'intuition.

Aux outils de calcul ont succédé les machines électromécaniques utilisant des triodes, puis des ordinateurs dotés d'écran, de clavier et d'une souris, puis des ordinateurs portatifs.

Jusqu'en 2012, l'IA démocratisée dans la gestion des entreprises, reposait sur des programmes traditionnels avec des algorithmes programmés manuellement. Une deuxième phase commence avec la création de méthodes inspirées du connexionisme, qui rendent les machines autonomes dans leur apprentissage (*deep learning*, apprentissage profond). Dans un réseau de neurones chaque neurone est doté de plusieurs entrées qui reçoivent les sorties des neurones précédents, chaque connexion entre deux neurones étant définie par un poids synaptique qui définit la force de la connexion (127). Un réseau est constitué d'une couche de neurones d'entrée (recueillant les données), d'une couche de neurones de sortie (transmettant un résultat) et de plusieurs couches de neurones intermédiaires. La sortie des neurones de la première couche est connectée aux entrées des neurones de la deuxième couche, eux-mêmes connectés à une troisième couche et ainsi de suite, chaque couche traitant une information d'un niveau de représentation croissante. Le réseau est entraîné sur une base de plusieurs millions de données. Pour chacune d'elle un algorithme d'optimisation modifie la valeur des poids synaptiques de façon que le réseau donne de plus en plus de bonnes réponses. Un réseau de neurones virtuels apprend donc à représenter les données de manière hiérarchique, construit lui-même ses caractéristiques d'emploi à partir des données fournies par les experts. L'algorithme ne suit plus une recette, il la trouve lui-même en décidant des critères à retenir. Le *deep learning* permet à un programme d'apprendre et de réaliser de plus en plus de tâches, plus vite et plus précisément que le cerveau humain (par exemple, au jeu de go ou en reconnaissance visuelle où il exécute des calculs analogues à ceux du cortex visuel).

L'association aux CPU (*graphics processing unit*, composant électronique d'ordinateur servant au calcul de l'affichage des graphismes) des CPU (*central processing unit,* composant permettant l'exécution des programmes informatiques) capables de traiter plus d'informations, permet de doper les performances des réseaux de neurones.

DEMAIN, des algorithmes permettront la reconnaissance du visage, de la parole, des images et la traduction automatique.

L'informatique quantique sera mise au point permettant la résolution de nouveaux problèmes complexes et de nouveaux dialectes informatiques seront créés.

La robotique développementale, avec des algorithmes d'apprentissage stochastiques, se donne pour but de faire en sorte que le robot acquiert et construise par lui-même de nouvelles connaissances en interaction avec des environnements initialement inconnus et changeants, comme le fait l'enfant réalisant des expériences et apprenant ses erreurs (11). Les travaux portent sur la recherche d'une combinaison d'apprentissage profond non supervisé (on fournit à la machine un ensemble de données, sans spécifier le résultat qu'elle doit assigner à chacun d'eux, l'ordinateur pouvant créer aléatoirement de nouvelles données) avec un apprentissage par renforcement (la machine doit apprendre à produire une séquence d'actions qui maximisent un ou plusieurs objectifs). Cette combinaison devrait permettre à la machine de comprendre le monde qui l'entoure (intelligence artificielle forte).

Depuis des décennies les industries de l'électronique et de l'automobile (premiers robots dans l'industrie, dans une usine d'assemblage de General motors, en 1961) sont les plus grandes utilisatrices de robots automates.

Le Japon est le plus grand fabricant et utilisateur de robots assurant rapidité et précision dans les diverses manipulations.

L'IA permet aux robots humanoïdes capables de marcher, courir, sauter, descendre des escaliers, d'évoluer parmi les humains pour effectuer des tâches de plus en plus qualifiées (porter un plateau repas, manipuler un charriot de malade dans un hôpital...), de reconnaître des voix, des visages, des émotions et de communiquer (57). Le robot américain PR3 peut reproduire les gestes qu'on lui enseigne, sans programmation préalable. Des robots (marché global en 2018, 190 milliards de dollars dont 90 pour les robots de service) travaillent aux côtés de l'homme pour lui faciliter la tâche (en apportant les pièces lourdes ou en assemblant une partie des composants). Le robot Ocean One, équipé d'une caméra, de deux bras dotés de trois doigts, se déplaçant par de petits moteurs à hélice, peut explorer une épave avec le doigté d'un humain, jusqu'à 1000m de profondeur. Dotés de caméras, des robots-serpents faits de parties articulées, peuvent localiser des rescapés dans des décombres.

Des centaines de biorobots interviennent dans l'aide individuelle à la personne (servir à boire, donner des remèdes, laver des patients..) ou pour des manipulations dans des endroits inaccessibles ou dangereux ou dans des sites dévastés par une catastrophe.

A Dubaï des robots policiers (Robocop) se déplaçant de manière autonome, parlant neuf langues, seront en service en 2030. DeepFace est un algorithme qui reconnaît un visage avec la même fiabilité (97,35 contre 97,53%) que le cerveau humain. Ce dernier reconnaît d'abord la forme, puis détermine si elle est familière ou non (unités de reconnaissances faciales) et la lie au système cognitif (nœuds sur l'identité), ce qui fait successivement intervenir le cortex visuel occipito-temporal, le gyrus temporal et le gyrus fusiforme.

En chirurgie, les gestes, commandés par l'opérateur face à un miroir, aux commandes d'un ordinateur, sont effectués par la machine (robot chirurgien, comme Da Vinci en fonction dès 1999, qui permet au chirurgien, équipé de manettes pour manipuler les instruments, d'opérer un patient dont les organes s'affichent en 3D sur un écran).

Conçue par un français, Rosa est une machine constituée d'un bras articulé relié à un ordinateur, qui permet d'opérer le cerveau ou la colonne vertébrale avec une précision d'un millimètre.

Reprogrammant ses paramètres tout au long de sa tâche, le robot Cyberknife recalcule en permanence sa position, avant chaque tir de photons, pour viser la tumeur sous tous ses angles.

Cela permet de réduire la toxicité radiologique, par exemple dans le traitement des cancers broncho-pulmonaires.

Aux États-Unis des centres hospitaliers utilisent le système cognitif Watson d'IBM pour diagnostiquer et traiter des malades. Watson a intégré plusieurs millions de pages d'études médicales. Les données concernant le patient lui sont transmises ; il les croise avec les millions de données de son répertoire (volume d'informations que le cerveau humain ne peut appréhender) et propose le diagnostic et un traitement personnalisé que le docteur choisit ou non de suivre. Si on lui fournit de nouvelles données sur l'état du patient, il peut modifier le diagnostic en temps réel et adapter le traitement à la nouvelle situation. Célia est une intelligence artificielle omnisciente qui peut fédérer des millions de documents, parle anglais, reconnaît son interlocuteur à la voix, perçoit même ses émotions. C'est un système d'aide à la décision qui travaille en partenariat avec l'homme pour l'aider à dépasser ses limites cognitives. Le robot LBR iiwa (*intelligent industrial work assistant)* est un bras d'acier muni de capteurs qui travaille en collaboration avec l'homme, est capable de lui apprendre des choses et d'effectuer des tâches à sa place.

En outre, des robots peuvent échanger leurs informations et améliorer leur efficacité de fonctionnement grâce à cette intelligence collective.

L'internet *(interconnected network)* des objets (IOT) est *« un réseau de réseaux qui permet, via des systèmes d'identification électronique normalisés et sans fil, d'identifier et de communiquer numériquement avec des objets physiques, afin de pouvoir mesurer et échanger des données entre les nombres physiques et virtuels* » (16). Avec IOT, toutes les machines peuvent transmettre leurs propres données de fonctionnement. Depuis la lampe DAL (2004) qui s'allume de différentes couleurs en fonction de différentes conditions (pollution, météo...), les objets connectés (plus de 20 milliards en 2020) ont pénétré les domaines du sport, de la santé, de l'habitat (domotique). 500.000 exemplaires du robot ménager Roomba (aspirateur qui travaille tout seul) sont vendus chaque année.

Des vêtements connectés (tee-shirt avec capteurs cardiaques, bonnets intégrant des écouteurs ou une caméra...) et des chaussures sont proposés.

Ainsi, le marché des montres connectées a d'abord été lié à celui des applications de sport (capacité à compter les pas ou mesurer le pouls). Puis les bracelets, grâce à un accéléromètre et un micro, comptent les heures de sommeil et enregistrent les cycles. Ils peuvent être consultés au réveil dont l'heure peut être adaptée selon la qualité de la nuit. Des appareils (dont la fiabilité reste à démontrer) couplent l'analyse des mouvements à celle de l'activité cardiaque pour mieux déterminer les phases de sommeil paradoxal et de sommeil profond.

La montre d'Apple compte plus de 8500 applications différentes. Un patch de 2cm de côté, collé sur la peau, constitué de capteurs et de circuits électroniques, mesure la température en continu avec précision.

Des pilules munies de capteurs permettront de savoir si un patient suit bien son traitement. C'est déjà le cas de la molécule thérapeutique l'aripiprazole, prescrite pour les schizophrènes, et dont le capteur, au contact des sucs gastriques, produit un signal électrique, saisi par un récepteur qui se trouve sur un patch collé sur la poitrine du patient. Le patch transmet les informations (date et heure d'ingestion) sur smartphone.

L'iPhone, téléphone doté d'un écran tactile, lancé par Apple en 2007, a eu un impact rapide sur les loisirs et le travail. Consulté en moyenne 150 fois par jour, le smartphone omniprésent envahit la vie quotidienne, et les fabricants, mettant à profit les méthodes de conditionnement, aident, par des stratégies de persuasion, les clients à renforcer leur addiction. La boulimie de prises de vue sur smartphone a généré en 2016 plus de 51 milliards de dollars de chiffre d'affaires. Le succès de kindle, lecteur numérique permettant de télécharger et de lire des milliers de livres, a dépassé toute attente.

L'iPhone X d'Apple, comportant une caméra frontale, un capteur infrarouge et un miniprojecteur, intègre une technologie de reconnaissance faciale en trois dimensions, ce qui permet des applications sécurisées de santé, de banques, de coffre-fort,...

Les Compagnies d'assurance fixeront les prix des contrats de remboursement des soins selon les comportements des assurés, connus par la communication des données recueillies par divers appareils connectés : thermomètre, tensiomètre, podomètre....

De la taille d'un smartphone, des drones miniaturisés font des autoportraits ou des photos de groupe en altitude.

Des drones équipés de boite de Pétri pour recueillir des microorganismes dans l'air, permettront de surveiller les phytopathogènes nocifs pour les céréales, de prévoir où ils pourraient se répandre et d'identifier les cultures à traiter.

Une usine près de Nankin (investissement : 28 milliards d'euros) produira chaque mois 100.000 plaquettes de silicium, composant pour les smartphones ou les objets connectés, bouleversant le marché mondial dominé par les États-Unis.

Aujourd'hui 80 milliards de microprocesseurs sont produits par an. Dans le monde numérisé le savoir n'est plus dans la personne, il est externalisé (175).

Aussi, d'après Dr. Pham Thi si l'individu a déjà un génome, il a aussi désormais un datasome, ensemble de données et de traces informatiques qui témoignent de ses goûts et de ses actions.

Le fait de savoir qu'Internet est une mémoire accessible à tout moment et avec une quantité d'information presque infinie, pousse à mémoriser plus facilement le lieu de stockage de l'information que l'information elle-même. Le cerveau ne traite plus l'information en profondeur, ce qui est indispensable à la construction des connaissances et à leurs critiques. Les jeunes, utilisant de plus en plus internet dans leurs activités scolaires et la charge cognitive affaiblissant leur aptitude à comprendre et à retenir ce qu'ils lisent, un apprentissage pour favoriser l'acquisition des connaissances devient donc nécessaire (27). L'usage abusif d'Internet modélise le cerveau. Les pratiquants du Facebook ont une densité accrue de matière grise (corps des neurones) au niveau de l'amygdale et du cortex temporal.

Alors que les zones activées lors de la lecture sur un livre sont les régions associées au langage, chez les internautes c'est surtout les zones associées à la prise de décision et à la résolution de problèmes où on observe une intense activité.Selon une enquête de l'association française de pédiatrie ambulatoire (Afpa), 47% des enfants de moins de 3 ans, c'est-à-dire étant à l'étape cruciale de la mise en place des connexions synaptiques, utilisent des écrans tactiles interactifs (93% à la maison, 12% en voiture). L'écran est devenu la tétine qui rassure les parents, mais le bébé fasciné par l'écran altère sa capacité d'empathie. La dépendance aux jeux s'explique par la recherche d'excitation face à l'imprévu, par le besoin de manipulation d'êtres dans lesquels sont projetés les désirs, par la satisfaction de gratification narcissique, par envie de rencontre de copains anonymes (184).

En fait, cette communication permanente avec l'écran entraîne des retards du développement, des troubles de la relation, du langage et du comportement (symptômes autistiques).

Des bébés grandissent dans des foyers où la télévision est allumée en permanence. L'utilisation abusive des tablettes tactiles a des effets nocifs sur le sommeil, l'alimentation, la concentration, l'expression.

Cependant, on peut penser que la plasticité cérébrale permettra une adaptation à l'interface Internet. Les adeptes des jeux vidéo (pratiqués par tous les jeunes et parfois avec les parents) ont une plus grande capacité d'attention que les non-joueurs. Les jeux vidéo pourraient aider au développement de nouvelles formes de socialisation pour faciliter la résolution de leur permanente évolution. Aussi O. Houdé conseille-t-il de combiner harmonieusement dans l'éducation d'aujourd'hui le livre et l'écran, pour que les enfants intègrent la double révolution de l'imprimerie et du numérique, dans les circuits neuro-culturels de leur cerveau (95bis).

La révolution numérique bouleverse le travail, déstabilise le salariat, s'émancipe de la souveraineté des États, concentre le pouvoir entre les mains de ceux qui contrôlent l'exploitation des données. Le Forum de Davos estime à 5 millions le nombre d'emplois détruits ou transformés dans les 4 prochaines années, par des machines intelligentes (ce qui ne signifie pas une augmentation du chômage, car seront trouvées de nouvelles utilisations du travail). L'ère digitale transforme la nature et la localisation des emplois en fonction des nouveaux besoins économiques et sociaux, les modes de vie et de gouvernement des hommes (15). Souhaitée par les deux tiers des salariés français, la mise en oeuvre du télétravail est facilitée dans les entreprises. Elle transforme la manière dont le combattant d'une armée « hightech » se déplace, enregistre et transmet des images, accomplit des missions, en se protégeant et en attaquant, protégé par des essaims de drones opérant en réseaux.

DEMAIN, des robots d'assistance permettront aux personnes âgées et aux handicapés de regagner leur autonomie ou ils aideront à l'enseignement personnalisé dès la petite enfance (comme le sera la médecine), pour modéliser le cerveau selon les derniers acquis des neurosciences (5bis). Les smartphones connectés seront de plus en plus intelligents.

Des jouets de type Cognitoy, reliés par internet à des superordinateurs, dialogueront avec les enfants, tout à leur apprenant la géograhie, le calcul, etc.

En attendant les ordinateurs quantiques, les supercalculateurs mille fois plus puissants que les actuels, seront capables d'effectuer un milliard de milliards d'opérations par seconde (1exaflop, au lieu des 95 pétaflops c'est-à-dire 95 millions de milliards, atteints par le Sunway Taihul Light chinois actuel).

Déjà les puces électroniques peuvent réaliser plus de 1000 milliards d'opérations par seconde.

Avec la mise au point de nouveaux microprocesseurs, les supercalculateurs permettront des simulations numériques de grande taille (modélisation du climat, du comportement des biomolécules, du cerveau...), facilitant la résolution de problèmes dans tous les domaines de la vie. L'humanité produira 1000 milliards de milliards de données numériques chaque semaine.

Des réseaux virtuels de neurones artificiels avec des cylindres composant les mémoires magnétiques, consommant peu d'énergie, effectueront des tâches cognitives complexes.

L'usage du web modifiera notre cerveau comme l'a fait l'écriture pour la reconnaissance des lettres.

L'IA remplacera une bonne partie du travail humain. Grâce à l'augmentation de la puissance de calcul des supercalculateurs et des capacités de stockage, de traitement et d'analyse des données, de nombreux domaines de la vie quotidienne seront changés. Des réfrigérateurs suggéreront des recettes selon leur contenu et déclencheront le four selon le plat choisi. Des balances indiqueront la valeur nutritionnelle des aliments, des pèse-personne donneront les conseils d'une diététicienne, La voix remplacera les interrupteurs et le clavier de commande des appareils de la maison (chauffage, éclairage, interphones..).

Il y aura une véritable révolution des transports, les moteurs à combustion étant peu à peu remplacés par des moteurs hybrides, ou électriques ou à hydrogène. Par des aides à la conduite de plus en plus complexes, il y aura généralisation à 30% de la voiture électrique autonome (100.000 personnes transportées par Navya en 2016), de voitures à commandes vocales, bourrées de capteurs, caméras de stéréovision, guidées par le satellite européen Galileo succédant au GPS, de voitures connectées échangeant des informations en temps réel avec d'autres véhicules.

Des robots taxis circuleront dans les villes et des taxis volants. Des logiciels, fonctionnant comme facilitateurs de mobilité, permettront aux usagers de planifier leur fréquentation en fonction des embouteillages prévus. Des avions de ligne seront à pilotage entièrement automatique. De courts et moyens courriers électriques transporteront 50 personnes sur 1000 Km.

A la demande, l'intelligence artificielle ira commander, au meilleur prix et avec le meilleur service, le produit que nous demanderons d'acheter, ce qui va transformer la publicité et les promotions. Un réseau de fibres optiques remplacera le téléphone.

La vie économique et sociale se reconfigurera autour des objets connectés (80 à 100 milliards d'objets connectés dans le monde en 2020 dont 90 %

utilisés dans les entreprises, avec un marché de 1700 milliards de dollars) utilisant un langage commun.

En connectant les objets du quotidien à son smartphone, la personne âgée disposera d'une totale maîtrise de son logement dans une maison (dont des panneaux solaires alimenteront directement les appareils électriques), ce qui permettra également le suivi de sa condition physique. La maison intelligente, composée d'objets capables de dialoguer, proposera des scénarios de vie adaptés au rythme de ses habitants.

Des millions de casques de réalité virtuelle seront objets du quotidien (5-6,2 millions vendus en 2016) et les caméras connectées seront de plus en plus plébiscitées. Les enceintes intelligentes deviendront le cœur de la maison connectée. Elles feront office d'assistant domestique répondant à la voix pour piloter la maison. Mais elles représenteront aussi pour les géants de la tech le meilleur moyen de fidéliser leurs clients (écoutés en permanence) pour finir par leur imposer leurs services.

Avec leur casque à réalité virtuelle, de nouveaux sportifs s'affronteront dans des compétitions virtuelles (jeux VR).

Des drones tant civils que militaires (416.000 vendus en France en 2016) capables de voler et de nager, deviendront un produit de grande consommation (marché prévu en 2020 de 16 milliards d'euros dans le monde). Sur les champs de bataille, les drones bourrés d'intelligence artificielle, les robots et les systèmes autonomes deviendront les acteurs ordinaires dans les opérations militaires. Depuis 2013 en Corée du sud, dans une zone démilitarisée face à la Corée du nord, des robots dotés de capteurs, armés de mitrailleuses, remplacent les sentinelles.

Les Russes disposeraient d'un robot démineur télépiloté, susceptible de détecter et de neutraliser tous types de mines. En 2019 les forces armées américaines disposeront en permanence de 90 orbites de drones aériens de surveillance.

Sur leurs navires de guerre, le système Phalanx repère la cible, pointe son canon multitube et ouvre le feu dans une séquence entièrement automatisée.

Des robots, en zones de guerre, effectueront des opérations de façon autonome.

Le marché des robots utilisés dans le système de santé atteindra 11,4 milliards de dollars en 2020 aux États-Unis. Bourrés de milliers d'heures de vidéos d'interventions chirurgicales, des robots chirurgiens reconnaîtront les étapes clés d'une opération et avertiront le chirurgien d'éventuelles complications. Des microrobots équipés de capteurs, envoyés dans le corps, donneront une cartographie de l'ensemble du corps humain, détecteront les cellules malades et achemineront un médicament dans une zone précise.

Des cabines de téléconsultation de la société H4D, implantées en divers lieux, fourniront au praticien à distance, grâce à des capteurs et logiciels intégrés, un bilan de santé (poids, taille, activité cardiaque, tension artérielle, glycémie....).

Mis en relation avec le patient *via* un écran, les médecins pourront réaliser 92% des actes qu'ils font en cabinet. Sur tout le territoire français les Ehpad (établissements d'hébergement pour personnes âgées dépendantes) seront dotés du matériel nécessaire pour des téléconsultations. La télémédecine réduit l'espace-temps nécessaire à la prise en charge, pallie le manque de spécialistes et permet la standardisation des pratiques (191). Des centres privés entièrement dédiés à la chirurgie ambulatoire se développeront. Dans des centres de médecine intégrative seront associés traitements médicaux classiques et alternatifs (hypnose, acupuncture, ostéopathie, réflexothérapie, sophrologie, pratiques ayurvédiques..) pour ne pas soigner seulement l'organe, mais aussi l'individu, comme c'est déjà le cas dans des établissements de santé américains.

Des logiciels pourvus de datas de droit permettront de rendre des sentences plus justes que celles des actuels magistrats. Déjà aux États-Unis le logiciel Compas assiste les juges pour évaluer les risques de récidives possibles dans les décisions de remise en liberté

Par une politique de diversification agressive, quelques géants du numérique seront omniprésents dans la vie des clients.

Des lunettes, reliées à un iPhone, afficheront des images et des informations devant les yeux des utilisateurs, tout en leur laissant la vision de leur environnement (réalité augmentée).

Des assistants vocaux personnels (comme Alexa d'Amazon qui dispose de 7000 compétences différentes), reconnaissant la voix de leur propriétaire, converseront avec lui pour commander des objets connectés. Des machines s'autoalimenteront en énergie, échangeront des informations avec d'autres machines et même, peut-être, avec des cerveaux humains.

S'inspirant des modes de locomotion des animaux, les bioroboticiens réaliseront des robots à locomotion multimodale (tel que l'actuel robot volant comme une chauve-souris et reconfigurant ses ailes pour se déplacer au sol), des véhicules hybrides aéro-aquatiques, divers types de taxis volants.

Les matériaux des robots seront souples et déformables pour permettre leur circulation aisée dans l'environnement (tels les actuels robot-pieuvre et robot-ver de terre). Les robots intelligents moins coûteux, répondant à la parole avec une voix humaine, deviendront familiers dans la nouvelle société numérisée (robots manutentionnaires dans les hôpitaux, robots vigiles assurant la sécurité, robots compagnons de jeu, comme Forpheus joueur de ping-pong ...). Le robot Oz assure chez les maraîchers le désherbage et le binage des sols, grâce à des capteurs. La voix d'un voyageur à l'étranger, parlant français dans un microphone, ressortira du haut-parleur en la langue étrangère. Le système cognitif Célia va envahir tous les secteurs. Les cogs (agents logiciels intelligents) seront présents dans tous les domaines du quotidien.

Le robot Effibot, conçu pour porter les sacs et le matériel des fantassins, est utilisé pour les vendanges manuelles. Le tracteur sans chauffeur Magnum travaille la terre de façon autonome. Avec les drones, l'agriculteur peut optimiser les quantités d'engrais (baisse des charges de 10 à 20%) à disperser pour ses cultures.

Dans les combats aériens, avions de chasse (avions furtifs, avions hypervéloces) et drones de plusieurs types tactiques (de moyenne altitude, de haute altitude, de combat) agiront en complémentarité, mettant en œuvre un processus de décision collective.

Ainsi leur intervention sera adaptée, s'ajoutant aux données d'un centre de contrôle démultipliant les forces de tous les acteurs.

Le MIT met au point des mini-drones avec des micro-armes, se déplaçant en essaim, pour utilisation dans des combats urbains.

Rassemblant les grands métiers de l'économie numérique : moteurs de recherche (Google), portables (Apple), réseaux sociaux (Facebook) et commerce en ligne (Amazon), le GAFA continuera d'amasser des profits considérables. Le BATX (Baidu, Alibaba, Tencent, Xiaomi) chinois colonisera l'Afrique.

Des algorithmes identifieront les réseaux de criminels et les personnes susceptibles de faits de violence. Des cyberattaques, (les premiers rançongiciels en 1990) utilisant des failles dans la sécurité des systèmes d'information, se multiplieront, comme celle de novembre 2016 où toutes les infrastructures de télécommunications du Liberia ont été paralysées par des hackers, ou celle du 12 mai 2017 qui, en quelques heures, a frappé plus de 200.000 ordinateurs (hôpitaux, banques, usines...) dans 150 pays.

Les machines fonctionnant avec le système d'exploitation Windows ont été infectées par le virus WannaCry de la catégorie ransonware. 99,8 % du trafic intercontinental passe par 366 câbles sous-marins (premier câble télégraphique réunissant l'Amérique à l'Europe posé en 1857) qui peuvent être sectionnés, coupant Internet.

Des algorithmes nous connaissant mieux que nous-mêmes, prédiront nos décisions ou nous les imposerons (89 bis).

Selon les experts de PwC (*Pricewaterhousecoopers)*, l'IA, en 2030, contribuera à hauteur de 15 .700 milliards de dollars à l'économie mondiale (600 milliards par augmentation de la productivité, 9100 par impact sur la consommation).

Les Nanotechnologies

La manipulation de particules de l'ordre du nanomètre (1 millionième de mm) permet la fabrication à partir de l'atome, de structures ou de systèmes de moins de 40 nm, doués de propriétés inédites.
Des matériaux bidimensionnels ont de multiples propriétés.

En raison des propriétés physiques, chimiques, électriques, magnétiques très particulières des nano-objets, les nanotechnologies ont des applications très variées dans des domainesnt de l'industrie, de l'alimentation, de l'information, de l'environnement et de la santé (biotechnologies), sans parler du domaine militaire. Des matériaux autoréparants ou autonettoyants (par des oxydes de titane, en présence de lumière), des chaussettes antibactériennes, des poussières communicantes, à la miniaturisation des transitors et aux nanovecteurs libérant dans les cellules des médicaments encapsulés, les applications des nanotechnologies ouvrent une révolution industrielle. Un mélange d'oxyde d'argent-zinc et de polymère élastique, enrichi d'oxyde de bismuth, forme une encre imprimable qui est une batterie souple et rechargeable pouvant alimenter tout appareil électronique.

Des matériaux, dits à deux dimensions (2D), dont la découverte du graphène a été à l'origine, faits d'assemblage de feuillets superposés de moins d'un nanomètre (par exemple de graphène, de disulfure de molybdèbe, de nitrure de bore) permettent une large gamme de propriétés électroniques et optiques.

Des nanoparticules sont utilisées dans les textiles intelligents : ainsi, intégrées aux fibres, des nanoparticules d'argent confèrent aux tissus des propriétés antimicrobiennes et limitent les odeurs de la transpiration. Des millions de capsules contenant du xylitol (produit rafraîchissant en passant de la phase cristalline à la phase gélifiée), intégrées à des fibres textiles, permettent d'abaisser la température de l'étoffe de -1,6°C. Des matériaux peuvent se réparer spontanément par utilisation de microcapsules qui se rompent en cas de dégât, ou de tubes interconnectés en réseau de capillaires libérant l'agent cicatrisant, ou par des mécanismes moléculaires (création de liaisons hydrogène, interactions ioniques (198).

En médecine, des nanoparticules peuvent protéger une molécule active de la dégradation et en contrôler la libération dans le temps et dans l'espace. Des nanomachines créées à l'Université de Montréal, n'éjectent le médicament qu'en cas de reconnaissance de l'anticorps spécifique. Déjà des nanocapsules en ADN sont capables de reconnaître des cellules tumorales et leur liaison avec la cellule cible provoque la libération du médicament.

Constituées de polymères, les nanoparticules sont matricielles (le principe actif est dispersé dans le polymère et libéré par diffusion) ou de type réservoir (nanocapsules).

Plusieurs types de nanoparticules ont été développés. Les nanoparticules polymères de première génération (nanoparticules de PACA : polycyanoacrylate d'alkyle) interagissent avec les opsines (protéines du plasma) et sont phagocytées par les macrophages (principalement ceux du foie : les cellules de Kupffer), où elles sont dégradées par les enzymes lysosomiales, libérant le principe actif. Les nanoparticules de deuxième génération dites PEGylées (recouvertes de polyéthylène glycol), n'étant pas reconnues par les macrophages, peuvent effectuer un ciblage en dehors du territoire hépatosplénique. Les nanoparticules de troisième génération sont des PEGylées portant en surface des ligands capables de reconnaître sélectivement des récepteurs ou des antigènes à la surface de cellules cibles, pour y déverser leur contenu.

Représentant une voie prometteuse, des nanoparticules de quatrième génération, sont capables de répondre à des stimuli physiques externes (variations de température, champ magnétique..) ou internes (variations de pH, de différence de potentiel...).

Par exemple, en nanomédecine des capteurs à base de nanoparticules d'or permettent de déceler dans l'haleine la présence de certains composés volatils qui sont des marqueurs du cancer du poumon. Des nanorobots (tels Proteus, 2009) injectables dans les vaisseaux sanguins pourraient effectuer de la minichirurgie, par exemple dans le cerveau. Des microrobots constitués d'un noyau de magnésium couvert d'une couche de dioxyde de titane, lui-même recouvert de clarithromycine (antibiotique) et d'un polymère chargé positivement, sont utilisés pour traiter des infections stomacales ; le magnésium entrant en contact avec le suc gastrique, produit des microbulles d'hydrogène qui propulse le robot et réduit l'acide gastrique jusqu'à un niveau libérant l'antibiotique.

DEMAIN sera un nanomonde. Il y a déjà dans l'air des dizaines de millions de tonnes de nanoparticules, dont certaines d'origine humaine.

1300 produits de grande consommation (électronique, cosmétique, peintures, engrais, pesticides...) contiennent des nanomatériaux (les principaux étant le noir de carbone et le dioxyde de silicium).

Des circuits électroniques, ultrarapides, à base de nouveaux matériaux 2D, équiperont les smartphones et les ordinateurs.

Les nanothérapies permettront d'établir des diagnostics précoces et des thérapies ciblant des molécules uniques (ce qui réduira les effets indésirables et les dégâts de tissu sain). Des nanoparticules à base de polymères (notamment thermosensibles) permettront des thérapies anticancéreuses efficaces. Des objets 3D nanoscopiques seront construits à partir de séquences d'ADN capables d'autoassemblage spontané, ce qui aura de nombreuses applications en santé humaine et en environnement.

Des nanoparticules (nanocristaux de magnétite...) comme agents de contraste en imagerie par résonance magnétique (IRM) et échographie amélioreront la qualité des images. Des biopuces surveilleront l'état des cellules.

Jusqu'où l'Homme peut-il détourner son déterminisme biologique ?

La vague des technologies NBIC (nanotechnologies, biologie, informatique, sciences cognitives) donne des perspectives d'un futur amplifiant toujours davantage l'aventure humaine.

La vitesse exponentielle des innovations technologiques, de plus en plus accessibles à un plus grand nombre, modifie les modes vie, les comportements, les façons de penser et elle soulève de nombreuses questions éthiques et juridiques.

Devant les résultats de l'informatique, de l'intelligence artificielle et des biotechnologies tendant à effacer les frontières entre l'homme et les artefacts, le transhumanisme, selon la définition de Max More est « *la promotion et l'amélioration de la condition humaine à travers les techniques d'amélioration de la vie, ayant pour but l'élimination du vieillissement et l'augmentation des capacités intellectuelles, physiques et psychologiques et l'étude des bénéfices, des dangers et de l'éthique du développement et la mise en œuvre de ces technologies* » (146). « *Le transhumanisme diffère de l'humanisme en ce qu'il reconnaît et anticipe les changements radicaux de la nature et les possibilités de nos vies provoquées par diverses sciences et techniques.* » (145). Dans les années 1980, c'est à l'Université de Californie (Los Angeles) que se retrouvent les premiers transhumanistes de la Silicon Valley, adeptes de ce mouvement biotechnique et c'est de là qu'essaime cette philosophie, mouvement intellectuel et culturel, où vont se diversifier plusieurs courants (l'exotropisme valorisant la poursuite de la connaissance, la transformation de soi par la recherche de l'augmentation biologique et neurologique, le contrôle de gènes impliqués dans le vieillissement, l'intelligence, l'impératif hédoniste, défendant l'idée d'un paradis mécanisé, la singularisation se focalisant sur l'émergence d'intelligences dépassant les capacités de l'Homme, l'intelligence artificielle, l'ingéniérie génétique, etc. 5, 71, 145).

Une alimentation correcte et une bonne hygiène de vie ont déjà permis d'augmenter la durée de l'espérance de vie qui dépend aussi de facteurs génétiques. Le syndrome de Werner (1/50.000), caractérisé par un vieillissement prématuré, des maladies cutanées, une prédisposition aux cancers, est dû aux mutations (77 connues) du gène WRN (*Werner syndrome RecQ like helicase*), au locus 8p12. Il code pour une RecQ hélicase intervenant dans la stabilité de la molécule d'ADN.

La progéria ou syndrome de Hutchinson-Gilford (1 sur 4 à 8 millions), marquée par un vieillissement accéléré, l'alopécie, une mort précoce par accident vasculaire cérébral ou athérosclérose, est due aux mutations (200 connues dont la G608G) du gène LMNA du chromosome 1 codant pour les lamines A et C de l'enveloppe nucléaire, indispensables pour le déroulement de la mitose. D'autres gènes sont connus pour augmenter la longévité (l'allèle E2 du gène APOE au locus 19q13.32, codant pour l'apolipoprotéine E du système lipidique ; le gène klotho du chromosome 13 codant pour une protéine transmembranaire ; une mutation du gène codant pour PAI-1 *plasminogen activator inhibitor 1..*). Dans une quête d'immortalité, on peut espérer augmenter la liste des gènes en cause, dans les années à venir et donc agir sur eux (14 nouveaux marqueurs génétiques de longévité viennent d'être identifiés par une équipe suisse). En 2010 en France, l'espérance de vie sans incapacité (10ème position en Europe) était de 63,5 ans pour les femmes, 61,9 pour les hommes (les limites actuelles atteintes sont de 115 à 122 ans).

Puisque la vie n'est qu'un traitement de données, un projet de génome synthétique (*Human genome project write*, 2016) vise même à la création d'êtres humains (super-humains) à la demande (ce qui a été déjà réalisé en 2008 par C. Venter pour la bactérie *Mycobacterium genitalium).*

C'est par sa foi en Dieu que l'Homme s'en remettait de sa destinée de mortel; pour les nouveaux non–croyants c'est à l'Homme lui-même de se référer pour trouver l'espérance de son avenir (qui pour cette raison même, pourrait-on penser, reste indéterminé).

APRÉS-DEMAIN, la singularité viendra quand les intelligences artificielles auront la capacité d'acquérir des connaissances, de raisonner, de décider et qu'elles prendront conscience de leur propre existence (IA forte). Pour S. Dehaene, directeur du Centre Neurospin de Saclay, de futurs algorithmes permettront aux robots d'acquérir un état de conscience proche de celle de l'humain (48). Ils seront alors autonomes et capables de s'autoaméliorer. Des algorithmes sont déjà mis au point pour trier dans la masse des informations du big data les éléments de réponse à une question ou pour renforcer une décision (192). De nombreuses équipes (de Google, de Facebook, d'Apple, d'Amazon, de Microsoft ...) ont créé des « robots chateurs ».

Ce sont des programmes informatiques automatiques, capables de rendre de nombreux services (retenir et prendre un billet d'avion en choisissant le siège préféré, écrire et répondre à des mails. Fixer des rendez-vous selon l'emploi du temps..). Divers types de robots, capables de répondre à des questions programmées, peuvent aider les élèves et un malade, de son lit (grâce au robot Beam présent en classe et auquel il est connecté, un élève peut suivre la scolarité sur un tableau interactif).

La pensée dominante est que la technique aura réponse à tout. Mais derrière l'algorithme se cache une vision du monde. *«Derrière les équipements et les programmes ultra-performants de Google se trouvent les hommes qui les conçoivent, leur manière de penser la société, une perception de la vie qui coïncide avec leurs intérêts et leurs habitudes.»* (C. Kerdellant, 113).

Le coût de l'intelligence artificielle va baisser et sa propagation dans les diverses technologies va croître avec une rapidité telle que la formation des travailleurs à ces changements ne pourra pas suivre pour tous. Il est à craindre que le transhumanisme conduise, de fait, à une société très inégalitaire, entre ceux qui pourront bénéficier du progrès et tous les autres. Ensuite, après le danger atomique, l'intelligence artificielle pourrait être une menace d'une forme de destruction d'une certaine humanité.

Devenu homme-machine (183), l'homme gardera-t-il les caractéristiques de l'humain ou sera-t-il devenu un homme mort ?

Nouveaux modèles dans l'agriculture et l'élevage

Les fonctions de l'agriculture, les modèles de production animale et végétale au sein des territoires seront complètement changés.

Pour nourrir les 9-10 milliards d'êtres humains, dont les deux tiers vivront dans des villes, se développera une agriculture de précision, économe d'eau, d'énergie, d'engrais et de pesticides.

Le numérique révolutionne déjà le travail des agriculteurs. 50% du parc national des tracteurs sont guidés par GPS ; des robots d'alimentation et de traite délivrent automatiquement la ration nécessaire à chaque animal et analysent son lait.

L'agroécologie fait l'objet d'investissements massifs en agriculture verticale aux mains des urbagriculteurs.

Depuis 10 ans, 200 usines à légumes, aéroponiques ou hydroponiques, presque totalement automatisées, fonctionnent en Chine, cultivant hors sol, sur des étages avec plusieurs étagères par niveau. Les légumes reçoivent goutte à goutte une solution de nutriments, sous des lumières artificielles. A

Kameoka (près de Tokyo) l'usine à laitues de la société Spread fournit quotidiennement (à un prix de 20% plus cher que celui des salades traditionnelles) 21.0000 pieds expédiés dans 2.200 magasins. Est prévue au sud de Tokyo une usine qui produira annuellement 11 millions de salades avec recyclage de l'eau, optimisation des différents paramètres grâce à un dispositif informatique et des capteurs. Une usine dans le New Jersey produit semblablement des salades et des choux. Une ferme urbaine verticale à Montréal (depuis 2011) fournit des légumes et des fruits dans 250 points de dépôt de cette ville.

A Singapour 7 immeubles d'urbagriculteurs sont producteurs de légumes. A Paris, gare du Nord, des capteurs emmagasinent l'énergie des pas des 750.000 voyageurs pour la transformer en électricité et alimenter des tours végétales posées au dessus des quais. Intégrées dans les vitrages des fermes verticales, les cellules photovoltaïques produisent l'énergie (110). Les techniques évolueront en agriculture biologique pour améliorer les rendements. Les jardins avec compost à partir des déchets verts, sur les toits urbains, sont multipliés avec des niveaux de production comparables à ceux des jardins familiaux en pleine terre.

Les nouvelles techniques d'édition du génome remettent en cause les règles sur les OGM, caractérisées par l'addition au génome de gènes étrangers. Un champignon de Paris qui ne brunit pas après une coupure, parce qu'on a supprimé (par la technique du CRISPR-Cas9) les gènes qui codent pour les enzymes impliquées dans l'oxydation, est-il un OGM ?

Des plantoïdes (robots-plantes) alimentés en énergie par de petits panneaux solaires en guise de feuilles, analyseront en continu la composition des sols de manière autonome, à l'aide de racines mécaniques. Des satellites du type actuel américain OCO-2 permettront de reconstituer les cycles du CO2 sur la Terre et de mesurer les flux de CO2 régionaux, tandis que des satellites type Sentinel analyseront l'atmosphère de la planète.

Les fermes automatisées dans la production de lait (comme la ferme des 1000 vaches près d'Abbeville, fournissant 8 millions de litres de lait par an) ou de viande (comme le Centre d'engraissement de 1500 veaux sur le plateau des Millevaches) avec des méthaniers recyclant des déchets et producteurs d'électricité, deviendront la norme.

En aquaculture, des enclos aquatiques géants permettront l'élevage de milliers de poissons.

Plus efficaces que le clonage, technique délicate et coûteuse, des systèmes d'élevage s'appuieront sur les méthodes de l'agroécologie (56).

L'exploration de l'Univers

La course à la domination de l'espace ira en s'amplifiant. Militarisé, l'espace sera un milieu stratégique d'affrontement de certaines puissances.

Stimulée par la guerre froide, la course à la conquête de l'espace a commencé en octobre 1957 avec l'envoi du satellite russe Spoutnik 1, puis en mai celui de Spounik 2 porteur de la chienne Laïka. Gagarine est le premier homme à effectuer un vol orbital (à partir du cosmodrome de Baïkonour).

Il est revenu sur Terre (à Saratov) après une révolution autour de la Terre de 1h48. Il a précédé d'un mois (avril 1961) l'américain A. Shepard (mai 1961) et de deux ans la première femme (Terechkova, 1963). Depuis le Spoutnik 1, plus de 5.500 missions ont été envoyées dans l'espace et près de 1500 satellites, la plupart en orbites basses (jusqu'à 2 km de la surface de la Terre). Quelque 500 en orbite géostationnaire, à 36.000 km de laTerre, sont actuellement opérationnels.

En 1959 une sonde soviétique (Luna 1) survole la lune, et en 1966 Luna 2 se pose sur le sol lunaire. En 1969 y alunit Apollo 11 (dont le programme a coûté 170 milliards de dollars) avec Neil Armstrong et Buzze Aldrin. En 1972 Gene Cernan mettait pour la dernière fois le pied sur la lune (mission Apollo 17).

Lancé en 1977 de Cap Canaveral, Voyager 1, après 35 ans a quitté la sphère d'influence magnétique du soleil ; il doit émettre jusqu'en 2025.

En 2018, les Chinois mettront un relais radio en orbite et poseront un module automatique sur la face cachée de la Lune.

Les progrès de la technologie permettent de réaliser des programmes de plus en plus ambitieux (tels Rosetta et son attérrisseur Philae posé sur le noyau de la comète 67 P. Tchourioumov-Guérassimenko et y analysant sa composition) qui attirent aussi des entrepreneurs privés. Le spatial devient un secteur autant économique que géopolitique.

Le projet de poser un vaisseau spatial sur la lune et de transmettre des images et des vidéos haute définition vers la Terre met en compétition des équipes privées.

Dernier-né du programme européen Copernic, le satellite Sentinel 2B, mis en orbite autour de la Terre en 2017, photographie (avec sentinel 2A) en continu sur une bande de 290 km de large. Chaque point à la surface de la Terre est enregistré tous les 5 jours. Le programme Copernicus produit tous les 6 mois un pétoactet (1 suivi de 15 zéros) de données.

La Lune pourrait être le tremplin pour l'exploitation de Mars et du système solaire. Après la Lune, la prochaine grande mission est, en effet, Mars où la Nasa, après l'envoi d'Opportunity et de Curiosity crapahutant à sa surface depuis 2012, prévoit la construction internationale d'une mini-station.

En 1962 la sonde américaine Mariner 2 survole Vénus, en 1997 la sonde Mars Pathfinder se pose sur Mars avec son robot Sojourner qui, avec des spectromètres, analyse la surface des roches martiennes. En 2003 l'atterrisseur Beagle 2, emporté par la sonde européenne Mars Express, se pose sur la planète rouge, mais ne parvient pas à déployer ses panneaux solaires, ce qui empêche l'antenne de fonctionner.

Après un décollage en 1997 de Cap Canaveral à bord d'une fusée Titan IV, arrivée en 2004, la sonde Cassini-Huygens a exploré et photographié Saturne.

Elle a donné une compréhension de la dynamique des anneaux et révèlé sur Encelad 1 (une des lunes de Saturne) un océan souterrain avec une activité hydrothermale glacée.

La sonde Voyager, lancée en 1977, sortie du système solaire, est entrée dans la nébuleuse galactique qu'elle va explorer *in situ.* En 2016 le satellite européen Lisa Pathfinder a commencé ses mesures des ondes gravitationnelles entre la Terre et le Soleil, à 1,5 million de Km.

En 1980 une sonde survole Saturne pour analyser ses anneaux, en 2005 la sonde européenne Huygens se pose sur Titan, en 2015 Horizons survole Pluton.

En 1998 est mis en place le premier élément de la station spatiale internationale155, succédant à la station Mir.

Au bout de trois ans d'observation, le télescope spatial européen Gaïa a mesuré la position dans le ciel de 1.142 millions d'étoiles de notre Galaxie.

Le *James webb space télescope* succédera au télescope spatial Hubble en orbite autour de la Terre et qui fournit, depuis 25 ans, des clichés des planètes et étoiles de notre galaxie et du milieu intergalactique.

Lancé en 2016, le projet *Breakthrough Starshot* est de propulser une sonde interstellaire pour atteindre en 20 ans l'exoplanète Proxima b potentiellement habitable. En orbite de Mercure en 2011, après Mariner 10 en 1974 et 1975, la sonde Messenger de la NASA a fourni notamment des données sur la composition du noyau. En 2016 la Chine a lancé à partir du désert de Gobi le premier satellite quantique (Mozi) pour établir des communications inviolables sur plusieurs milliers de km, en envoyant des photons dans l'espace.

Après cinq ans de voyage, la sonde américaine Juno commence en 2017 à collecter des données sur la structure de Jupiter.

En 2018 la Chine mettra en orbite des éléments de la station orbitale Tiangong 3. En 2018 la sonde BepiColombe s'envolera pour un voyage de 7 ans (8,9 milliards de Km) pour étudier l'intérieur et la surface de Mercure. En 2025 une fusée russe Proton placera en orbite terrestre le vaisseau spatial de la mission Exomars 2020, qui, après un voyage de 7 mois, larguera sur

Mars un rover semi-autonome qui pourra creuser le sol jusqu'à deux mètres de profondeur.

Kepler, lancé en 2009, a découvert plus d'un millier d'exoplanètes sur les 3.633 connues (première découverte en 1995), a repéré plus de 5000 candidates potentielles dont l'analyse se poursuit. Devrait lui succéder le satellite américain Tess avec un champ plus large que Kepler.

En 2016 le module Schiaparelli de la mission européenne ExoMars se pose pour entamer une brève campagne de relevés météorologiques. En 2017 une équipe internationale a découvert à 40 années lumière, sept planètes rocheuses en orbite autour d'une minuscule étoile, avec des températures similaires à celles de la Terre, qui pourraient abriter de l'eau liquide à leur surface.

Le CNES prévoit, avec le Japon, le lancement en 2024 d'un engin qui prélèvera un échantillon de la surface de Phobos, l'une des deux lunes de Mars.

En grande partie financé par l'Agence spatiale européenne, le projet d'un observatoire spatial Lisa (*Laser interferometer space antenna),* envoyé à 50 millions de km de la Terre, permettra de détecter les froissements du tissu spatio-temporel dus aux ondes gravitationnelles, de déceler les fusions des trous noirs.

L'observatoire spatial Plato, composé de 26 petits télescopes reliés entre eux, sera mis en construction dès 2017 pour scruter des centaines de milliers d'étoiles et y détecter des exoplanètes habitables. En 2024 sera mis en service au Chili l'E-ELT (*european extremely large télescope*) le plus grand télescope du monde, doté d'un miroir collecteur de 39 m de diamètre, pouvant recueillir 16 fois plus de photons que les plus gros télescopes actuels.

Seront aussi fonctionnels, en même temps, à Hawaii le TMT (*thirthy meters telescope)* américain et au Chili, le GMT (*Giant magellan telescope*) australien.

La Chine effectue en 2016 le premier lancement mondial d'un satellite à communication quantique pour édifier un système inviolable de communications cryptées.

La chute des coûts des lancements spatiaux permet l'expansion des envois de satellites dont les applications touchent de nombreux domaines (agricole, militaire ....). Actuellement les 1500 satellites gravitant autour de la Terre, ont un rôle civil ou militaire. En décembre 2017 une fusée Ariane 5 a décollé de Kourou avec 4 satellites pour le système de navigation européen Galileo (avec 23 satellites dotés d'horloges atomiques récentes) cinq fois plus précis (précision au sol en centimètres) que le GPS.

Le milliardaire américain Elon Musk, fondateur de Space X et de la voiture électrique Tesla, projette de construire une ville autonome à la surface de Mars, avec un nouveau lanceur propulsé par de nouveaux moteurs Raptor, qui serait réutilisé pour réduire les coûts. Des stratégies seront mises en place pour réduire les risques de collision avec les milliers de débris encombrant les orbites

DEMAIN, internet sera sur toute la Terre grâce à une constellation de satellites (entre 2016 et 2025, 9000 satellites devraient être lancés en orbite, contre 1480 lors de la décennie précédente). Des lanceurs spatiaux seront réutilisables, des touristes embarqueront à bord d'avions-fusées pour des vols assurés par des sociétés privées. Des taxis spatiaux assureront l'accès à des stations spatiales.

Plusieurs nations ont programmé des missions d'exploration vers des astéroïdes. La première Osiris-Rex, lancée en 2016, doit se placer en orbite autour de l'astéroïde de Bénou pendant deux ans pour prélever un échantillon qui doit revenir sur Terre en 2023.

La NASA enverrait en 2020 un petit impacteur (Dart) sur un petit astéroïde pour voir s'il pourrait le dévier de sa trajectoire.

L'exploration des océans

267 millions de km2 des abysses abriteraient près d'un million d'espèces encore inconnues. 5% seulement des planchers océaniques ont été cartographiés. Pour 99% des zones marines habitables, on manque de connaissance sur leur biodiversité. Plus de 1600 espèces d'animaux marins sont découvertes chaque année.

L'accès aux fonds marins se fait par plongée en apné (depuis l'antiquité), plongée en cloche (en bois, 1616 ; en cuir, 1680 ; recouverte de plomb, 1960). Puis en scaphandre (à casque, 1715 ; à masque en caoutchouc, 1870). L'étude méthodique de la faune des mers a commencé dès 1863 par sondages et dragages. Celle de la faune des grands fonds a vraiment débuté en 1953 avec deux bathyscaphes construits par A. Picard (J. Picard atteint en 1960, 10.916 m dans la fosse des Mariannes dont le robot Nereus dresse la cartographie en 2009). Les premières photos sous-marines remontent à 1900 et c'est en 1950 que le commandant Cousteau a acheté la célèbre Calypso.

En 2012 le bathyscaphe Deepsea Challenger a permis au premier homme d'atteindre en solitaire le plancher de la fosse océanique des Mariannes, à -19.898 m. Un drone sous-marin (A6K) circulera par 6000 m de fond pour diverses opérations.

La première découverte des sources hydrothermales sous-marines a été faite en 1977 sur la ride des Galapagos, suivie en 1978 par celle des fumeurs sur la dorsale du Pacifique. Depuis, plus de 200 sites ont été identifiés. Ces sources, situées entre 500 et 5000 m, la plupart à la jonction des plaques tectoniques, sont sources de chaleur (fumeurs noirs jusqu'à 400 degrés, fumeurs blancs autour de 90 degrés), émettent des fluides de compositions très diverses mais caractérisées par leur acidité, l'absence d'oxygène, de fortes concentrations en SH2, CO2, H et en métaux (fer, manganèse, cuivre...) qui se déposent au contact de l'eau de mer.

Ce sont des écosystèmes sans lumière et sous de hautes pressions, chimiosynthétiques, qui hébergent de riches communautés biologiques en symbiose avec des bactéries ou des archae chimioautolithotrophes.

Par exemple, une bactérie sulfo-réductrice fournit au ver géant *Riftia* dépourvu de tube digestif, les nutriments nécessaires. Depuis 2010 un observatoire européen, installé à 1700 m sur le plancher océanique de Lucky Strike (région des Açores), enregistre la sismicité et l'activité des sources hydrothermales.

La commission océanique intergouvernementale de l'UNESCO a proposé une décennie (2021-2030) consacrée à conserver et exploiter de manière durable, les océans, les mers et les ressources aux fins du développement durable.

Le laser du satellite Caliop a permis pendant 10 ans de suivre l'évolution des stocks de plancton. Après le programme *Census of marine life* développé entre 2000 et 2010, la goélette océanographique Tara, a été lancée en 2009.

Avec à bord des océanographes, des généticiens, des biologistes, elle a parcouru en plusieurs expéditions les mers et les océans du globe pour dresser (2012) avec l'aide du robot planeur qui pouvait descendre à 1000m, un état de la diversité marine.

Une expédition internationale avec 55 chercheurs de 30 pays, effectue une navigation de 30.000 km autour de l'Antarctique pour étudier les relations atmosphère, océan, glaces, flore et faune. Un bateau à voile du groupe OceanoScientific explorer « Boogaloo » recueille en Antarctique des données (2016-2017) à l'interface atmosphère-océan pour comprendre les effets du courant circumpolaire.

En 2019 la Plateforme océanique dérivante Polar Pod sera lancée. Immense bouée de 125 m de hauteur dont les 2/3 sont immergés, elle sera portée par le courant circumpolaire antarctique pour un tour du monde de 25.000 km ; elle analysera les échanges atmosphère-océan, dressera un inventaire de la faune marine (aujourd'hui 230.000 espèces connues) et des contaminants de la mer.

D'ici 2020 10% des océans devraient être transformés en aires marines protégées. En 2016 les pays de l'UE ont adopté un projet de réserve marine en mer de Ross couvrant 1,5 million de km2, abritant une riche biodiversité (le tiers de la population mondiale de manchots d'Adélie, le quart des manchots empereurs, une sous-espèce d'orque propre à la région, du krill, des pétrels, des baleines de Minsk...).

La surface protégée de la réserve naturelle marine de Papahanaumokuakea qui abrite 7000 espèces marines sera quadruplée, s'étendant dans le Pacifique sur 1,51 million de km (plus de deux fois la superficie de la France).

CONCLUSION

Après quelque 250.000 ans d'usage de la pierre taillée comme outil, en quelque dizaines de milliers d'années les inventions technologiques successives de l'Homme ont modifié ses comportements et l'organisation de ses sociétés. L'évolution technique de l'espèce humaine, depuis l'utilisation du feu jusqu'au futur contrôle de la fusion nucléaire, reste liée à la maîtrise de diverses formes d'énergie dont l'accroissement a permis les révolutions agricoles et industrielles. Au cours des ces révolutions il y a eu, après une casse sociale (par exemple, canuts de Lyon en 1811 contre la machine à tisser Jacquard), transfert des emplois de l'ancien monde vers le nouveau (par exemple déplacement des agriculteurs vers la sidérurgie, en ville). Il risque ne pas en être de même avec la révolution des NBIC (nanotechnologie, biotechnologies, informatique, cognitivisme) portée par l'IA et la robotique, imposée à tous les secteurs d'activité. La création de nouveaux emplois sera pour des mathématiciens, des spécialistes de l'IA, de l'internet des objets, ce qui nécessite un apprentissage et une créativité que tout individu ne pourra pas acquérir. En outre, il n'y a plus de temps pour subjectiver les changements subis dans la vie quotidienne et auxquels il faut s'adapter, ce qui peut rendre angoissante la perspective du futur et créer un déséquilibre entre le psychisme et le physique.

Les GAFA (Google, Apple, Facebook, Amazon) et leurs équivalents chinois (Alibaba, Tencent, Baidu, Xiaomi) créent des monopoles qui ont la main mise sur les nouvelles technologies qui apportent aux peuples des améliorations dans tous les domaines (santé, environnement...). Mais des objets innovants sont aussi mis sur le marché, non pour satisfaire un besoin, mais uniquement pour en tirer un profit, en créant ce besoin. Ainsi, alors qu'Amazone en 1999 ne vendait que des livres, des CD, des DVD, il s'est lancé dans le jouet, l'électronique, le bricolage, la décoration, l'alimentaire, commercialisant vingt catégories de produits, de la nourriture pour animaux aux vêtements. Sous couvert de gratuité, le monopole de Google est une menace pour les libertés individuelles et pour la souveraineté des États (129), loin d'une spiritualisation de la civilisation souhaitée par E. Bastié.

Le transhumanisme, basé sur une artificialisation croissante de la vie, nouvelle religion de l'immortalité non plus de l'âme, mais du corps, conduira-t-il vers une perfectibilité humaniste de l'être humain ou vers un post-humanisme cybernétique ? (132). Dans l'idéologie transhumaniste des technophiles, le monde à venir, dominé par l'oligopole de certaines entreprises ayant la maîtrise de bases de données et de microprocesseurs spécialisés, est celui des gagnants, de ceux qui auront les QI les plus élevés.

Ils pourront obtenir des emplois très qualifiés sur le marché des grandes villes mondialisées, dans des métiers qui n'existent pas actuellement, accessibles à des esprits multidisciplinaires de haut niveau et capables d'autonomie critique. Le code informatique bas de gamme sera automatisé grâce à l'intelligence artificielle. Dans la quête pour plus de connaissances et de pouvoir, l'argent s'impose comme préoccupation dominante, source d'inégalités croissantes conduisant à un monde biototalitaire. Les biotechnologies seront un instrument clé du contrôle social et de l'information par des *global leaders* (maîtres du monde) vivants dans de grandes métropoles, à l'écart des catégories populaires. Ces dernières peu qualifiées, effrayées par la rapidité et la brutalité des transformations du capitalisme, soumises à des besoins artificiels, droguées au mieux aux psychotropes (des milliers de tonnes de lexomil actuellement vendus dans le monde occidental) et aux jeux vidéo, resteront non préparées à vivre dans un monde d'algorithmes où ne seront utiles que les humains complémentaires de l'intelligence artificielle. Des Chiefs happiness officiers auront à charge de rendre les inutiles, épanouis, heureux de leur état.

L'intelligence artificielle a inversé le rapport de l'Homme à la machine, car de plus en plus de décisions lui sont confiées, prenant en compte des données complexes, mieux que le cerveau humain ne peut le faire et plus vite. Le post-humain serait l'humanoïde intelligent, conscient, capable d'émotions, entrant en compétition avec le *sapiens*, comme ce dernier le fut avec Néandertal. Dans cette crainte, E. Musk, patron de Tesla et de Space X, a créé (2016) Neuralink, entreprise destinée à rendre le cerveau humain compétitif face à l'IA, en ajoutant au cortex neuronal une « couche numérique » qui augmentera ses capacités cognitives. Déjà, des impulsions électriques ciblées augmentent de 30% la mémoire de patients épileptiques. La future machine-biologique immortelle sera la mort de l'humain.

Ayant la capacité de collecter, traiter, analyser les données, via les réseaux sociaux les maîtres d'une Silicon Valley (l'aristocratie du numérique de Y. Harari, 89 bis), auront la mainmise sur le débat public par la faculté de voler, manipuler ou détruire l'information. Une oligarchie mondiale est en marche pour diriger l'évolution de l'humanité. Un nouvel ordre social où les dogmes religieux ne donnent plus les vérités anthropologiques, se profile, fondé sur l'intelligence technicienne, qu'elle soit humaine ou artificielle (123).

La réponse à la question du sens de la vie (l'avoir plutôt que l'être ou l'être plutôt que l'avoir ?) ne sera pas la même pour tous, pour ceux qui chercheront à survivre et pour ceux qui pourront avoir la vie bonne.

Malgré les prouesses techniques réalisées, l'Homme n'a pas encore acquis la maîtrise de son cerveau. Dans un monde où vont coexister diverses formes d'intelligences, l'Homme, même augmenté par l'eugénisme et par des puces intégrées, reste un être fragile conservant le cerveau reptilien.
Une plus grande longévité ne le rendra pas moins égoïste, mais par contre peut-être il sera moins épris de liberté et capable d'amour.

L'Homme ne contrôle pas non plus les changements climatiques qui ont causé l'anéantissement de civilisations (telles que la civilisation des pharaons, quand le désert a remplacé la savane, celle d'Angkor, quand les pluies torrentielles ont bouché le réseau de distribution d'eau, celle des cités précolombiennes, quand la sécheresse s'est ajoutée aux facteurs sociaux et aux guerres...). La Terre n'est pas à l'abri des météorites (34.513 impacts datant de -23000 à 2013). En avril 2017, si l'astéroïde qui a frôlé la Terre y était tombé, il aurait formé un cratère d'une dizaine de km et dégagé 1,5 million de fois plus d'énergie que la bombe de Hiroshima.

Enfin l'intelligence artificielle ayant acquis ses propres schémas cognitifs pourrait devenir un danger (158) pour une humanité restant soumise par torpeur intellectuelle (19).

BIBLIOGRAPHIE

1. Abbes Intissar et Barth Isabelle, *Voyage au cœur de l'impulsion d'achat*, L'Harmattan, 2016, 164 p.
2. Aberkane Idriss, *Libérez votre cerveau*, R. Laffont, 2016, 288 p.
3. Ajuriaguerra Julian de, *Manuel de psychiatrie de l'enfant*, Masson, 1980, 1116 p.
4. Akeriof Georges et Shiller Robert, *Marchés de dupes*, O. Jacob, 2016, 320 p.
5. Albagli Olivier, Pelczar Hélène, *Le rôle des protéines BET dans l'intégration des gamma-rétrovirus,* Med. Sci., 2016, n°12, vol. 32, 1071-1075.

5 bis. Alexandre Laurent, *La guerre des intelligences*, Lattès, 2017, 250 p.

6. Alexandre Laurent, Besnier Jean-Michel, *Les robots font-ils l'amour ? Le transhumanisme en 12 questions*, Dunod, 2016, 144 p.
7. André Christophe, Lelord François, *L'estime de soi : s'aimer pour mieux vivre avec les autres*, O. Jacob, 2008, 296 p.
8. Ansermet François, Magistretti Pierre, *A chacun son cerveau*, O. Jacob, 2011, 288 p.
9. Arms Karen, Camp Pamela S., *Biologie,* Tome 1, De Boeck/Editions Universitaires, 1989, 726 p.

9bis. Arnold Johan, Murera Diane, Arbogast Florent, Muller Sylviane, Gras Frédéric, *L'autophagie et l'homéostasie des lymphocytes T et B. Bien recycler pour un développement durable*, Med. Sci., 2026, n°3, vol. 32, 281-289.

10. Arnsten Anne, *Stress signalling pathways that impair prefrontal cortex structure and function,* Nature Reviews Neuroscience, 2009, vol. 10, 410-422.
11. Audouze Jean, Chapoutier Georges, Laming Denis et Oudeyer Pierre-Yves, *Mondes mosaïques. Astres, villes, robots*, CNRS éditions, 2015, 216 p.
12. Aurenche Olivier et Kozlowski Stefan Karol, *La naissance du Néolithique au Proche-Orient ou Le Paradis perdu*, Errance, 1999, 255 p.
13. Aymeric Jean-Luc, Lefranc Gérard, *Immunologie humaine*, de Boeck, 2009, 136 p.
14. Batteux Frédéric, Garraud Olivier, Prin Lionel, Renaudineau Yves, Vallat Laurent, *Les lymphocyte B : diversité, ontogenèse, différenciation et activation*, www.assim.refer.org./raisol/LO2-page 86-87files/
15. Baverez Nicolas, *Vivre et travailler avec les robots*, Le Figaro, 2017, p. 19.

16. Benghozi Jean-Pierre, Bureau Sylvain, *L'internet des objets : quels enjeux pour l'Europe ?* Maison des Sciences de l'Homme, 2009, 170 p.
17. Berthoz Alain, *La décision*, O. Jacob, 2013, 350 p.
19. Besnier Jean-Michel, *L'homme simplifié et le syndrome de la touche étoilée*, Fayard, 2012, 208 p.
19. Besnier Jean-Michel, *Demain les posthumains : le futur a-t-il encore besoin de nous ?* Fayard, 2012, 224 p.
20. Blakemore, Sara-Jayne, Brunett Stéphanie et Dahl Ronald E., *The role of puberty in the developing adolescent brain,* Human Brain Mapping, 2010, 31(6), 926-933.
20 bis. Bloom Paul, *Descartes'baby*, Arrow, 2005, 288 p.
21. Blottière Hervé, Doré Joël, *Impact des nouveaux outils de métagénomique sur notre connaissance du microbiote intestinal et de son rôle en santé humaine,* Méd. Sci., 2016, n°11, vol. 32, 944-951.
22. Bock-Côté Mathieu, *Le Nouveau Régime. Essais sur les enjeux démocratiques actuels,* Boréal, 2017, 320 p.
23. Boëtsch Gilles, Chevé Dominique, Claudot-Hawad Hélène, *Décors des corps,* CNRS éditions, 2010, 406 p.
24. Boiron Christian, *La source du bonheur est dans notre cerveau,* Albin Michel, 2000, 231 p.
25. Bonnaud Hélène, *Le corps pris au mot*, Navarin, 2005, 224 p.
26. Boraud Thomas, *Matière à décision*, CNRS éd., 2015, 260 p.
27. Boubée Nicole, Tricot André, *L'activité informationnelle juvénile,* Hermès Sciences, 2011, 283 p.
28. Boué Charles-Edouard, en coll. avec Roche François, *La chute de l'empire humain,* Grasset, 2017, 208 p.
29. Bourdens Mathieu, Dehay Benjamin, *Autophagie et cerveau. Le cas des maladies dégénératives,* Méd. Sc., 2017, n°2, vol. 33, 296-275.
30. Bowlby Jean, *A secure base*, Routlidge, 2005, 212 p.
31. Boysson-Bardies Bénédicte de, *Comment la parole vient aux enfants,* O. Jacob, 2005, 298 p.
32. Braconnier Alain, *L'adolescence,* Erès, 2005, 148 p.
33. Buser Pierre, *Cerveau de soi, cerveau des autres*, O. Jacob, 1998, 432 p.
33 bis. Buss David, *Les stratégies de l'amour*, Interéditions, 1997, 271 p.
34. Byé Pascal, *Mécanisation de l'agriculture et industrie du machinisme agricole : le cas français,* Économie rurale, 1979, vol. 130, n°3, 45-59.
34 bis. Cann Ronnie, Stoneking Mark, Wilson Allan, *Mitochondrial DNA and human evolution*, Nature, 1987, 325, 31-35.
34 ter. Charney Dennis S., Nestler Eric J., *Neurobiology of mental illness,* Oxford Univ. Press, 2016, 1504 p.
35. Casana Didier, Laurenti Patrick, *Syllogomanie moléculaire : l'ADN non codant enrichit le jeu des possibles*, Méd. Sc, 2017, n°12, vol. 30, 1177-1187.

36. Castarède Marie-France, Dock Samuel, *Le Nouveau Malaise dans la Civilisation*, Plon, 2017, 384 p.
37. Changeux Jean-Pierre, *Raison et plaisir*, O. Jacob, 2002, 220 p.
37 bis. Changeux Jean-Pierre, *La Beauté dans le cerveau*, O. Jacob, 2016, 214 p.
37 ter. Chapais Bernard, *Aux origines de la société humaine*, Seuil, 2017, 368 p.
38. Cheng François, *De l'âme*, Albin Michel, 2016, 164 p.
39. Cherrier Marie, *Les cellules lymphoïdes innées. Des acteurs de la réponse immune mucosale,* Médecine/Sciences, 2014, n°3, vol. 30, 280-286.
39 bis. Choulik André, *Réécrire la vie. La fin du destin génétique,* Hugo Document, 2016, 256 p.
40. Cipola Carlo M., *Sources d'énergie et histoire de l'humanité*, Annales Économies, sociétés, civilisations, 1961, vol.16, n°3, 521-534.
40 bis. Coppens Yves, *Histoire de l'Homme et changements climatiques,* Collège de France/Fayard, 2006, 93 p.
41. Crinion Adeline, Viant, Charlotte, Girard-Madoux Mathilde, Vivier Eric, *Les cellules lymphoïdes innées*, Méd. Sci., 2017, n°3, vol. 33, 534-541.
42. Croix Jean de la, *Le cantique spirituel*, Seuil, 1995, 201 p.
42 bis. Csikszentmihalyi Mihaly, *Vivre. La psychologie du bonheur*, Pocket, 2006, 384 p.
43. Cyrulnik Boris, *L'ensorcellement du monde*, O. Jacob, 2001, 304 p.
44. Damasio Antoine R., *Le sentiment même de soi. Corps, émotions, conscience*, O. Jacob, 2002, 479 p.
44 bis. Damasio Antoine R., *L'ordre étrange des choses. La vie, les émotions et la fabrique de la culture,* O. Jacob, 2017, 392 p.
45. Dausset Jean, *Clin d'oeil à la vie : la grande aventure du HLA*, O. Jacob, 1998, 310 p.
45 ter., Dawkins Richard, *Il était une fois nos ancêtres. Une histoire de l'évolution,* R. Laffont, 2007, 816 p.
45 bis. Debré Patrice, *L'Homme microbiotique*, O. Jacob, 2015, 288 p.
46. Decety Jean et Ickes William, *The social Neuroscience of empathy,* MIT Press, 2011, 272 p.
47. Deci Edward L., *Intrinsic Motivation, Extrinsic Reinforcement and inquiry,* J. of Personality and Social Psychology, 1972, 22, 119-120.
48. Dehaene Stanislas, *Le code de la conscience,* O. Jacob, 2014, 432 p.
49. Dehaene Stanislas et Petit Christine, *Aux origines du dialogue humain,* O. Jacob, 2009, 306 p.
49 bis. Delmas Laurent, *Cinéma-La grande histoire du 7ème art,* Larousse, 2017, 368 p.
50. Delorme Philippe, *La nouvelle route de la soie passe par le rail,* Valeurs actuelles, 4 mai 2017, 72-75.

51. Denoel Julien, Granjon Fabien, *Communiquer à l'ère numérique. Regards croisés sur la sociologie des usages,* Transvalor/ Presses des Mines, 2011, 320 p.
52. Deroche-Gamonet Véronique, *Le cerveau des drogués manque de plasticité,* La Recherche, 29013, n°6, 24-28.
53. Descartes René, *Le Traité des passions de l'âme*, Numilog, 2009, 210 p.
54. Deschamps Mathieu, Quintema-Murei Luis, *Immunité innée et maladies chez l'homme. De l'introgression archaïque à la sélection naturelle,* Méd. Sci., 2016, n° 12, vol. 32, 1079-1085.
55. Desnos Michel, *Thérapie cellulaire et insuffisance cardiaque : ombres et lumières,* Bull. Acad. Natle Méd., 2014, n°1, 71-83.
56. Deville Tugdual, *Le temps de l'homme. Pour une révolution de l'écologie humaine,* Plon, 2016, 320 p.
57. Devillers Laurence, *Des robots et des hommes*, Plon, 2017, 288 p.
58. Diderot Denis, *Pensées philosophiques*, Mille et Une Nuits, 2004, 74 p.
59. Dolto Françoise, *L'image inconsciente du corps*, Seuil, 1984, 384 p.
60. Dortier Jean-François, *L'homme, cet étrange animal, aux origines du langage, de la culture et de la pensée,* Sciences humaines, 2012, 368 p.
61. Dragin Nadina, Le Panse Rozen, Berrih-Aknin Sonia, *Prédisposition aux pathologies auto-immunes. Les hommes ne manquent pas « d'Aire »*, Méd. Sc. 2017, n°2, vol. 33, 169-175.
62. Dubar Claude, *La socialisation. Construction des identités sociologiques et professionnelles,* Armand Colin, 1991, 278 p.
63. Dugain Marc, Labbé Christophe, *L'Homme nu. La dictature invisible du numérique,* R. Laffont, Plon, 2016, 320 p.
64. Dugas Ludovic, Challaye Félicien, *La logique des sentiments-Les passions-Les tendances (évolution, socialisation*), Nouveau traité de Psychologie de G. Dumes, F. Alcan, Tome VI, fasc.1, 1938, 114 p.
65. Dujardin Gwendal, Duguenet Elisabeth, Bernard Delphine, Flodrops Marian, Durand Stéphanie, Chauveau Aurélie, El Khoury Flaria, Le Jossic-Corcos Catherine, Corcos Laurent, *L'épissage des ARN pré-messagers : quand le splicéosome perd pied*, Méd. Sc., 2016, n°12, vol. 32, 1103-1107.
66. Durif-Bruckert Christine, *Microbiote intestinal et émergence de nouvelles représentations du corps. Une approche psycho-sociale,* Med. Sci., 2016, n°11, vol. 32, 1009-1015.
67. Dutrillaux Bernard, *Evolution chromosomique chez les Primates, les carnivores et les rongeurs,* de Gruyter, 1986, 203 p.
68. Eberl Gérard, *Le paradoxe du microbiote*, Dossier pour la Science, n° 95, 2017, 29-35.
69. Ellul Pierre, Grac Laurent, Lebayer Marian, *Les rétrovirus endogènes humains, une implication dans la schizophrénie et le trouble bipolaire,* Méd. Sc., 2017, n°4, vol. 33, 404-409.
70. Eysenck Hans J., *L'inégalité de l'Homme*, Copernic, 1977, 285 p.
71. Ferry Luc, *La révolution transhumaniste*, Plon, 2016, 216 p.

71 bis. Ferry Luc, *Homo aestheticus : l'invention du goût à l'âge démocratique, Livre* de Poche, 1991, 470 p.
72. Fischer Claude, Hout Michael, Sanchez Jankowski Martin, SLuca Samuel, Swidler Ann et Vos Kim, *Inequality by Design : Cracking the Bell Curve Myth,* Princeton University Press, Princeton, 1996, 318 p.
73. Flynn James, *The mean QI of americans : massive gains,* Psychological Bull., 1984, n°98, 29-51.
74. Fodor Jerry, *The language of thought*, Cambridge Univ. Press, 1975, 214 p.
75. Fradin Jacques, *L'intelligence du stress*, Eyrolles, 2008, 280 p.
75 bis. Francopan Peter, *Les routes de la soie*, Nevicata, 2017, 768 p.
76. Freud Sigmund, *Le malaise dans la culture*, PUF, 2010, 120 p.
77. Freud Sigmund, *Le moi et le ça*, Payot, 2010, 128 p.
78. Freud Sigmund, *Pour introduire le narcissisme*, Payot, 2012, 160 p.
78 bis. Fricain Jean-Christophe, de Olivera Hugo, Devillard Raphaël, Kalisky Jérome, Rémy Murielle, Kériquel Virginie, Le Nihounen Damien, Grémare Agatha, Guduric Véra, Plaud Alexis, L'Heureux Nicolas, Amédée Joëlle, Catros Sylvain, *Impression 3D en médecine régénératrice et ingénierie tissulaire*, Med. Sci., 2017, n°1, vol. 33, 52-59.
79. Fuchs Philippe, Guitton Pascal, *Les casques de réalité virtuelle et les jeux vidéo,* Presses des Mines, 2016, 243 p.
80. Gaboriau-Routhiau Valérie, Cerf-Bensussan Nadine, *Microbiote intestinal et développement du système immunitaire*, Méd. Sci., 2016, n°11, vol. 32, 961-967.
81. Gary Romain, *La promesse de l'aube*, Gallimard, 1980, 400 p.
82. Geenen Vincent, *Histoire du thymus. D'un organe vestigial à la programmation de la tolérance immunitaire*, Méd. Sci., 2017, n°6-7, vol. 23, 653-663.
83. Gianini Eric, Schneider Anina, Calandra Thierry, Roger Thierry, *Le facteur d'inhibition des macrophages (MIF), un régulateur de la réponse immunitaire innée néonatale*, Med. Sci., 2016, n° 12, vol. 32, 1062-1064.
83 bis. Glaser Juliane, Bourc'his Deborah, *Quatre petits jours pour définir la taille adulte*, Méd. Sci., 2017, n°12, vol. 33, 1029-1032.
83 ter. Godelier Maurice, *L'imaginé, l'imaginaire et le symbolique,* CNRS éd., 2015, 286 p.
84. Gould Stephen Jay, *Et Dieu dit : Que Darwin soit*, Points, 2013, 207 p.
85. Grange Pierre de, *Altération de l'épissage et maladies rares,* Med. Sc., 2016, n°12, vol. 32,1111-1119.
86. Green André, *La causalité psychique entre nature et culture*, O. Jacob, 1995, 332 p.
87. Guedeney Antoine, *L'attachement. Un lien vital*, Fabert, 2011, 64 p.
88. Guilly Christophe, *Le crépuscule de la France d'en haut*, Flammarion, 2016, 272 p.

89. Habermas Jürgen, *L'avenir de la nature humaine : vers un eugénisme libéral*, Gallimard, 2015, 194 p.
89 bis. Harari Yuval Noah, *Homo deus : a brief history of two-morrow,* Harwier Secker, 2016, 448 p.
90. Harlow Harry F., *Learning to love*, Jones and Bartlett Pub, 1971, 116 p.
91. Hegel Georg W.F., *La raison dans l'histoire*, Pocket, 2012, 352 p.
92. Herrnstein Richard J. et Murray Charles, *The Bell Curve : intelligence and class structures in American life,* The Free Press, 1994, 845 p.
92 bis. Hervieu-léger Danièle, *Le temps des Moines. Clôture et hospitalité,* PUF, 2017, 711 p.
93. Hombert Jean-Marie, Lenclus Gérard, *Comment le langage est venu à l'Homme,* éd. Fayard, 2014, 560 p.
93 bis. Hoog Emmanuel, *La télévision : une histoire en direct*, Gallimard, 2010, 128 p.
94. Houdé Olivier, *Psychologie du développement cognitif*, PUF, 2013, 256 p.
95. Houdé Olivier, *Le raisonnement*, PUF, 2014,128 p.
95 bis. Houdé Olivier, *Apprendre à résister*, Le Pommier, 2017, 144 p.
96. Hublin Jean-Jacques, *Quand d'autres hommes peuplaient la Terre : nouveaux regards sur nos origines*, Flammarion, 2011, 268 p.
97. d'Huy Julien, *La généalogie des mythes*, Pour la Science, 2014, n°442, 22-29.
98. Jacob Louis, Dauvilliers Yves, *La narcolepsie avec cataplexie : une maladie auto-immmune,* Med. Sci., 2014, n°12, vol. 34, 1134-1143.
99. Jamilloux Yvan et Henry Thomas, *Les inflammosomes. Plateformes de l'immunité innée,* Med. Sci., 2013, 29, n°11, 975-984.
100. Jacob François, *La logique du vivant*, Gallimard, 1976, 352 p.
101. Jeannerod Marc, *De l'image du corps à l'image de soi,* Revue de psychologie, 2010, 3, vol. 2, 1.
102. Jerphagon Lucien, *Les dieux ne sont jamais loin*, Fayard, 2011, 224 p.
103. Jirtle Randy, Weidman Jennifer, *L'empreinte parentale*, Pour la Science, 2013, Dossier 81, 12-118.
104. Joffre Carina, Djavaheri-Mergny Mojgan, Pattingre Sophie, Giuriata Sylvie, *L'autophagie : le ying et le yang des cancers,* Med. Sc., 2017, n°3, vol. 33, 328-334.
104 bis. Jonas Hans, *Le principe de responsabilité*, Cerf, 1990, 336 p.
105. Jordan Bertrand, *L'humanité au pluriel : la génétique et la question des races,* Seuil, 2008, 226 p.
106. Juignet Patrick, *Manuel de psychothérapie psychanalytique infantile enfant et adulte,* PUG, 2001, 100 p.
107. Junien Claudine, Panchenka Polina, Fneich Sara, Pirola Luciana, Chriett Sabrina, Amarger Valérie, Kaeffer Bertrand, Parnet Patricia, Torissani Jérôme, Balanos Jimenez Francisco, Jammes Hélène, Gabory Anne, *Epigénétique et réponses transgénérationnelles aux impacts de*

l'environnement. Des faits aux lacunes, Méd. Sci., 2016, n°1, vol. 32, 35-44.

108. Junien Claudine, Panchenko Polina, Pirola Luciana, Amarger Valérie, Kaeffer Bertrand, Parnet Patricia, Torrisani Jérôme, Balanos Jimenez Francisco, Jammes Hélène, Gabory Anne, *Le nouveau paradigme de l'origine développementale de la santé et des maladies (DOHad)*, Med. Sc. 2016, n°1, vol. 32, 27-34.

109. Kahneman Daniel, *Système1/système 2 : les 2 vitesses de la pensée*, Flammarion, 2012, 560 p.

110. Kaku Michio, *Une brève histoire du futur : comment la science va changer le monde*, Flammarion, 2016, 336 p.

110 bis, Kalina Laurent, *25 idées reçues sur les addictions*, Le Cavalier bleu, 2017, 182 p.

111. Kant Emmanuel, *Anthropologie considérée du point de vue pragmatique ou de l'utilité,* Traduction de Joseph Tissot, Librairie Ladrange, 1883, 9-341.

112. Kaplan Frédéric, Chapoutier Georges, *L'homme, l'animal et la machine,* CNRS éditions, 2011, 224 p.

113. Kerdellant Christine, *Dans la Google du loup*, Plon, 2017, 315 p.

114. Kleeinpeter Edouard, *L'homme augmenté*, CNRS éditions, 2017, 219 p.

114 bis. Kolbert Elisabeth, *La 6ème extinction,* Vuibert, 2017, 352 p.

115. Koubi Myriam, Chabannon Christian, Duprez Estelle, *Au cœur d'une complexité biologique ; EZH2, une protéine du groupe Polycomb,* Med. Sc., 2017, n°5, vol. 33, 499-505.

116. Lacan Jacques, *Le séminaire sur « La lettre volée »*, Ecrits, Seuil, 1966, 11-61.

117. Lacan Jacques, *Le séminaire, livre II, Le moi dans la théorie de Freud et dans la technique psychanalytique*, Seuil, 1080, p 244.

118. Lagier Jean-Christophe, Raoult Didier, *Greffe de microbiote fécal et infections. Mise au point, perspectives,* Méd. Sci., 2016, n°11, vol. 32, 991-996.

119. Laland Kevin, Coolen Isabelle, *De la culture jusque dans nos gènes,* Les dossiers de la recherche, 20007, n°27, 84-89.

120. Langaney André, *Les Hommes. Passé, présent, conditionnel*, éd. A. Colin, 1997, 251 p.

120 bis. Langer Roger, Vacant, Joseph P. *Tissue ingineering*, Science, 1993, 260, 920-926.

121. Pierre Lapaquette PIerre, Nguyen Hang Thi Thu, Faure Mathias, *L'autophagie garante de l'immunité et de l'inflammation*, Méd. Sci., n°3, vol. 33, 2017, 307-311.

122. Laplanche Jean et Portalis Jean-Bertrand, *Vocabulaire de la psychanalyse,* PUF, 2007, 544 p.

123. Lazorthes Frédéric, *Une crise française*, Buchet-Chastel, 2004, 166 p.

124. Le Bras Hervé, *L'âge des migrations*, Autrement, 2017, 144 p.

125. Le Breton Daniel, *La sociologie du corps*, PUF, 1992, 127p.
126. Le Breton Daniel, *Signes d'identité. Tatouages, percings et autres marques corporelles*, Metailié, 2002, 224 p.
127. Le Cun Yves, *L'apprentissage profond : une révolution en intelligence artificielle,* Collège de France/Fayard, 2017, 80 p.
127 bis. Leotoing Laurent, *La nucléophosmine, un nouveau partenaire du récepteur des androgènes. Implication dans le cancer de la prostate.* Santé publique et épidémiologie, Thèse Université d'Auvergne, Clermont-Ferrand I, 2006, NNT 2006 CLF 21690.
128. Lieury Alain, *100 Petites expériences de psychologie : pour mieux comprendre le cerveau*, Dunod, 2006, 307 p.
129. Lorenzi Jean-Hervé et Berrebi Michel, *L'avenir de notre liberté. Faut-il démanteler Google et quelques autres* ? Eyrolles, 2017, 256 p.
130 Lumley Henry de, *La domestication du feu aux temps paléolithiques,* O. Jacob, 2017, 92 p.
130 bis. Lynn Richard, *Races differences in intelligence*, 2006, Ulster Univ.
131. McClelland David, *Human motivation*, Cambridge University Press, 2009, 676 p.
132. Magnin Thierry, *Penser l'humain au temps de l'homme augmenté,* Albin Michel, 2017, 304 p.
133. Marche Nicolas, Perron Hervé, *Des séquences rétrovirales endogènes dans le génome humain peuvent jouer un rôle physiologique ou pathologique,* Méd. Sci., 2017, n°4, vol. 11, 397-403.
134. Marean Curtis W., *The origins and significance of coastal ressource use in Africa and Western Eurasie,* Journal of human Evolution, 2014, vol. 77, 17-40.
135. Marr David, *A computational investigation in the human representation and processing of visual information*, W. H. Freeman and Company, 1982, 414 p.
136. Maslow Abraham, *A theory of human motivation*, Create Space Independant Publishing Platform, 2013, 104 p.
137. Massin Christophe, *Une vie en confiance, dialogues sur la peur et autres folies,* O. Jacob, 2016, 172 p.
138. Mazières Stéphane, Chiaroni Jacques, *Approche anthropologique des groupes sanguins érythrocytaires.* Etablissement français du sang. Les groupes sanguins érythrocytaires, John Libbey Eurotext, 2015, pp. 335-340/361-377/389-404, « hal ».
139. Medina Julia, Charvet Benjamin, Leblanc Pascal, Germi Raphaële, Horvat Branka, Aubin Patrice Nicolas et Roebel Axel, *Des voix de synthèse presque humaines*, Pour la Science, 2016, 470, 55-62.
140. Medina Julia, Perron Hervé, *Séquences provenant d'éléments génétiques mobiles, face cachée du génome humain*, Méd. Sci., 2017, n°2, vol. 3, 151-158.

140 bis. Menassa Rita, *Etudes fonctionnelles et structurales des mutants du gène CYP21A2 dans l'hyperplasie congénitale des surrénales,* Sciences agricoles. Université Lyon 1, 2009, 216 p.

141. Meyer Julien, *Parler en sifflant, un phénomène planétaire*, Pour la Science, 2017, n° 474, 66-70.

142. Miller Jacques A., *L'inconscient et le corps parlant*, Présentation du thème du Xéme congrès de l'AMP à Rio en 2016, 1-7.

143. Minsky Marvin, *The emotion machine, common sense thinking artificial intelligence and the future of the human mind*, Simon and Schuster, 2007, 400 p.

144. Moffitt Terrie, Poulton Richie, Caspi Avshalom, *Le bonheur est dans la maîtrise de soi,* Pour la Science, 2015, n°450, 44-51.

144 bis. Money John, *Principles of developmental sexology*, Continuum, 1997, 384 p.

145. More Max, *The principles of extropy*, Version 3.11, The Extropy intitute, 2003.

146. More Max, Vita-More Natasha, *The transhumanist reader : classical and contemporary essays on the science, technology and philosophy of the human future,* Wiley-Blackwell, 2013, 480 p.

147. Mucchielli Alex, *L'identité*, PUF, 2013, 128 p.

148. Mueller Jutta L., Friederici Angela D. and Mannei Claudia, *Auditory perception at the root language learning*, PNAS, 2012, vol. 109, n° 39, 15953-1595.

149. Muhlmann William E., *Rassen, Ethnich, modern ethnologie,* Luchterband, 1964, 270 p.

150. Muotri Alysson, Marchetto Maria C., G. Coubal Nicole, Oefner Ruth, Yeo Gene, Natkashima Kinichi and Gage Fred H., *L1 retrotransposition in neurons is modulated by MeCP2*, Nature, 2010, vol. 468, 443-446.

151. Musso Pierre, *La religion industrielle. Monastère, manufacture, usine. Généalogie de l'entreprise*, Fayard, 2017, 756 p.

152. Naouri Aldo, *Les pères et les mères*, O. Jacob, 2005, 277 p.

152 bis. Nicolas Julien, Couvreur Patrick, *Les nanoparticules polymères pour la délivrance de principes actifs anticancéreux*, Med. Sci., 2017, n°1, vol. 33, 11-17.

153. Pages-Delon Michèle, *Le corps et ses apparences. L'envers du look*, L'Harmattan, 1989, 174 p.

154. Parnet Patricia, Paillé Vincent, Balanos Jimenez Francisco, Kaeffer Bertrand, Schaal Benoist, Bouret Sébastien G., Amarger Valérie, *L'expérience sensorielle et nutritionnelle des parents et leur état métabolique orientent le comportement alimentaire de leur descendance,* Méd. Sci., 20016, n°1, vol. 32, 85-91.

155. Pellestor Frank, Gatinais Vincent, Puechberty Jacques, Geneviève David, Lefort Geneviève, *La chromothripsis. Une forme insoupçonnée de*

complexification extrême des remaniements chromosomiques, Méd. Sci., 2014, n°3, vol. 30, 266.
155 bis. Perry Georges et al., *Diet and the evolution of human amylase gene copy number variation,* Nat. Gent., 2007, 39 (10), 1256-1260.
155 ter. Petitcollini Christel, *Pourquoi trop penser rend manipulable,* Trédaniel La Maisnie, 2017, 261 p.
156. Picard Dominique, *Du code au désir. Le corps dans la relation sociale*, Dunod, 1983, 248 p.
157. Picq Pascal, *La marche. Sauver le nomade qui est en nous,* Autrement, 2015, 282 p.
158. Picq Pascal, *Qui va prendre le pouvoir ? Les grands singes, les hommes politiques ou les robots* ? O. Jacob, 2017, 336 p.
159. Pink Daniel, *La vérité sur ce qui nous motive*, Flammarion, 2014, 111 p.
159 bis. Poivert Michel, *Brève histoire de la photographie*, Hazan, 2015, 200 p.
159 ter. Poivert Michel, Gunthert André, *L'art de la photographie,* Citadelle et Mazenot, 2016, 620 p.
160. Poligné Justine, *La capacité du système immunitaire intestinal à tolérer les bactéries commensales et à les utiliser pour être réactif face aux pathogènes,* Master Biologie, Rennes, 2011, 35 p.
161. Pollard Katherine, *Pour quelques gènes de différence*, Pour la Science, 2015, Dossier n°86, 38-43.
16. Pouydebat Emmanuelle, *L'intelligence animale. Cervelle d'oiseaux et mémoire d'éléphants*, O. Jacob, 2017, 215 p.
163. Precht Charles David, *Amour, déconstruction d'un sentiment,* Belfond, 2011, 280 p.
164. Puytorac Pierre de, *Panorama de la biologie d'hier à aujourd'hui*, Ellipses, 1999, 272 p.
164 bis, Puytorac Pierre de, *Par l'épigénétique Lamarck reconsidéré*, Bull. Soc. Zool. Fr., 2009, 134 (3-4), 299-311.
164 ter. Puytorac Pierre de et Artusse Auriane, *La marchandisation actuelle du corps humain*, L'Harmattan, 2016, 112 p.
165. Ricoeur Paul, *Le mal : un défi à la philosophie et à la théologie,* Labor et Fidés, 2004, 64 p.
166. Rincel Marion, Lépinay Amandine, Gabory Anne, Théodorou Vassilia, Koehl Muriel, Daugé Valérie, Maccari Stephania, Darnaudéry Muriel, *Environnement précoce et vulnérabilité neuropsychiatrique*, Méd. Sc. 2016, n°1, vol. 32, 93-99.
166 bis. Robion Jacques, *Essais de neuropsychanalyse,* L'Harmattan, 2013, 234 p.
167. Rochat Philippe, *Conscience de soi et des autres au début de la vie,* Enfance, 2003, 1, vol. 55, 39-47, DOI :10.3917/inf.551 0039

167 bis. Rouers Angeline, Jeger-Madiot Raphaël, Maris Arnaud ; Graff-Dubois Stéphanie, *LymphocytesT folliculaires helper et VIH,* Méd. Sci, 2017, n°10, vol. 33, 878-886.

168. Sabin Eric, *L'homme augmenté : l'administration numérique du monde,* Les Echappées, 2013, 190 p.

168 bis. Samuelson Linda C., Wiebauer Karin, Simon Claudette and Meisler Miriam H., *Retrovirus and pseudogene insertion sites reveal the lineage of human salivary and pancreatic amylase genes from a single gene during primate evolution* , Mol. And Cell. Biol., 1990, 2513-2520.

169. Sanselme-Cardenas Marie-Elisabeth, *Texte d'introduction* au 8e colloque de médecine et psychanalyse de la Cité, 2015.

170. Serre Jean-Louis, *Génétique des populations*, Dunod, 2017, 280 p.

171. Schilder Paul, *L'image du corps : étude des forces constructives de la psyché*, Gallimard, 1980, 350 p.

171 bis. Schreyer Edwige, Barthélémy Philippe, Cottard Félicie, Madi Pauline, Schaff-Wendling Frédérique, Kurtz Jean-Emmanuel, Céraline Jocelyn, *Variants du récepteur des androgènes dans le cancer de la prostate,* Méd. Sci., 2017, n°8-9, vol. 33, 758-764.

172. Schwab Klaus, *La quatrième révolution industrielle*, Dunod, 2017, 208 p.

172 bis. Serre Jean-Louis, *Génétique des populations*, Dunod, 2006, 280 p.

173. Sève-Ferrieu Nicole, *Neuropsychologie corporelle, visuelle et gestuelle. Du trouble à la rééducation*, Elsevier/Masson, 2005, 192 p.

174. Simon Gildas, *Dictionnaire des migrations internationales. Approche géohistorique*, A. Colin, 2015, 816 p.

174 bis. Snyderman Mark, Rothman Stanley, *The QI controversy, the media and public policy,* Transaction books, 1988, 310 p.

175. Sloterdijk Peter, *Après nous le déluge*, Payot, 2016, 510 p.

175 bis. Soubelet Laurent. *La représentation de la science par le droit in* Cartherine. Labrousse-Riou, Le droit saisi par la biologie, LGDJ, 1996, 363-389.

176. Stoléru Serge, *Un cerveau nommé désir,* O. Jacob, 2016, 346 p.

177. Stout Dietrich et Chaminade Thierry, *Stone tools, Language and the Brain in human Evolution,* Phil. Trans. Roy. Soc. B, 2012, 367, 75-872.

178. Stout Ditrich, *Un cerveau taillé pour l'intelligence*, Pour la Science, 2016, Dossier n°92, 69-73.

179. Strachan Tom et Read Andrew, *Génétique moléculaire humaine*, Lavoisier, 2012, 737 p.

179 bis. Tabart Marielle, *Brancusi : l'inventeur de la sculpture moderne,* Gallimard, 2009, 128 p.

180. Tattersall Yan, *L'outil a-t-il forgé l'homme* ?, Pour la Science, 2014, n°445, 80-85.

180 bis. Tcharny Jacques, *Notes de lectures et considérations sur l'histoire de l'art,* www. Wakali.com, 2014.

180 ter. Testar Damien, *Contrôler la plasticité du cortex visuel adulte à travers l'action non-autonome de l'homéobox Otx2*, 2016, Sciences du Vivant (q-bio) « demas-O1266848 »), 53 p.
180 qu. Testard Jacques. *Des hommes probables. De la reproduction aléatoire à la reproduction normative*, Seuil, 1999, 288 p.
181. Thibaud Charles, Levasseur Marie-Claire, *La reproduction chez les Mammifères et l'homme,* Ellipses, 2001, 928 p.
182. Thomas Frédéric, Lefèvre Thierry et Raymond Michel, *Biologie évolutive,* de Boeck, 2016, 965 p.
183. Tibon-Cornillot Michel, *Les corps transfigurés : mécanisation du vivant et imaginaire de la biologie*, Seuil, 2011, 402 p.
184. Tisseron Serge, *Le numérique questionne notre rapport au réel,* La Recherche, 2014, n°489, 66-69.
185. Tomasello Michel, *Aux origines de la cognition humaine*, Retz, 204, 231 p.
186. Tomasello Michel, *Pourquoi nous coopérons*, PU Rennes, 2015, 85 p.
187. Tonin Yan, Entelis Nina, *Pathologie de l'ADN mitochondrial et stratégies thérapeutiques,* Méd. Sci., 2016, n°11, vol. 32, 1101-1109.
188. Tournebise Thierry, *L'écoute thérapeutique. Coeur et raison en psychothérapie*, ESF, 2005, 186 p.
189. Tovero Fabrice, Pirot Sylvain, Tassin Jean-Paul, Facy Françoise, *Drogues et toxicomanies. Neurobiologie, épidémiologie,* INSERM/Nathan, 1993, 98 p.
190. Tremblay Jacques P., *CRISPR, un système qui permet de corriger ou de modifier l'expression de gènes responsables de maladies héréditaires.*
Med.Sci., 2015, n°11, vol.31, 1014-1022.
191. Vallancien Guy, *La médecine sans médecin*, Gallimard, 2005, 304 p.
192. Vallancien Guy, *Homo artificialis. Plaidoyer pour un humanisme numérique,* Michalon, 2017, 201 p.
193. Vergne Isabelle, Lafont Frank, Espert Lucile, Esclatine Audrey, Biard-Plechaczyk Martin, *Autophagie, protéines ATG et maladies infectieuses*, Méd. Sci. , 2017, n° 3, vol. 33, 312-318.
194. Vincent Jean-Didier, *Voyage extraordinaire au centre du cerveau,* O. Jacob, 2007, 455 p.
195. Vincent Lucy, *L'amour de A à XY*, O. Jacob, 2010, 280 p.
196. Waal Frans de, *L'âge de l'empathie*, Babel, 2011, 386 p.
196 bis. Waal Frans de, *Le Bonobo, Dieu et nous : A la recherche de l'humanisme chez les Primates*, Actes Sud, 2015, 368 p.
197. Weissenbach Jean, Sghir Abdelghani, *Microbiotes et métagénomique,* Méd. Sci., 2016, n° 11, vol. 32, 937-943.
198. Wool Richard P., *Self-healing materials : a review*, in Soft Matter, 2008, vol. 4, 400-418.

199. Zueva Elina, Quivy Jean-Pierre, Almouzni Géneviève et Amigorena Sébastien, *Le destin contrarié d'un lymphocyte,* Pour la Science, 2013, n° 81, 86-92.

TABLE DES MATIÈRES

Deuxième partie. Les caractéristiques humaines, p. 117

Sciences
aux éditions L'Harmattan

Dernières parutions

LE VÉGÉTAL DANS L'INDUSTRIE CHIMIQUE
Stratégies et développement
Szydlowski Léa – Préface de Claude Roy
Avec le concours du CLUB des bio-économistes et de l'Association Chimie du Végétal
L'industrie chimique utilise essentiellement le pétrole et le gaz comme matières premières. Quelle autre ressource, riche en carbone, permet de venir en renfort de la chimie ? Le végétal. Renouvelable, productible localement, moins polluant, il est bien perçu par le consommateur et riche en propriétés inédites capables de créer des produits innovants à forte valeur ajoutée. Cet ouvrage présente les stratégies mises en place pour introduire la chimie du végétal dans le paysage industriel.
(Coll. Développement durable, 19.00 euros, 182 p.)
ISBN : 978-2-343-12870-2, ISBN EBOOK : 978-2-14-005288-0

LES ILLUSIONS D'OPTIQUE
Une introduction à la pensée quantique du quotidien
Bolot Xavier
Nous observons dans nos pensées des hésitations, des oscillations entre des vues diverses, des superpositions de sentiments, des intrications d'influences, des incertitudes de variables observées, de même que des intentions et des actions hors de toute logique. Ces schémas mentaux sont connus grâce à la physique quantique. Ils sont également là quand nous voulons comprendre la complexité des domaines dans lesquels nous sommes immergés, par exemple en illusions d'optique, arts, physique, etc., qui semblent liés aux structures neuronales. Nos découvertes révéleraient les schémas inconscients du traitement de nos perceptions.
(Coll. Pour Comprendre, 20.50 euros, 188 p.)
ISBN : 978-2-343-13164-1, ISBN EBOOK : 978-2-14-005083-1

VOLCANOLOGUE
Bardintzeff Jacques-Marie
En retraçant l'expérience réussie de sa vocation scientifique, l'auteur nous offre également, dans ce livre tout en couleurs et très illustré, une véritable initiation à la géologie et la volcanologie. Dans son récit, il nous révèle les réalités d'un métier hors du commun qui suscite des vocations autant qu'il continue de soulever des passions. Cet ouvrage permet de le suivre dans le feu de l'action, au fil d'un texte illustré de plus de 150 photographies et enrichi de 19 encadrés portant sur le volcanisme et les sciences de la Terre (illustré de plus de 150 photographies et en couleurs).
(25.00 euros, 176 p.)
ISBN : 978-2-343-12326-4, ISBN EBOOK : 978-2-14-004519-6

DRAGONS FURIEUX
Les avions spatiaux chinois
Coué Philippe
Les prochaines navettes spatiales pourraient être chinoises ! Pendant longtemps, la Chine se bornait à mettre sur orbite des satellites. La technique s'est perfectionnée et a élevé les ambitions de l'empire du Milieu jusqu'au lancement de ses premiers cosmonautes et sondes d'exploration.

Les ingénieurs chinois réussiront-ils à surmonter les obstacles techniques sur lesquels buttent encore leurs collègues des autres puissances spatiales ? L'aérospatiale chinoise pourrait bientôt aboutir à des réalisations concrètes tant civiles que militaires.
(Coll. Penser le temps présent, 22.00 euros, 214 p.)
ISBN : 978-2-343-12112-3, ISBN EBOOK : 978-2-14-004461-8

ONTOGÉNÈSE ET VARIATIONS GÉNÉTIQUES DE L'ARCHITECTURE DU SYSTÈME RACINAIRE DES MONO ET DICOTYLÉDONES MODÈLES
Varin Sébastien
Dans un contexte de changements globaux mondiaux, les plantes modèles sont prévues pour servir comme aide importante dans la compréhension du développement, de mécanismes de communications, de la production d'énergies, biocarburants, matériaux, aliments à partir des plantes. Interface biologique majeure au rôle clef dans un grand nombre de processus et en raison de sa sensibilité à l'environnement, le système racinaire sera présenté puisqu'il démontre une plasticité considérable mais contrainte génétiquement. Cette synthèse correspond au deuxième point d'une étude constituée de quatre tomes.
(26.50 euros, 254 p.)
ISBN : 978-2-343-10045-6, ISBN EBOOK : 978-2-14-003146-5

PLASTICITÉ ET INSTABILITÉ DÉVELOPPEMENTALE
Concept en biologie – Exemple des végétaux
Varin Sébastien
La plasticité est une idée introduite par Woltereck en 1909, juste après la séparation conceptuelle du génotype et du phénotype par Johannsen. Depuis, le caractère plastique des traits et le caractère évolutif du phénomène de plasticité ont été négligés. Or, Darwin l'avait prédit en signalant qu'il n'avait pas suffisamment insisté sur le rôle de l'environnement dans sa théorie de l'évolution. Cette étude est basée sur une rétrospective clarifiée du concept de Plasticité dans le monde animal et végétal. Cette synthèse correspond au premier point d'une étude constituée de quatre tomes.
(30.00 euros, 290 p.)
ISBN : 978-2-343-10046-3, ISBN EBOOK : 978-2-14-003147-2

IMPLICATION DES BACTÉRIES SOLVANTOGÈNES ET RHIZOBACTÉRIES ÉMETTRICES DE COV DANS LES CHANGEMENTS GLOBAUX ET LA PLASTICITÉ
Varin Sébastien
Les composés organiques volatils participent à des phénomènes perturbant les équilibres de l'atmosphère et contribuent aux changements globaux. Ils sont surtout émis par les sources biogènes. Ce livre est le quatrième point d'une étude composée de quatre tomes. Il s'intègre parfaitement dans une optique philosophique de biomimétisme. Il présente : les connaissances actuelles des échanges d'informations médié par des volatils entre les bactéries, les plantes et mammifères comme l'homme, et enfin, les perspectives techniques du concept de Plasticité des organismes dans ce contexte de changements globaux.
(45.00 euros, 542 p.)
ISBN : 978-2-343-10043-2, ISBN EBOOK : 978-2-14-003264-6

RHIZOBACTÉRIES ET PGPR ÉMETTRICES DE COMPOSÉS ORGANIQUES VOLATILS ET IMPLICATION PERMACULTURALE-AGRO-ÉCOLOGIQUE
Varin Sébastien
Les systèmes agricoles durables (biodynamie, agroforesterie, agroécologie et permaculture) reposent sur une cohérence milieu-système très forte, où le contexte pédoclimatique a une grande importance. L'équilibre de ce milieu vivant et complexe dépend de celui des hommes, des animaux, des plantes et des micro-organismes du sol. Ces derniers représentent une importante part de la biodiversité de la planète. C'est à ce compartiment vivant et aux effets des rhizobactéries sur la plasticité des plantes, qu'est consacré ce livre correspondant au troisième point d'une étude constituée de quatre tomes.
(35.50 euros, 344 p.)
ISBN : 978-2-343-10044-9, ISBN EBOOK : 978-2-14-003265-3

BAROMÈTRES, MACHINES PNEUMATIQUES ET THERMOMÈTRES
Chez et autour de Pascal, d'Amontons et de Réaumur
Locqueneux Robert
Cet ouvrage présente à la fois une histoire et une anthologie des travaux de quelques physiciens qui ont conçu et fabriqué des baromètres, des machines à vide et des thermomètres, instruments qui, en leur temps (XVIe et XVIIIe siècles), furent des inventions nouvelles. Les travaux de trois auteurs sont privilégiés : Pascal, Amontons et Réaumur avec une remise en contexte de leurs ouvrages, des événements qui les motivent, des travaux qui les inspirent, des questions qu'ils se posent et des phénomènes qu'ils veulent interpréter.
(Coll. Acteurs de la Science, 21.00 euros, 204 p.)
ISBN : 978-2-343-04995-3, ISBN EBOOK : 978-2-336-37182-5

MILLE ANS D'ASTRONOMIE ET DE GÉOPHYSIQUE
D'Aristote au haut Moyen Âge
De Felice Pierre
Le ciel et la terre sont observés depuis la plus haute antiquité. Ne disposant pas d'instruments de mesure appropriés, les hommes proposent des explications incluant l'action divine ou s'en affranchissant. D'Aristote (IVe siècle avant J.-C.) jusqu'à Isidore de Séville (VIe-VIIe siècles après J.-C.), les auteurs grec, latin, médiéval ont compilé et décrit les connaissances de leur temps sur les astres, les phénomènes atmosphériques et géophysiques en tentant de démythifier le monde qui les entoure. Ce livre illustre aussi le difficile processus de naissance de la connaissance.
(Coll. Acteurs de la Science, 14.00 euros, 128 p., Illustré en noir et blanc)
ISBN : 978-2-343-03816-2, ISBN EBOOK : 978-2-336-36544-2

CE MONDE QUI VIENT
Sciences, matérialisme et posthumanisme au XXIe siècle
Basquiat Jean-Paul - Préface de Paul Basquiat
Le monde qui vient sera ce que nous en ferons. Encore faut-il avoir le courage de regarder l'avenir en face. C'est à cet effort salutaire que cet opuscule invite le lecteur. Appuyé sur les recherches les plus pointues, il propose de décrypter sous tous ses aspects le monde nouveau porté par l'évolution des sciences et des techniques.
(Coll. Questions contemporaines, 10.00 euros, 66 p.)
ISBN : 978-2-343-05055-3, ISBN EBOOK : 978-2-336-36475-9

MANUEL DES PROBABILITÉS OU MATHÉMATIQUES DE L'INCERTAIN
Laloire Jean-Claude - Préface de Michel Delecroix
Ce manuel présente les aspects pratiques de l'analyse des données et les aspects théoriques des probabilités. Cela permet à la fois de comprendre les phénomènes observés, d'en déduire une prévision et ainsi de se projeter vers l'avenir avec un maximum de sécurité. Les méthodes proposées s'appliquent aussi bien aux sciences humaines qu'aux sciences biologiques et médicales et sont mises en pratique à l'aide de nombreux exercices corrigés.
(48.00 euros, 504 p.)
ISBN : 978-2-343-04627-3, ISBN EBOOK : 978-2-336-36043-0

LA VALEUR DE L'ESPÈCE
La biodiversité en questions
Lherminier Philippe
Philippe Lherminier est généticien; il propose de s'interroger sans faux-semblant sur la valeur de l'espèce. Que perd-on lorsqu'une espèce s'éteint ? Quelle valeur disparaît ? Il y a de multiples réponses : l'espèce vaut parce qu'elle est utile ou inutile, abondante ou rare, connue ou inconnue, ancienne ou récente, proche ou lointaine, ressemblante ou différente de l'homme, comprise ou mystérieuse.
(Coll. Acteurs de la Science, 13.50 euros, 128 p.)
ISBN : 978-2-343-04141-4, ISBN EBOOK : 978-2-336-35913-7

QUESTIONNEMENTS D'UN OCÉANOGRAPHE
Une immersion dans le monde de la recherche et les questions éthiques qu'elle soulève
Pichevin Thierry
Ce livre décrit de l'intérieur le travail de recherche en océanographie physique de Thierry Pichevin, son contexte, ses méthodes et ses enjeux procurant ainsi au lecteur une immersion dans le quotidien d'un chercheur. D'autre part, il procède à l'analyse éthique rigoureuse des questionnements rencontrés, tout en montrant que tout chercheur peut être confronté à des questionnements comparables.
(22.00 euros, 226 p.)
ISBN : 978-2-343-03444-7, ISBN EBOOK : 978-2-336-35786-7

À L'OMBRE DES FORÊTS
Usages, images et imaginaires de la forêt
Sous la direction de Philippe Billet, Claire Harpet et Jean-Philippe Pierron
Qu'est-ce qu'une forêt ? De quoi sont faites les forêts ? Nous construisons tous une image de la forêt empreinte de vécus et d'imaginaires, procédant d'une accumulation de souvenirs, de connaissances et de représentations médiatiques et institutionnelles. A l'aune d'une prise de conscience de la finitude des ressources naturelles et du changement climatique, il est fondamental de savoir ce que la «forêt» veut dire.
(Coll. Éthique, droit et développement durable, 26.00 euros, 248 p.)
ISBN : 978-2-343-02807-1, ISBN EBOOK : 978-2-336-35819-2

UN BOTANISTE AUTOUR DU MONDE
Afrique, Amérique, Australie
Delange Yves
L'auteur, botaniste, nous invite à la découverte des différents milieux naturels peu connus des Européens, notamment ceux encore peu altérés par la civilisation et caractéristiques de formations extrêmement riches sur le plan de la diversité biologique, tels que les mattorales ou hauts plateaux mexicains, le bush, le veld et le fynbos en Afrique australe, ou encore le mulga, le mallee et la jarrah forest australiens.
(Coll. Biologie, écologie, agronomie, 25.00 euros, 256 p.)
ISBN : 978-2-343-03492-8, ISBN EBOOK : 978-2-336-35415-6

CHERCHEURS, ÉTHIQUES ET SOCIÉTÉS
L'avenir de l'avenir
Patrice Thierry
Peu appréhendée par les décideurs, la biologie conditionnera nos sociétés, les rapports entre les hommes, entre eux et l'environnement. Le monde de la recherche est mal connu, parfois mal aimé ou craint. Il semble donc utile d'instituer un débat pour préciser les objectifs, les moyens, l'information et la vulgarisation, la propriété des résultats et l'appréhension des conséquences de la recherche en biologie.
(Coll. Ethique et pratique médicale, 31.00 euros, 298 p.)
ISBN : 978-2-296-57790-9, ISBN EBOOK : 978-2-296-50418-9

CAMILLE ARAMBOURG. UN PALÉONTOLOGUE, DE L'ALGÉRIE À L'AFRIQUE PROFONDE
Hadjouis Djillali - Préface de Yves Coppens
Depuis les plaines sahéliennes d'Oran à la Vallée de l'Omo en Éthiopie, en passant par les côtes du littoral atlantique, jusqu'au Moyen-Orient, Camille Arambourg aura fait connaître, au cours de ses recherches, non seulement les fossiles de l'Afrique mais également ceux des autres régions du monde. Ce livre retrace le parcours de cet homme qui identifia plus de 230 taxons (familles, genres, espèces) de mammifères et de poissons.
(Coll. Acteurs de la Science, 25.00 euros, 242 p.)
ISBN : 978-2-296-96391-7

Structures éditoriales du groupe L'Harmattan

L'Harmattan Italie
Via degli Artisti, 15
10124 Torino
harmattan.italia@gmail.com

L'Harmattan Hongrie
Kossuth l. u. 14-16.
1053 Budapest
harmattan@harmattan.hu

L'Harmattan Sénégal
10 VDN en face Mermoz
BP 45034 Dakar-Fann
senharmattan@gmail.com

L'Harmattan Cameroun
TSINGA/FECAFOOT
BP 11486 Yaoundé
inkoukam@gmail.com

L'Harmattan Burkina Faso
Achille Somé – tengnule@hotmail.fr

L'Harmattan Guinée
Almamya, rue KA 028 OKB Agency
BP 3470 Conakry
harmattanguinee@yahoo.fr

L'Harmattan RDC
185, avenue Nyangwe
Commune de Lingwala – Kinshasa
matangilamusadila@yahoo.fr

L'Harmattan Congo
67, boulevard Denis-Sassou-N'Guesso
BP 2874 Brazzaville
harmattan.congo@yahoo.fr

L'Harmattan Mali
Sirakoro-Meguetana V31
Bamako
syllaka@yahoo.fr

L'Harmattan Togo
Djidjole – Lomé
Maison Amela
face EPP BATOME
ddamela@aol.com

L'Harmattan Côte d'Ivoire
Résidence Karl – Cité des Arts
Abidjan-Cocody
03 BP 1588 Abidjan
espace_harmattan.ci@hotmail.fr

L'Harmattan Algérie
22, rue Moulay-Mohamed
31000 Oran
info2@harmattan-algerie.com

L'Harmattan Maroc
5, rue Ferrane-Kouicha, Talaâ-Elkbira
Chrableyine, Fès-Médine
30000 Fès
harmattan.maroc@gmail.com

Nos librairies en France

Librairie internationale
16, rue des Écoles – 75005 Paris
librairie.internationale@harmattan.fr
01 40 46 79 11
www.librairieharmattan.com

Lib. sciences humaines & histoire
21, rue des Écoles – 75005 Paris
librairie.sh@harmattan.fr
01 46 34 13 71
www.librairieharmattansh.com

Librairie l'Espace Harmattan
21 bis, rue des Écoles – 75005 Paris
librairie.espace@harmattan.fr
01 43 29 49 42

Lib. Méditerranée & Moyen-Orient
7, rue des Carmes – 75005 Paris
librairie.mediterranee@harmattan.fr
01 43 29 71 15

Librairie Le Lucernaire
53, rue Notre-Dame-des-Champs – 75006 Paris
librairie@lucernaire.fr
01 42 22 67 13

www.ingramcontent.com/pod-product-compliance
Lightning Source LLC
LaVergne TN
LVHW011307061026
849535LV00005B/1443